NEW APPROACH TO CALCULUS, VOLUME 2

新しい微積分 下

改訂 第2版

2ND EDITION

Ryosuke Nagaoka *Hiroshi Watanabe* *Shigetoshi Yazaki* *Kenshi Miyabe*

[著] 長岡亮介　渡辺 浩　矢崎成俊　宮部賢志

講談社

Contents 新しい微積分〈下〉

Chapter 9
2変数関数の微分 ……………………………………………… 1

9.1 偏微分 ………………………………………………………………… 1
9.1.1 偏導関数 ……………………………………………………… 1
9.1.2 2階偏導関数 …………………………………………………… 3

9.2 平面と曲面 …………………………………………………………… 5
9.2.1 平面 …………………………………………………………… 5
9.2.2 曲面 …………………………………………………………… 7

9.3 接平面と偏微分 ……………………………………………………… 9
9.3.1 接平面 ………………………………………………………… 9
9.3.2 全微分 ………………………………………………………… 14
9.3.3 方向微分 ……………………………………………………… 16
9.3.4 合成関数の微分 ……………………………………………… 18
9.3.5 座標変換 ……………………………………………………… 20

9.4 2変数関数の極値 …………………………………………………… 23
9.4.1 極値 …………………………………………………………… 23
9.4.2 2次関数の極値 ……………………………………………… 26
9.4.3 極値とテイラー展開 ………………………………………… 29

9.5 写像の微分 …………………………………………………………… 33
9.5.1 平面上の写像 ………………………………………………… 33
9.5.2 逆写像 ………………………………………………………… 36
9.5.3 逆写像の微分 ………………………………………………… 39
9.5.4 逆関数の定理 ♠ ……………………………………………… 41
9.5.5 陰関数 ♠ ……………………………………………………… 42

9.6 2変数関数の連続性とその応用 ♠ ………………………………… 48
9.6.1 2変数関数の連続性 ………………………………………… 48
9.6.2 偏微分の順序交換 …………………………………………… 49
9.6.3 全微分可能性 ………………………………………………… 50
9.6.4 テイラー展開 ………………………………………………… 52
9.6.5 極値の判定 …………………………………………………… 55

章末問題 ……………………………………………………………………… 56
問の解答 ………………………………………………………………… 60
章末問題解答 …………………………………………………………… 62

Chapter 10

2 変数関数の積分 ································ 67

10.1 2 変数関数の累次積分 ···························· 67
  10.1.1 長方形領域での積分 ······················ 67
  10.1.2 一般の領域での積分 ······················ 69
  10.1.3 区分求積法 ···························· 72

10.2 変数変換 ···································· 74
  10.2.1 極座標による積分 ······················· 74
  10.2.2 斜交座標による積分 ······················ 77
  10.2.3 一般の変数変換 ························· 78

10.3 定義の拡張 ♠ ································ 79
  10.3.1 xy 平面全体での積分 ······················ 79
  10.3.2 非有界関数の積分 ······················· 82
  10.3.3 広義積分の収束 ························· 84
  10.3.4 3 変数関数の積分 ······················· 87

章末問題 ····································· 91
  問の解答 ································· 94
  章末問題解答 ······························ 95

Chapter 11

ベクトル場の微積分 ······················· 98

11.1 ポテンシャルと勾配 ····························· 98
  11.1.1 勾配 ······························· 98
  11.1.2 勾配から関数へ ························ 102
  11.1.3 線積分 ···························· 105
  11.1.4 積分の整合性 ························· 107
  11.1.5 微分の整合性 ························· 111
  11.1.6 ラグランジュの乗数法 ···················· 114

11.2 流れと発散 ································ 115
  11.2.1 1 次元の流れ ························· 116
  11.2.2 2 次元の流れ ························· 118
  11.2.3 発散 ···························· 121

11.3 渦と回転 ♠ ································ 125
  11.3.1 回転 ···························· 125
  11.3.2 グリーンの公式 ························ 127

章末問題 ···································· 131

問の解答 ·· 134
章末問題解答 ··· 135

Chapter 12

偏微分方程式 ♠ ·· 138

12.1 | 拡散方程式 ··· 138
12.1.1 | 連続の方程式 ·· 138
12.1.2 | 拡散方程式の導出 ································· 139
12.1.3 | 拡散方程式の解 ··································· 140
12.1.4 | フーリエ展開の応用 ···························· 143
12.1.5 | 基本解 ··· 145
12.1.6 | 平面上の拡散方程式 ···························· 148

12.2 | ポアソン方程式 ·· 151
12.2.1 | ポアソン方程式の由来 ························· 151
12.2.2 | ポアソン方程式の解 ···························· 152

章末問題 ·· 157
問の解答 ·· 161
章末問題解答 ··· 162

Chapter 13

実数とは何か ·· 166

13.1 | 収束と発散 ··· 166

13.2 | 極限値 ··· 171

13.3 | 有界単調列の原理 ·· 175

13.4 | 区間縮小法の原理 ·· 178

13.5 | 上限，下限，部分列 ······································· 182

13.6 | 絶対収束級数 ·· 189

13.7 | 実数 ··· 193
13.7.1 | 実数の定義 ·· 195
13.7.2 | 実数の演算 ·· 197
13.7.3 | アルキメデスの公理 ···························· 199
13.7.4 | 有界単調列の収束 ······························· 199

章末問題 ·· 203
問の解答 ·· 206
章末問題解答 ··· 208

Chapter 14

関数の連続性とその応用 211

14.1 │ 関数の極限と連続性 211
  14.1.1 │ 関数の極限 211
  14.1.2 │ 関数の極限についての定理 214
  14.1.3 │ 関数の連続性 215

14.2 │ 中間値の定理 217

14.3 │ 最大値の定理 220
  14.3.1 │ 最大値の定理 221
  14.3.2 │ 平均値の定理 224

章末問題 226
  問の解答 228
  章末問題解答 230

Chapter 15

一様収束の概念とその応用 ♠ 233

15.1 │ 連続関数列 233

15.2 │ 関数列の積分と微分 240

15.3 │ 無限級数の積分と微分 243

15.4 │ 区分求積法 248

15.5 │ 原始関数の存在 253
  15.5.1 │ 単関数の積分 254
  15.5.2 │ リーマン和 255
  15.5.3 │ リーマン和の収束 255
  15.5.4 │ 原始関数の存在 256

15.6 │ 2変数関数の積分 258
  15.6.1 │ 累次積分の定義 259
  15.6.2 │ 重積分の定義 260
  15.6.3 │ 累次積分と重積分 261
  15.6.4 │ 積分と微分の順序交換 262

章末問題 264
  問の解答 267
  章末問題解答 270

あとがき 273

新しい微積分〈上〉| 目次

Chapter 0 | 大学の微積分に向かって
Chapter 1 | 関数の多項式近似
Chapter 2 | テイラー展開
Chapter 3 | 1 変数関数の積分法
Chapter 4 | 曲線
Chapter 5 | 微分方程式
Chapter 6 | 2 階線形微分方程式
Chapter 7 | 非斉次微分方程式
Chapter 8 | 1 変数関数の積分の応用

2変数関数の微分

この章では，微分法の考え方を 2 変数関数に適用する．2 変数関数 $f(x, y)$ の微分には，変数 x についての微分と変数 y についての微分があるが，さらに xy 平面上では四方八方への動きがあるので，0 から 2π まですべての角度方向への微分を考えることができる．

1 変数関数 $y = f(x)$ は平面上の曲線を表すが，2 変数関数 $z = f(x, y)$ は空間内の曲面を表す．このことを踏まえると，2 変数関数の微分法の意味を直観的に把握することができる．

9.1 偏微分

2 変数関数 $f(x, y)$ の微分法の基礎として，変数 x についての微分と変数 y についての微分を定義する．

9.1.1 偏導関数

2 変数関数 $z = f(x, y)$ において，y を定数とみて，x だけの関数として x で微分した導関数を「$z = f(x, y)$ の x に関する **偏導関数**」といい，

$$\frac{\partial f}{\partial x}, \quad f_x, \quad \frac{\partial z}{\partial x}, \quad z_x \tag{9.1}$$

などと書く．また，x を定数とみて，y だけの関数として y で微分した導関数を「$z = f(x, y)$ の y に関する **偏導関数**」といい，

$$\frac{\partial f}{\partial y}, \quad f_y, \quad \frac{\partial z}{\partial y}, \quad z_y \tag{9.2}$$

などと書く．偏導関数を求めることを **偏微分する** という．

例 9.1 $f(x, y) = x + 2y + 3$ の偏導関数は

$$\frac{\partial f}{\partial x} = 1 \tag{9.3}$$

$$\frac{\partial f}{\partial y} = 2 \tag{9.4}$$

である.

$g(x, y) = x^2 + xy - y^2$ の偏導関数は

$$\frac{\partial g}{\partial x} = 2x + y \tag{9.5}$$

$$\frac{\partial g}{\partial y} = x - 2y \tag{9.6}$$

である.

$h(x, y) = \log(x^2 + y^2)$ の偏導関数は

$$\frac{\partial h}{\partial x} = \frac{2x}{x^2 + y^2} \tag{9.7}$$

$$\frac{\partial h}{\partial y} = \frac{2y}{x^2 + y^2} \tag{9.8}$$

である.

注意 9.1 1変数関数の微分の定義に戻れば,偏微分するとは,次のような極限値を見出すことである.

$$\frac{\partial f}{\partial x}(a, b) = \lim_{\xi \to 0} \frac{f(a + \xi, b) - f(a, b)}{\xi} \tag{9.9}$$

$$\frac{\partial f}{\partial y}(a, b) = \lim_{\eta \to 0} \frac{f(a, b + \eta) - f(a, b)}{\eta} \tag{9.10}$$

そして,これらの極限値が存在するとき,関数 $f(x, y)$ は (a, b) において x に関して(y に関して)**偏微分可能**であるといい,これらの極限値を**偏微分係数**という.**例 9.1** において,$f(x, y), g(x, y)$ は任意の点で偏微分可能であり,$h(x, y)$ は $(0, 0)$ 以外の点で($h(x, y)$ が定義されるすべての点で)偏微分可能である.

問1 次の関数の偏導関数を求めよ.

$$f(x, y) = x^2 + 2xy - 3y^2$$
$$g(x, y) = e^{x^2 + y^2}$$
$$h(x, y) = \sin(3x - 4y)$$

9.1.2 | 2 階偏導関数

1 変数関数 $f(x)$ についての 2 階導関数 $f''(x)$ と同様に，2 変数関数 $z = f(x, y)$ を x で $(y$ で$)$ 2 回偏微分した **2 階偏導関数** を考えることができる．これに対し，**9.1.1 節**で考えた偏導関数を 1 階偏導関数という．2 階偏導関数は 1 階偏導関数を再度偏微分したものである．

x に関する 2 階偏導関数を

$$\frac{\partial^2 f}{\partial x^2}, \quad f_{xx}, \quad \frac{\partial^2 z}{\partial x^2}, \quad z_{xx} \tag{9.11}$$

などと書き，y に関する 2 階偏導関数を

$$\frac{\partial^2 f}{\partial y^2}, \quad f_{yy}, \quad \frac{\partial^2 z}{\partial y^2}, \quad z_{yy} \tag{9.12}$$

などと書く．さらに 2 変数関数の場合は，x で偏微分してから y で偏微分するということも考えられて，このような 2 階偏導関数を

$$\frac{\partial^2 f}{\partial y \partial x}, \quad f_{xy}, \quad \frac{\partial^2 z}{\partial y \partial x}, \quad z_{xy}$$

のように書き，y で偏微分してから x で偏微分する 2 階偏導関数を

$$\frac{\partial^2 f}{\partial x \partial y}, \quad f_{yx}, \quad \frac{\partial^2 z}{\partial x \partial y}, \quad z_{yx}$$

のように書く．

例 9.2 **例 9.1** で挙げた例について考える．

$f(x, y) = x + 2y + 3$ の 2 階偏導関数は，1 階偏導関数 (9.3), (9.4) を再度偏微分したものであり，すべて 0 である．

$$\frac{\partial^2 f}{\partial x^2} = \frac{\partial^2 f}{\partial y^2} = \frac{\partial^2 f}{\partial y \partial x} = \frac{\partial^2 f}{\partial x \partial y} = 0$$

$g(x, y) = x^2 + xy - y^2$ の 2 階偏導関数は，1 階偏導関数 (9.5), (9.6) を再度偏微分したものであり，

$$\frac{\partial^2 g}{\partial x^2} = \frac{\partial}{\partial x}(2x + y) = 2$$

$$\frac{\partial^2 g}{\partial y^2} = \frac{\partial}{\partial y}(x - 2y) = -2$$

$$\frac{\partial^2 g}{\partial y \partial x} = \frac{\partial}{\partial y}(2x + y) = 1$$

$$\frac{\partial^2 g}{\partial x \partial y} = \frac{\partial}{\partial x}(x - 2y) = 1$$

である.

$h(x, y) = \log(x^2 + y^2)$ の 2 階偏導関数は，（9.7），（9.8）より，

$$\frac{\partial^2 h}{\partial x^2} = \frac{\partial}{\partial x}\left(\frac{2x}{x^2 + y^2}\right) = \frac{-2x^2 + 2y^2}{(x^2 + y^2)^2}$$

$$\frac{\partial^2 h}{\partial y^2} = \frac{\partial}{\partial y}\left(\frac{2y}{x^2 + y^2}\right) = \frac{2x^2 - 2y^2}{(x^2 + y^2)^2}$$

$$\frac{\partial^2 h}{\partial y \partial x} = \frac{\partial}{\partial y}\left(\frac{2x}{x^2 + y^2}\right) = \frac{-4xy}{(x^2 + y^2)^2}$$

$$\frac{\partial^2 h}{\partial x \partial y} = \frac{\partial}{\partial x}\left(\frac{2y}{x^2 + y^2}\right) = \frac{-4xy}{(x^2 + y^2)^2}$$

である．したがって，

$$\frac{\partial^2 h}{\partial x^2} + \frac{\partial^2 h}{\partial y^2} = 0 \tag{9.13}$$

が成り立つ.

問 2 次の関数の 2 階偏導関数を求めよ.

$$f(x, y) = x^2 + 2xy - 3y^2$$
$$g(x, y) = e^{x^2 + y^2}$$
$$h(x, y) = \sin(3x - 4y)$$

 9.2

(1) 3 階以上の偏微分や，3 変数関数 $f(x, y, z)$ の偏微分を考えることもできる.

(2) 2 階偏導関数の和 $\dfrac{\partial^2 z}{\partial x^2} + \dfrac{\partial^2 z}{\partial y^2}$ を $\triangle z$ と書く．すなわち，微分演算だけ取り出せば

$$\triangle = \frac{\partial^2}{\partial x^2} + \frac{\partial^2}{\partial y^2} \tag{9.14}$$

である．$\triangle$ を **ラプラシアン** という．この記号を用いると，（9.13）は次のように書ける.

$$\triangle \log(x^2 + y^2) = 0 , \quad (x,y) \neq (0,0) \tag{9.15}$$

(3) この節でとりあげた例では，2 階偏導関数 z_{yx}, z_{xy} は一致している．これらが一致しない "病的な関数" も存在するが (**問題 9.9**)，かなり一般的な条件のもとで $z_{yx} = z_{xy}$ が成り立つことを保証する次のような定理がある．

定理 9.1

(偏微分の順序交換)
偏導関数 f_{xy}, f_{yx} が存在してどちらも連続なら，$f_{xy} = f_{yx}$ が成り立つ．

この定理の証明は，2 変数関数の連続性の定義とともに，**9.6 節** で行う．

9.2 | 平面と曲面

2 変数関数が曲面を表すということについて考える．曲面の見取図を描くのは曲線を描くほどやさしくはないが，機械的な意味での形の正確さはあまり重要ではない．曲面を地形に見立てて等高線をイメージすると，曲面の形状を把握しやすい．

9.2.1 | 平面

座標空間において，点 $P(x_0, y_0, z_0)$ を通り，ベクトル $\boldsymbol{n} = (\alpha, \beta, \gamma)$ に垂直な平面を考える．すなわち $\overrightarrow{PX} \perp \boldsymbol{n}$ を満たす点 $X(x,y,z)$ の全体を考える (**図 9.1**)．x, y, z の満たすべき関係式は

$$\alpha(x - x_0) + \beta(y - y_0) + \gamma(z - z_0) = 0$$

であり，$d = \alpha x_0 + \beta y_0 + \gamma z_0$ とおけば，

$$\alpha x + \beta y + \gamma z - d = 0$$

のように表せる．ベクトル $\boldsymbol{n}$ をこの平面の **法線ベクトル** という．

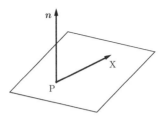

[図 9.1] 平面と法線ベクトル.

定理 9.2

$\boldsymbol{n} = (\alpha, \beta, \gamma) \neq \boldsymbol{0}$ のとき, 方程式

$$\alpha x + \beta y + \gamma z - d = 0 \qquad (9.16)$$

は, $\boldsymbol{n}$ を法線ベクトルとする平面を表す. 特に, z 軸に平行でない平面は

$$z = ax + by + c \qquad (9.17)$$

の形に書くことができる.

$\gamma \neq 0$ なら, (9.16) を z について解いて, (9.17) の形に書くことができる.

(9.16), (9.17) は, 平面上の直線の方程式が $\alpha x + \beta y = \gamma, y = ax + b$ のように表せることに相当する.

例 9.3 点 $(0, 0, 1)$ を通り, ベクトル $(1, 1, 1)$ に垂直な平面は, 方程式

$$1 \cdot (x - 0) + 1 \cdot (y - 0) + 1 \cdot (z - 1) = 0$$

$$\therefore \quad x + y + z = 1$$

で表される. これを z について解いた形にすれば

$$z = -x - y + 1$$

となる.

注意 9.3 (9.17) の右辺のような x, y の高々 1 次関数 $f(x, y) = ax + by + c$ のグラフは平面である．特に $f(x, y)$ が定数のとき ($a = b = 0$ のとき)，平面は z 軸に垂直 (xy 平面に平行) になる．

また (9.16) のように，x, y, z の 1 次関数 $f(x, y, z)$ を用いて，$f(x, y, z) = 0$ のような方程式で表される図形は平面である．

問 3

(1) 点 $(1, -1, 2)$ を通り，ベクトル $(2, -2, -1)$ に垂直な平面の方程式を求めよ．

(2) 点 $(1, -1, 2)$ を通り，ベクトル $(2, 3, 0)$ に垂直な平面の方程式を求めよ．

9.2.2 | 曲面

2 変数関数 $f(x, y)$ に対し，方程式 $z = f(x, y)$ が表す曲面を考える．

例 9.4 方程式 $z = \sqrt{1 - x^2 - y^2}$ は，球面 $x^2 + y^2 + z^2 = 1$ の上半分 ($z \geqq 0$ を満たす部分) を表す．

曲面の形状を把握するとき，**等高線** を用いるとよい (**図 9.2**)．曲面 $z = f(x, y)$ に対し，xy 平面上の曲線 $f(x, y) = k$ は高さ k の等高線を表す．

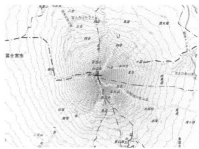

[図 9.2] 地図における等高線．
[写真：fotolia 提供，地図：国土地理院の電子地形図 25000 より掲載]

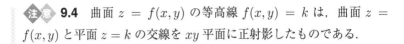

注意 9.4 曲面 $z = f(x, y)$ の等高線 $f(x, y) = k$ は, 曲面 $z = f(x, y)$ と平面 $z = k$ の交線を xy 平面に正射影したものである.

例 9.5

(1) 方程式 $z = y^2$ は, yz 平面においては放物線を表すが, xyz 空間においては, この放物線を x 軸方向に平行移動してできる曲面を表す. 等高線の方程式は $y^2 = k$ であり, $k > 0$ ならば平行な2直線, $k = 0$ ならば1本の直線を表し, $k < 0$ ならば等高線は存在しない (**図 9.3 (左)**).

(2) 方程式 $z = -x^2$ は, xz 平面においては放物線を表すが, xyz 空間においては, この放物線を y 軸方向に平行移動してできる曲面を表す. 等高線の方程式は $-x^2 = k$ であり, $k < 0$ ならば平行な2直線, $k = 0$ ならば1本の直線を表し, $k > 0$ ならば等高線は存在しない (**図 9.3 (右)**).

(3) 方程式 $z = x^2 + y^2$ は, xz 平面上の放物線 $z = x^2$ を z 軸のまわりに回転してできる曲面を表す. 等高線の方程式は $x^2 + y^2 = k$ であり, $k > 0$ ならば円, $k = 0$ ならば1点を表し, $k < 0$ ならば等高線は存在しない (**図 9.4 (左)**).

(4) 方程式 $z = x^2 - y^2$ が表す曲面を地形に見立てると, x 軸の正の方向と負の方向に山があり, y 軸の正の方向と負の方向に谷がある. 等高線の方程式は $x^2 - y^2 = k$ であり, $k \neq 0$ ならば双曲線, $k = 0$ ならば2直線を表す (**図 9.4 (右)**).

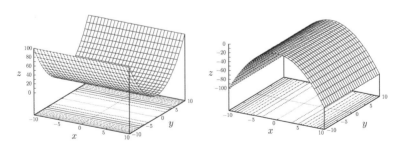

[図 9.3] 曲面 $z = y^2$ (左) と曲面 $z = -x^2$ (右).

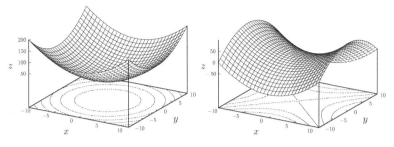

[図 9.4] 曲面 $z = x^2 + y^2$ (左) と曲面 $z = x^2 - y^2$ (右).

問 4

(1) 曲面 $z = \sqrt{1 - x^2 - y^2}$ の等高線を調べよ.
(2) 曲面 $z = xy$ の等高線を調べよ.

9.3 | 接平面と偏微分

偏微分を用いて, 曲面の接平面を求めることを考える. そのためにまず, 「曲面と平面が接するとはどういうことなのか」ということから始める.

9.3.1 | 接平面

例 9.5 の 4 つの曲面 (**図 9.3**, **図 9.4**) において, 高さ k の等高線の様子が, $k = 0$ を境目にして大きく変わっている. この瞬間に何が起きているのかといえば, $k = 0$ のとき, 平面 $z = k$ は曲面に「接している」のである.

これを一般化して, 傾いた平面が曲面に接する状況をみる. 曲面 $z = x^2 + y^2$ と平面 $z = 2x - 2y + k$ の交わりを考えてみよう. そのために, x, y についての方程式

$$x^2 + y^2 = 2x - 2y + k \tag{9.18}$$

が表す (xy 平面上の) 曲線を調べる. (9.18) を

$$(x - 1)^2 + (y + 1)^2 = k + 2$$

と変形すれば, この方程式が表す図形は, $k > -2$ ならば円, $k = -2$ ならば 1 点 $(1, -1)$, $k < -2$ ならば空集合となることが分かる. このことから, 交

線が消える瞬間 $k = -2$ のときに，平面 $z = 2x - 2y + k$ は曲面 $z = x^2 + y^2$ に点 $(1, -1, 2)$ で接すると考えられる (**図 9.5**).

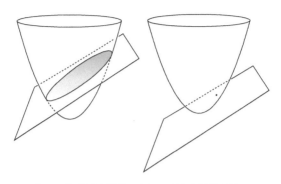

[図 9.5] 曲面と平面の交わり (左) と接触 (右).

> **注意 9.5** 方程式 (9.18) が表す xy 平面上の図形は，曲面 $z = x^2 + y^2$ と平面 $z = 2x - 2y + k$ の交線そのものではなく，交線を xy 平面に正射影したものである．

そこで次に，曲面の方程式 $z = x^2 + y^2$ と平面の方程式 $z = 2x - 2y - 2$ の関係を調べてみる．これらの方程式の見掛けはまったく異なるが，後者は ($(x, y) = (1, -1)$ の近くで) 前者の近似式になっている．このことを確かめてみよう．

(x, y) が $(1, -1)$ に近いとして，

$$x = 1 + \xi, \quad y = -1 + \eta \tag{9.19}$$

とおき，ξ, η は微小量であるとする．このとき

$$x^2 + y^2 = (1 + \xi)^2 + (-1 + \eta)^2$$
$$= 2 + 2\xi - 2\eta + \xi^2 + \eta^2 \tag{9.20}$$
$$= 2x - 2y - 2 + \xi^2 + \eta^2 \tag{9.21}$$
$$\therefore \ (x^2 + y^2) - (2x - 2y - 2) = \xi^2 + \eta^2 \tag{9.22}$$

が成り立つので，ξ, η が微小量であるとすると，$x^2 + y^2$ は $2x - 2y - 2$ に

きわめて近い.

上巻 **2.1.2 節**で導入した記号 $\mathcal{O}$ を用いると，(9.22) は，

$$x^2 + y^2 = 2x - 2y - 2 + \mathcal{O}(\xi^2 + \eta^2) \tag{9.23}$$

のように書くことができる.

問 5　上記の考察を，曲面 $z = x^2 - y^2$ と平面 $z = 2x - 2y + k$ について行ってみよ.

(x, y) が $(1, -1)$ に近いとき，$x^2 + y^2$ は $2x - 2y - 2$ にきわめて近いことが分かったが，(x, y) が $(1, -1)$ に近いとき，$x^2 + y^2$ は 2 に近いということもできる. 実際，この場合の誤差は，(9.20) を用いると

$$(x^2 + y^2) - 2 = 2\xi - 2\eta + \xi^2 + \eta^2 \tag{9.24}$$

のように表される. これは，平面 $z = 2x - 2y - 2$ と平面 $z = 2$ は，どちらも曲面 $z = x^2 + y^2$ に近いということである.

それでは，2 つの誤差 (9.22),(9.24) を比較してみよう. ξ, η を微小量とすると，(9.22) は ξ, η の 2 乗程度の微小量であるが，(9.24) は ξ, η の 1 乗程度 (ξ, η と同程度) の微小量であり，(9.24) は，

$$x^2 + y^2 = 2 + \mathcal{O}(\sqrt{\xi^2 + \eta^2}) \tag{9.25}$$

のように書くことができる. したがって，(9.22) は (9.24) よりも，はるかに小さいといえる. (9.22) は，曲面 $z = x^2 + y^2$ と平面 $z = 2x - 2y - 2$ が点 $(1, -1)$ で接している状況での誤差であり，(9.24) は曲面 $z = x^2 + y^2$ と平面 $z = 2$ が点 $(1, -1)$ を共有している状況での誤差である. このように曲面と平面が接しているということは，誤差の大きさ (小ささ) に現れる.

参考 **9.6** (9.24) を (9.25) のように書くことができるということについて，説明を補っておく.

(9.25) のように書くことができるということは，

$$2\xi - 2\eta + \xi^2 + \eta^2 = \mathcal{O}(\sqrt{\xi^2 + \eta^2}) \tag{9.26}$$

が成り立つということである．実際

$$|2\xi - 2\eta + \xi^2 + \eta^2| \leqq 2|\xi| + 2|\eta| + \xi^2 + \eta^2$$
$$\leqq 2\sqrt{\xi^2 + \eta^2} + 2\sqrt{\xi^2 + \eta^2} + \xi^2 + \eta^2$$
$$\leqq 4\sqrt{\xi^2 + \eta^2} + \xi^2 + \eta^2$$

である．$h = \sqrt{\xi^2 + \eta^2}$ とおいて，$h \leqq 1$ を仮定すると，$h^2 \leqq h$ であるから

$$4\sqrt{\xi^2 + \eta^2} + \xi^2 + \eta^2 \leqq 5h = \mathcal{O}(h)$$

以上により，(9.26) が成り立つ．

後の便宜のために，(9.23) の表現を少し変えておく．
$h = \sqrt{\xi^2 + \eta^2}$ とおく．関数 $\varphi(\xi, \eta)$ が，

$$\lim_{(\xi, \eta) \to (0,0)} \frac{\varphi(\xi, \eta)}{h} = 0 \tag{9.27}$$

のような性質をもつとき，$\varphi(\xi, \eta)$ は h よりもはるかに小さいという意味で，

$$\varphi(\xi, \eta) = o(h) \tag{9.28}$$

と書くことにする．この定義のもとで，

$$\varphi(\xi, \eta) = \mathcal{O}(h^2) \implies \varphi(\xi, \eta) = o(h)$$

が成立する (ただし逆は成立しない)．

記号 $o(\cdot)$ を用いると，(9.23) を次のように書くことができる．

$$x^2 + y^2 = 2x - 2y - 2 + o(\sqrt{\xi^2 + \eta^2}) \tag{9.29}$$

このように，曲面と平面が単に 1 点を共有している状況と接している状況の違いは，誤差の大きさ (9.25),(9.29) の違いにみることができる．そこで，「接する」ということを次のように定義する．

点 (x, y) が定点 (x_0, y_0) の近くを動くとき，$x = x_0 + \xi, y = y_0 + \eta$ とおいて ξ, η を微小量とする．この状況で

$$f(x, y) = ax + by + c + o(\sqrt{\xi^2 + \eta^2}) \tag{9.30}$$

が成立するとき，曲面 $z = f(x, y)$ と平面 $z = ax + by + c$ は，点 $(x_0, y_0, f(x_0, y_0))$ で **接する** という．

(9.30) において $(x, y) = (x_0, y_0)$(すなわち $\xi = \eta = 0$) とすると，

$$f(x_0, y_0) = ax_0 + by_0 + c \tag{9.31}$$

となる．(9.31) を用いると，(9.30) を次のように書き換えることができる．

$$f(x_0 + \xi, y_0 + \eta) - f(x_0, y_0) = a\xi + b\eta + o(\sqrt{\xi^2 + \eta^2})$$

したがって，次の定理が成り立つ．

定理 9.3

曲面 $z = f(x, y)$ が点 $(x_0, y_0, f(x_0, y_0))$ で接平面をもつための条件は，

$$f(x_0 + \xi, y_0 + \eta) - f(x_0, y_0) = a\xi + b\eta + o(\sqrt{\xi^2 + \eta^2}) \tag{9.32}$$

が成り立つような定数 a, b が存在することである．

注 9.7

(1) (9.32) が成り立つような a, b が存在するとは限らないが，もしも存在するなら，ただ一通りに定まる (**9.3.2 節**)．

(2) (9.32) が成り立つとき，接平面の方程式は

$$z = ax + by + c$$

と表される．ただし c は (9.31) から定まる．

(3) 等式 (9.32) が成り立つような a, b が存在しないこともある．たとえば円錐の尖った先端のような点では接平面は存在しないから，このような場合には (9.32) を満たす a, b の値は存在しないと思われる．

9.3.2 | 全微分

注意 9.7(1) に述べたことを確かめよう．

(9.32) において $\eta = 0$ とすると，

$$f(x_0 + \xi, y_0) - f(x_0, y_0) = a\xi + o(|\xi|)$$

よって

$$\frac{f(x_0 + \xi, y_0) - f(x_0, y_0)}{\xi} = a + \frac{1}{\xi}o(|\xi|)$$

ここで，$\xi \to 0$ のとき

$$\frac{1}{\xi}o(|\xi|) \to 0$$

が成立するので，**注意 9.1** により，偏微分係数 $f_x(x_0, y_0)$ が存在して，

$$a = f_x(x_0, y_0) \tag{9.33}$$

が成り立つ．同様にして

$$b = f_y(x_0, y_0) \tag{9.34}$$

が得られる．

等式 (9.32) が成り立つような a, b が存在するとき，関数 $f(x, y)$ は (x_0, y_0) において **全微分可能** であるという．関数 $f(x, y)$ が (x_0, y_0) において全微分可能であるとき，関数 $f(x, y)$ は (x_0, y_0) において偏微分可能であり，a, b は (9.33), (9.34) のように定まる．したがって等式 (9.32) より，次式が成り立つ．

$$f(x_0 + \xi, y_0 + \eta) - f(x_0, y_0) = f_x(x_0, y_0)\xi + f_y(x_0, y_0)\eta + o(\sqrt{\xi^2 + \eta^2}) \tag{9.35}$$

 9.8

(1) 関数 $f(x, y)$ が (x_0, y_0) において全微分可能であるとき，(9.35) において，ξ, η を無限小量として dx, dy と書き，左辺を dz と書いて，誤差項を省けば

$$dz = f_x(x_0, y_0)dx + f_y(x_0, y_0)dy \qquad (9.36)$$

$$= \frac{\partial z}{\partial x}dx + \frac{\partial z}{\partial y}dy \qquad (9.37)$$

となる．これは xy 平面上で無限小ベクトル (dx, dy) だけ移動したときの $z = f(x, y)$ の無限小変化 dz を与える式である．(9.37) のように表された dz を，関数 $z = f(x, y)$ の **全微分** と呼ぶことがある．

(2) 曲面 $z = f(x, y)$ の点 $(x_0, y_0, f(x_0, y_0))$ における接平面が存在するなら，その方程式は次のように表せる．

$$z = f_x(x_0, y_0)(x - x_0) + f_y(x_0, y_0)(y - y_0) + f(x_0, y_0)$$
$$(9.38)$$

また接平面は法線ベクトル $(f_x(x_0, y_0), f_y(x_0, y_0), -1)$ をもつ．

(3) (9.38) は，曲線 $y = f(x)$ の接線の方程式

$$y = f'(x_0)(x - x_0) + f(x_0)$$

の一般化になっている． $f(x)$ が微分可能なら，曲線 $y = f(x)$ は接線をもち，$f(x, y)$ が全微分可能なら，曲面 $z = f(x, y)$ は接平面をもつ．

例 9.6 $f(x, y) = x^2 + y^2$ に対し，

$$f_x(1, -1) = 2 \ , \quad f_y(1, -1) = -2 \ , \quad f(1, -1) = 2$$

であるから，曲面 $z = x^2 + y^2$ の点 $(1, -1, 2)$ における接平面の方程式 (9.38) は

$$z = 2(x - 1) - 2(y + 1) + 2$$
$$\therefore \ z = 2x - 2y - 2$$

となる．

問 6 曲面 $z = x^2 + y^2$ の点 $(1, 2, 5)$ における接平面の方程式を求めよ．

全微分可能なら偏微分可能である．しかし「偏微分可能なら全微分可能である」とはいえない．**定理 9.4** で示すように，偏微分可能性だけではなく，偏導関数が連続であることを仮定すると，全微分可能性が保証される．そこで，関数 $f(x, y)$ が点 (x_0, y_0) のまわりで連続な 1 階偏導関数をもつとき「$f(x, y)$ は (x_0, y_0) のまわりで C^1 **級である**」という．

定理 9.4

(全微分可能性)

C^1 級の関数は全微分可能である．すなわち，関数 $f(x, y)$ が (x_0, y_0) のまわりで C^1 級であるとすると，$f(x, y)$ は (x_0, y_0) で全微分可能であり，(9.35) が成り立つ．

この定理の証明は，2 変数関数の連続性の定義とともに **9.6 節** で行う．

9.3.3 | 方向微分

全微分に関連して，2 変数関数をいろいろな方向に微分するということについて考える．

$(u, v) \neq (0, 0)$ とする．xy 平面上で点 (x_0, y_0) を通り，ベクトル (u, v) に平行な直線上を動く点 P を考える．媒介変数 t を用いて点 P の座標を

$$x(t) = x_0 + tu , \quad y(t) = y_0 + tv \tag{9.39}$$

のように表す．点 $\mathrm{P}(x(t), y(t))$ における $z = f(x, y)$ の値を t の関数とみて，

$$z(t) = f(x(t), y(t)) \tag{9.40}$$

とおく．微分係数 $z'(0)$ が存在するとき，$z'(0)$ を，(x_0, y_0) における (u, v) 方向への $f(x, y)$ の **方向微分** という．偏微分係数 $f_x(x_0, y_0), f_y(x_0, y_0)$ は，それぞれ $(u, v) = (1, 0), (0, 1)$ 方向への方向微分である．

$f(x, y)$ は (x_0, y_0) において全微分可能であるとして，(u, v) 方向への方向微分を考える．(9.35) において，$\xi = tu, \eta = tv$ とすると

$$z(t) - z(0) = f_x(x_0, y_0) \cdot tu + f_y(x_0, y_0) \cdot tv + o(\sqrt{(tu)^2 + (tv)^2})$$
$$= f_x(x_0, y_0) \cdot tu + f_y(x_0, y_0) \cdot tv + o(|t|)$$

となるので,

$$z'(0) = \lim_{t \to 0} \frac{z(t) - z(0)}{t} = f_x(x_0, y_0)u + f_y(x_0, y_0)v \qquad (9.41)$$

のように, (u, v) 方向への方向微分が得られる. (u, v) は $(0, 0)$ 以外の任意のベクトルであるから, 点 (x_0, y_0) で全微分可能な関数 $f(x, y)$ は, 点 (x_0, y_0) であらゆる方向への方向微分をもつことが分かる. あらゆる方向への方向微分をもつとき, **方向微分可能** であるという.

全微分可能な関数は方向微分可能であることが分かった. 特に座標軸方向への方向微分が偏微分である. このように, 2 変数関数 $f(x, y)$ の場合, 「微分」といってもさまざまな概念がある. 「C^1 級」, 「全微分可能」, 「方向微分可能」, 「偏微分可能」という 4 つの性質の間に, 次のような論理的関係がある.

$$C^1 \text{ 級} \underset{\text{定理 9.4}}{\implies} \text{全微分可能} \underset{(9.41)}{\implies} \text{方向微分可能} \implies \text{偏微分可能}$$

注意 **9.9** 上記の関係において, どの $\implies$ も逆は成り立たない.

たとえば, 「C^1 級 $\implies$ 全微分可能」の逆については, 次のような反例がある.

$$f(x, y) = \begin{cases} x^2 \sin \dfrac{1}{x} & (x \neq 0) \\ 0 & (x = 0) \end{cases}$$

この関数は $\mathbb{R}^2$ で偏微分可能である. $f(x, y)$ は y によらないので $f_y(x, y) = 0$ となり, すべての点で連続であるが, $f_x(x, y)$ は x の関数として微分可能だが, $x = 0$ において連続ではない (上巻**問題 0.7**). よって $f(x, y)$ は, y 軸上の点で C^1 級の要請を満たさない. 他方,

$$|f(\xi, y_0 + \eta)| \leqq \xi^2 = o(\sqrt{\xi^2 + \eta^2})$$

であるから, $f(x, y)$ は y 軸上の各点 $(0, y_0)$ で全微分可能である.

他の 2 つの $\implies$ については, 逆の反例を **問題 9.15** で考察する.

9.3.4 | 合成関数の微分

全微分の応用として，2変数関数の合成関数の微分について考える．

9.3.3節で考えた合成関数 (9.40) を少し一般化する．(9.39) のような1次関数に限らず，t の何らかの関数 $x = x(t), y = y(t)$ が与えられているとして，

$$z(t) = f(x(t), y(t)) \tag{9.42}$$

とおく．

$f(x, y)$ が具体的に与えられた関数ならば，$z(t)$ の導関数を求める問題は単に1変数関数の微分計算に過ぎない．たとえば $f(x, y) = xy$ とすれば，$z(t) = x(t)y(t)$ となり，その導関数は

$$z'(t) = x'(t)y(t) + x(t)y'(t) \tag{9.43}$$

である．それでは一般に，(9.42) の導関数は $x'(t), y'(t)$ とどのような関係があるだろうか．これは，上巻 **0.2.2節**の合成関数の微分公式を2変数関数に一般化することであるともいえる．(9.35) に基づいて，この問題を考える．

定理 9.5

(合成関数の微分)
関数 $f(x, y)$ が全微分可能であり，$x(t), y(t)$ が微分可能ならば，

$$\frac{dz}{dt} = \frac{\partial z}{\partial x}\frac{dx}{dt} + \frac{\partial z}{\partial y}\frac{dy}{dt} \tag{9.44}$$

が成り立つ．

 9.10

(1) **定理 9.4** により，関数 $f(x, y)$ が C^1 級ならば全微分可能である．

(2) (9.44) が成立する理由を端的にいえば，次のようになる．全微分の等式 (9.37) は，$x(t), y(t)$ が1次関数でない場合にも成立して，(9.37) の両辺を dt で割ることにより，(9.44) が得られる．

(3) $f(x, y) = xy$ の場合，(9.44) の右辺は (9.43) の右辺に一致する．

証明 $f(x,y)$ が全微分可能であることと，$x(t), y(t)$ が微分可能であること を仮定すると，**9.3.3**節の議論の道筋をたどり直すことにより，(9.44) を示 すことができる．このことを確かめるために，$t = t_0$ における $z(t)$ の微分 係数 $z'(t_0)$ を求めることにして，(9.35) において，$x_0 = x(t_0), y_0 = y(t_0)$ とし，

$$\xi = x(t) - x(t_0) = \Delta x$$
$$\eta = y(t) - y(t_0) = \Delta y$$
$$z(t) - z(t_0) = \Delta z$$

とおくと，

$$\Delta z = f_x(x_0, y_0)\Delta x + f_y(x_0, y_0)\Delta y + o(\sqrt{(\Delta x)^2 + (\Delta y)^2}) \tag{9.45}$$

が得られる．式をみやすくするために $h = \sqrt{(\Delta x)^2 + (\Delta y)^2}$ と略記して， (9.45) を

$$\Delta z = f_x(x_0, y_0)\Delta x + f_y(x_0, y_0)\Delta y + o(h) \tag{9.46}$$

のように書く．ここで $\Delta t = t - t_0$ とおくと

$$\lim_{\Delta t \to 0} \frac{\Delta x}{\Delta t} = x'(t_0) \, , \quad \lim_{\Delta t \to 0} \frac{\Delta y}{\Delta t} = y'(t_0) \tag{9.47}$$

であるから，もしも

$$\lim_{\Delta t \to 0} \frac{1}{\Delta t} o(h) = 0 \tag{9.48}$$

が成立するといえれば，(9.46) から

$$z'(t_0) = \lim_{\Delta t \to 0} \frac{\Delta z}{\Delta t} = f_x(x_0, y_0)x'(t_0) + f_y(x_0, y_0)y'(t_0) \tag{9.49}$$

が得られる．

(9.48) を示そう．まず (9.47) から

$$\Delta x = \mathcal{O}(\Delta t) \, , \quad \Delta y = \mathcal{O}(\Delta t)$$

よって

$$h = \mathcal{O}(\Delta t)$$

が得られる．したがって $\Delta t \to 0$ のとき $h \to 0$ となり，しかも

$$\lim_{h \to 0} \frac{1}{h} o(h) = 0$$

であることに注意すると，

$$\frac{1}{\Delta t} o(h) = \frac{h}{\Delta t} \frac{o(h)}{h} = \frac{\mathcal{O}(\Delta t)}{\Delta t} \frac{o(h)}{h} \underset{\Delta t \to 0}{\to} 0$$

となり，(9.48) が成り立つことが分かる． □

問7 　$f(x, y) = x^y$ に対して (9.44) を用いて，$z = t^t \ (t > 0)$ の導関数を求めよ．

9.3.5 │ 座標変換

平面上の点 P を直交座標 (x, y) 以外の座標を用いて表し，その座標について関数を微分することを考える．

例9.7

(1) 原点 O を極とする **極座標** r, θ は

$$x = r \cos \theta \tag{9.50}$$

$$y = r \sin \theta \tag{9.51}$$

で定義される (**図 9.6 (左)**)．

(2) 平面上の線形独立なベクトル $\boldsymbol{a}, \boldsymbol{b}$ が与えられたとき，任意の点 P の位置ベクトルを

$$\overrightarrow{\mathrm{OP}} = u\boldsymbol{a} + v\boldsymbol{b} \tag{9.52}$$

のように表すことができる．係数 u, v は点 P に対してただ一通りに定まる．(u, v) を点 P の **斜交座標** という (**図 9.6 (右)**)．
　ここで

$$\overrightarrow{\mathrm{OP}} = \begin{pmatrix} x \\ y \end{pmatrix}, \quad \boldsymbol{a} = \begin{pmatrix} a_1 \\ a_2 \end{pmatrix}, \quad \boldsymbol{b} = \begin{pmatrix} b_1 \\ b_2 \end{pmatrix}$$

とすると，(9.52) は

$$\begin{pmatrix} x \\ y \end{pmatrix} = \begin{pmatrix} a_1 & b_1 \\ a_2 & b_2 \end{pmatrix} \begin{pmatrix} u \\ v \end{pmatrix} \tag{9.53}$$

のように書ける.

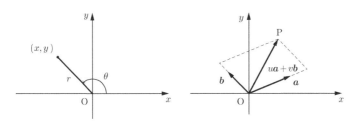

[図 9.6] 極座標 (左) と斜交座標 (右).

直交座標 (x, y) 以外の座標 (u, v) が, 次のような関係式で定義されている
とする.

$$x = X(u, v) \tag{9.54}$$

$$y = Y(u, v) \tag{9.55}$$

X, Y は C^1 級であり, **定理 9.4** が成立して, 全微分可能であるとする.

x, y の C^1 級関数 $z = f(x, y)$ が与えられたとき, (9.54), (9.55) を用い
て, z を u, v の関数として表すことができる. そこで z を u, v で偏微分する
ことを考える.

まず u で偏微分する. このとき v は定数として扱い, x, y が u の関数で
あることを念頭において, 合成関数の微分法を用いると,

$$\frac{\partial}{\partial u} z = \frac{\partial x}{\partial u} \frac{\partial}{\partial x} z + \frac{\partial y}{\partial u} \frac{\partial}{\partial y} z$$

が得られる. 微分演算だけを取り出して書くと,

$$\frac{\partial}{\partial u} = \frac{\partial x}{\partial u} \frac{\partial}{\partial x} + \frac{\partial y}{\partial u} \frac{\partial}{\partial y}$$

となる. 同様に

$$\frac{\partial}{\partial v} = \frac{\partial x}{\partial v} \frac{\partial}{\partial x} + \frac{\partial y}{\partial v} \frac{\partial}{\partial y}$$

が成り立つ.

斜交座標 (9.53) の場合,

$$\frac{\partial}{\partial u} = a_1 \frac{\partial}{\partial x} + a_2 \frac{\partial}{\partial y}$$

$$\frac{\partial}{\partial v} = b_1 \frac{\partial}{\partial x} + b_2 \frac{\partial}{\partial y}$$

が成り立つ. これをまとめて

$$\begin{pmatrix} \dfrac{\partial}{\partial u} \\ \dfrac{\partial}{\partial v} \end{pmatrix} = \begin{pmatrix} a_1 & a_2 \\ b_1 & b_2 \end{pmatrix} \begin{pmatrix} \dfrac{\partial}{\partial x} \\ \dfrac{\partial}{\partial y} \end{pmatrix}$$

と書くことができる. さらに逆行列を用いれば

$$\begin{pmatrix} \dfrac{\partial}{\partial x} \\ \dfrac{\partial}{\partial y} \end{pmatrix} = \begin{pmatrix} a_1 & a_2 \\ b_1 & b_2 \end{pmatrix}^{-1} \begin{pmatrix} \dfrac{\partial}{\partial u} \\ \dfrac{\partial}{\partial v} \end{pmatrix}$$

となる.

これらの関係式を (9.53) と比較すると,微分演算の変換行列は座標の変換行列の転置行列の逆行列になっていることが分かる.

例9.9 極座標 (9.50), (9.51) の場合,関数 $z = f(x, y)$ を r, θ の関数とみなすと,

$$\frac{\partial z}{\partial r} = \cos\theta \cdot z_x + \sin\theta \cdot z_y \tag{9.56}$$

$$\frac{\partial z}{\partial \theta} = -r\sin\theta \cdot z_x + r\cos\theta \cdot z_y \tag{9.57}$$

が得られる.

さらに (9.57) の両辺を θ で微分すると,

$$\frac{\partial^2 z}{\partial \theta^2} = \frac{\partial}{\partial \theta}(-r\sin\theta \cdot z_x + r\cos\theta \cdot z_y)$$

$$= -r\cos\theta \cdot z_x - r\sin\theta \cdot z_y - r\sin\theta \frac{\partial}{\partial \theta}z_x + r\cos\theta \frac{\partial}{\partial \theta}z_y$$

となる．これに，(9.57) の z を z_x, z_y で置き換えた等式

$$\frac{\partial z_x}{\partial \theta} = -r \sin\theta \cdot z_{xx} + r \cos\theta \cdot z_{xy}$$

$$\frac{\partial z_y}{\partial \theta} = -r \sin\theta \cdot z_{yx} + r \cos\theta \cdot z_{yy}$$

を代入すれば，

$$\frac{\partial^2 z}{\partial \theta^2} = -r \cos\theta \cdot z_x - r \sin\theta \cdot z_y$$
$$+ r^2 \sin^2\theta \cdot z_{xx} - 2r^2 \sin\theta \cos\theta \cdot z_{xy} + r^2 \cos^2\theta \cdot z_{yy}$$

が得られる．同様に (9.56) より

$$\frac{\partial^2 z}{\partial r^2} = \cos^2\theta \cdot z_{xx} - 2\sin\theta \cos\theta \cdot z_{xy} + \sin^2\theta \cdot z_{yy}$$

が得られる．したがって，

$$z_{xx} + z_{yy} = \frac{\partial^2 z}{\partial r^2} + \frac{1}{r}\frac{\partial z}{\partial r} + \frac{1}{r^2}\frac{\partial^2 z}{\partial \theta^2}$$

が成り立つ．微分演算だけを取り出して書けば，ラプラシアン (9.14) は

$$\triangle = \frac{\partial^2}{\partial r^2} + \frac{1}{r}\frac{\partial}{\partial r} + \frac{1}{r^2}\frac{\partial^2}{\partial \theta^2}$$

のように表せる．

9.4 | 2 変数関数の極値

9.3 節では，曲面の接平面を考えるという問題から出発して，関数 $f(x,y)$ を 1 次関数で近似する全微分の概念にたどり着いた．次にこれをもう一歩進めて，関数 $f(x,y)$ を 2 次関数で近似することにより，2 変数関数の極大・極小について考える．

9.4.1 | 極値

関数 $f(x,y)$ を点 (x_0, y_0) の近くだけでみると，点 (x_0, y_0) で最大値 (最小値) をとるとする．このとき関数 $f(x,y)$ は点 (x_0, y_0) で **極大** (**極小**) であるという．$z = f(x,y)$ のグラフを地形に見立てれば，山頂を極大，谷底を極小というのである．離れたところにもっと高い山や深い谷があるかどうかは気にしていない．

上の定義には少し曖昧なところがあるので，より正確に言い直そう．便宜のためにベクトル記法を用いて，$\boldsymbol{x} = (x, y)$, $\boldsymbol{x}_0 = (x_0, y_0)$ とおき，$f(x, y)$ を $f(\boldsymbol{x})$，$f(x_0, y_0)$ を $f(\boldsymbol{x}_0)$ と書く．

(1), (2) のような正の数 δ が存在するとする．

(1) $|\boldsymbol{x} - \boldsymbol{x}_0| < \delta$ を満たす任意の $\boldsymbol{x}$ に対して，$f(\boldsymbol{x}) \leqq f(\boldsymbol{x}_0)$ が成り立つ．

(2) $|\boldsymbol{x} - \boldsymbol{x}_0| < \delta$ を満たす任意の $\boldsymbol{x}$ に対して，$f(\boldsymbol{x}) \geqq f(\boldsymbol{x}_0)$ が成り立つ．

(1) のとき，$f(\boldsymbol{x})$ は $\boldsymbol{x}_0$ で **極大** であるといい，(2) のとき，$f(\boldsymbol{x})$ は $\boldsymbol{x}_0$ で **極小** であるという．

> **注意 9.11** (1) において「$|\boldsymbol{x} - \boldsymbol{x}_0| < \delta$ を満たすならば」の部分が「点 (x_0, y_0) の近くだけでみると」に相当する．また点 (x_0, y_0) の近くでは，点 (x_0, y_0) で最大値をとり，それ以外の点で最大値をとらない場合，$f(x_0, y_0)$ を狭義の極大値という．

例 9.10 関数 $f(x, y) = -x^2 - y^2$ は $(0, 0)$ で極大である．極大の定義条件中の δ は任意の正の数でよい．

極大であることと極小であることをまとめて，**極値** をとるという．

問 8 関数 $f(x, y) = x^2 + y^2$ は $(0, 0)$ で極小であることを確かめよ．

例 9.11 関数 $f(x, y) = x^2 - y^2$ を考える (**図 9.7 (左)**)．点 (x, y) が x 軸上を動くとすると ($y = 0$ とすると)，$f(x, 0) = x^2$ となり $x = 0$ で狭義の極小である．また，点 (x, y) が y 軸上を動くとすると ($x = 0$ とすると)，$f(0, y) = -y^2$ となり $y = 0$ で狭義の極大である．よってこの関数は，$(0, 0)$ で極大でも極小でもない．また曲線 $z = x^2$ (かつ $y = 0$) は下に凸，曲線 $z = -y^2$ (かつ $x = 0$) は上に凸であり，動く方向によって凹凸が変化する．この $(0, 0)$ のような点を **峠点** という (鞍点ということもある)．

関数 $f(x, y) = xy$ の場合も，$(0, 0)$ で極大でも極小でもなく，$(0, 0)$ は

峠点である (**図 9.7 (右)**).

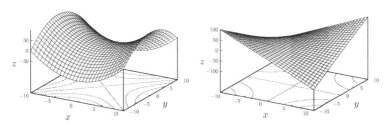

[図 9.7] 曲面 $z = x^2 - y^2$ (左) と曲面 $z = xy$ (右).

1 変数関数 $f(x)$ の極値を求めるとき，まず導関数 $f'(x)$ が 0 になる点を調べた．2 変数関数 $f(x, y)$ の極値を求めるとき，$f'(x) = 0$ に相当する条件は，偏導関数が 0 になるということである．

定理 9.6

関数 $f(x, y)$ が点 (x_0, y_0) で偏微分可能であるとする．

関数 $f(x, y)$ が点 (x_0, y_0) で極値をとるならば (極大または極小になるならば)，

$$f_x(x_0, y_0) = f_y(x_0, y_0) = 0 \tag{9.58}$$

が成り立つ．

証明 点 (x_0, y_0) で極大になるとすれば，y を y_0 に固定して x だけを動かすとき，$f(x, y_0)$ は x だけの関数として $x = x_0$ で極大になるので，$f_x(x_0, y_0) = 0$ が成立しなければならない．$f_y(x_0, y_0) = 0$ についても同様である． □

注意 9.12 曲面 $z = f(x, y)$ が接平面をもつとき，(9.58) は，接平面が水平になる (xy 平面に平行になる) ことを意味する．

しかし **定理 9.6** を証明するために，接平面の存在 (全微分可能性) を仮定する必要はない．

関数

$$f(x,y) = x^2 - xy + y^2$$

を考える．1 階偏導関数は

$$f_x(x,y) = 2x - y \ , \quad f_y(x,y) = -x + 2y$$

であり，(9.58) が成立する点は $(0,0)$ だけである．したがって，$f(x,y) = x^2 - xy + y^2$ が極値をとり得る点は $(0,0)$ しかない．

注意 **9.13** 上記の例において，$(0,0)$ における 1 階偏微分係数の値だけでは，極大か極小かの判断はつかない．

実際，関数 $-x^2 - y^2, x^2 + y^2, x^2 - y^2$ は，いずれも $(0,0)$ で (9.58) を満たすが，それぞれ $(0,0)$ で極大，極小であり，関数 $x^2 - y^2$ は $(0,0)$ で極大でも極小でもない．

9.4.2 | 2 次関数の極値

一般の 2 変数関数を考える前に，2 次関数の極値について調べる．

例 **9.13**

(1) 関数

$$f(x,y) = x^2 - xy + y^2$$

を考える．$(0,0)$ で極値をとるかどうかを調べるために，x の関数として平方完成すると

$$f(x,y) = (x - \frac{1}{2}y)^2 + \frac{3}{4}y^2$$

となる．これをみると

$$\text{すべての } x,y \text{ に対して } f(x,y) \geqq 0 \text{ が成り立つ}$$
$$f(x,y) = 0 \text{ となるのは } (0,0) \text{ だけである}$$

ということが分かる．したがって，$f(x,y)$ は $(0,0)$ で狭義の極小である．

(2) 関数

$$f(x,y) = x^2 - xy - y^2$$

の場合

$$f(x,y) = (x - \frac{1}{2}y)^2 - \frac{5}{4}y^2$$

となる．これをみると，

直線 $x - \dfrac{1}{2}y = 0$ の上では $f(x,y) = -\dfrac{5}{4}y^2$ となり，
$y = 0$ で狭義の極大
直線 $y = 0$ の上では $f(x,y) = x^2$ となり，
$x = 0$ で狭義の極小

ということが分かる．したがって $(0,0)$ はで極大でも極小でもない (峠点である)．

上記の例で用いた方法を一般化すると，次の定理が得られる．

定理 9.7

a, b, c を実数の定数とするとき，関数

$$f(x,y) = ax^2 + 2bxy + cy^2 \tag{9.59}$$

は

(1) $ac - b^2 > 0$ かつ $a > 0$ ならば，$(0,0)$ で狭義の極小
(2) $ac - b^2 > 0$ かつ $a < 0$ ならば，$(0,0)$ で狭義の極大
(3) $ac - b^2 < 0$ ならば，$(0,0)$ は極大でも極小でもない (峠点)

である．

証明 $a \neq 0$ のとき，x の関数として平方完成すると，

$$f(x,y) = a\left(x + \frac{b}{a}y\right)^2 + \frac{ac - b^2}{a}y^2 \tag{9.60}$$

となる.

(1) の条件下では

$$\text{すべての } x, y \text{ に対して } f(x,y) \geqq 0 \text{ が成り立つ}$$

$$f(x,y) = 0 \text{ となるのは } (0,0) \text{ だけである}$$

したがって，$f(x,y)$ は $(0,0)$ で狭義の極小である.

(2) も同様に示すことができる.

(3) $a \neq 0$ のとき，$ac - b^2 < 0$ とすると，(9.60) の右辺は符号が定まらない．よって $(0,0)$ は極大でも極小でもない (峠点).

$a = 0, c \neq 0$ のときは，y について平方完成すればよい．また $a = c = 0$ のときは明らかである． $\qquad\qquad\qquad\qquad\qquad\qquad\qquad\qquad \square$

注意 9.14

(1) 「$ac - b^2 > 0$ かつ $a = 0$」となることはない.

(2) $ac - b^2 = 0$ のとき，

$$f(x,y) = a\left(x + \frac{b}{a}y\right)^2$$

となるので，$f(x,y)$ は，$a > 0$ なら $(0,0)$ で極小，$a < 0$ なら極大だが，狭義の極大・極小ではない.

(3) a, b, c は定数であるとしたが，証明をよくみると，x, y に依存していてもよいことが分かる.

例 9.14 関数

$$f(x,y) = -4x + 5y + x^2 - xy + y^2$$

の極値を求める.

$$f_x(x,y) = -4 + 2x - y \ , \quad f_y(x,y) = 5 - x + 2y$$

であるから，(9.58) が成立する点は $(1, -2)$ である．そこで $x = 1 + \xi, y =$

$-2 + \eta$ とおくと，

$$f(x,y) = \xi^2 - \xi\eta + \eta^2 - 7$$

となる．この 2 次式は (定数項を除けば) **例 9.13**(1) で調べたように，$(\xi, \eta) = (0,0)$ で極小となる．また，$a = 1, b = -\dfrac{1}{2}, c = 1$ として **定理 9.7** を用いてもよい．よって，$f(x,y)$ は $(1, -2)$ で極小値 -7 をとる．

問 9 次の関数の極値を求めよ．

$$f(x,y) = -4x + 5y - x^2 + xy - y^2$$

9.4.3 極値とテイラー展開

一般の関数 $f(x,y)$ に対し，それを 2 次関数で近似して **定理 9.7** を用いることにより，極値を調べることを考える．

1 章で 1 変数関数 $f(x)$ を多項式で近似することを考えた．以下において，**1.2 節** の考え方を 2 変数関数に適用する．

関数 $f(x,y)$ を "任意の関数" として

$$f(x,y) = a_{00} + a_{10}x + a_{01}y + a_{20}x^2 + a_{11}xy + a_{02}y^2 + \cdots \tag{9.61}$$

が成り立つように係数 a_{mn} を定めよう．

まず，(9.61) に $x = y = 0$ を代入して，

$$a_{00} = f(0,0) \tag{9.62}$$

また (9.61) を x, y で偏微分し

$$f_x(x,y) = a_{10} + 2a_{20}x + a_{11}y + \cdots \tag{9.63}$$

$$f_y(x,y) = a_{01} + a_{11}x + 2a_{02}y + \cdots \tag{9.64}$$

$x = y = 0$ を代入して，

$$a_{10} = f_x(0,0)$$

$$a_{01} = f_y(0,0)$$

さらに (9.63), (9.64) を偏微分して，$x = y = 0$ を代入すると

$$a_{20} = \frac{1}{2} f_{xx}(0,0)$$

$$a_{11} = f_{xy}(0,0) = f_{yx}(0,0)$$

$$a_{02} = \frac{1}{2} f_{yy}(0,0)$$

が得られる.

 9.15 上記の手続きを繰り返すと

$$a_{mn} = \frac{1}{m!n!} \frac{\partial^{m+n} f}{\partial x^m \partial y^n}(0,0) \tag{9.65}$$

が得られる.右辺の偏微分記号は,x で m 回,y で n 回偏微分することを意味する.(9.61) を,2 変数関数の **テイラー展開** という.より厳密には,**9.6.4 節** で扱う.

テイラー展開 (9.61) を用いて,2 変数関数の極値について考える.そのために,まず $x = x_0 + \xi, y = y_0 + \eta$ とおいて,$f(x,y) = f(x_0 + \xi, y_0 + \eta)$ を ξ, η の関数とみなす.すると,

$$f(x_0 + \xi, y_0 + \eta) = a_{00} + a_{10}\xi + a_{01}\eta + a_{20}\xi^2 + a_{11}\xi\eta + a_{02}\eta^2 + \cdots \tag{9.66}$$

のような展開が得られ,係数は

$$a_{00} = f(x_0, y_0)$$

$$a_{10} = f_x(x_0, y_0) \;, \quad a_{01} = f_y(x_0, y_0)$$

$$a_{20} = \frac{1}{2} f_{xx}(x_0, y_0)$$

$$a_{11} = f_{xy}(x_0, y_0) = f_{yx}(x_0, y_0)$$

$$a_{02} = \frac{1}{2} f_{yy}(x_0, y_0)$$

となる.具体的に書けば次の通りである.

$$
\begin{aligned}
f(x_0 + \xi, y_0 + \eta) =\ & f(x_0, y_0) + f_x(x_0, y_0)\xi + f_y(x_0, y_0)\eta \\
& + \frac{1}{2} f_{xx}(x_0, y_0)\xi^2 + f_{xy}(x_0, y_0)\xi\eta + \frac{1}{2} f_{yy}(x_0, y_0)\eta^2
\end{aligned}
$$

$$+\cdots \tag{9.67}$$

テイラー展開 (9.67) を用いて，2 変数関数の極値について考える．(9.58) が成立する点 (x_0, y_0) を 1 つ選ぶ．このとき (9.67) の 3 次以上の項を無視すれば

$$f(x_0 + \xi, y_0 + \eta) = f(x_0, y_0)$$
$$+ \frac{1}{2} f_{xx}(x_0, y_0)\xi^2 + f_{xy}(x_0, y_0)\xi\eta + \frac{1}{2} f_{yy}(x_0, y_0)\eta^2$$

となる．この形の関数に **定理 9.7** を用いると，$f_{xx}(x_0, y_0)$ の符号と，

$$\triangle = f_{xx}(x_0, y_0)f_{yy}(x_0, y_0) - f_{xy}(x_0, y_0)^2$$

の符号によって極値を判定できる．

ただし上記の方法を正当化するには，(9.67) の 3 次以上の項が極値の判定に影響を与えないことを確かめなければならない．すなわちテイラー展開の剰余項についての評価が必要である．結論だけいえば，$f(x, y)$ の 2 階偏導関数が連続であることを仮定すると，上記の方法が正当化できる．$f(x, y)$ のすべての 2 階偏導関数 $f_{xx}, f_{xy}, f_{yx}, f_{yy}$ が存在して連続であるとき，$f(x, y)$ は C^2 級であるという．

定理 9.8

(極値の判定)

関数 $f(x, y)$ は C^2 級であるとし，

$$f_x(x_0, y_0) = f_y(x_0, y_0) = 0$$

が成り立つとすると，

(1) $\triangle > 0, f_{xx}(x_0, y_0) > 0$ ならば，$f(x, y)$ は (x_0, y_0) で狭義の極小である．

(2) $\triangle > 0, f_{xx}(x_0, y_0) < 0$ ならば，$f(x, y)$ は (x_0, y_0) で狭義の極大である．

(3) $\triangle < 0$ ならば，(x_0, y_0) は極大でも極小でもない (峠点)．

この定理の証明は，2 変数関数の連続性の定義とともに，**9.6 節** で行う．

例 9.15 関数

$$z = x^3 + y^3 - 3xy \tag{9.68}$$

の極値を求める．偏導関数は

$$z_x = 3x^2 - 3y, \quad z_y = 3y^2 - 3x$$

$$z_{xx} = 6x, \quad z_{yy} = 6y, \quad z_{xy} = -3$$

である．1階偏導関数が0になる点は $(x, y) = (0, 0), (1, 1)$ の2点であり，それぞれの点で $z_{xx}, \triangle$ の符号を調べると，次のようになる．

(x, y)	$(0, 0)$	$(1, 1)$
z_{xx}	0	6
z_{yy}	0	6
z_{xy}	-3	-3
$\triangle$	-9	27
	極大でも 極小でも ない (峠点)	極小

参考 9.16 (9.68) のグラフは**図 9.8** のようになる．

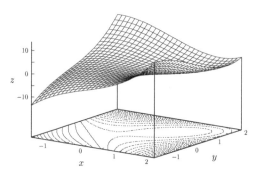

[図 9.8] 曲面 $z = x^3 + y^3 - 3xy$.

9.5 │ 写像の微分

平面上の写像を微分するということを考える．その応用として，写像の面積拡大率を偏微分で表す．その結果は，積分変数の変換 (**10.2 節**) を行う際に重要になる．

9.5.1 │ 平面上の写像

座標平面上の点を座標平面上の点に移す規則があるとする．この規則を **写像** といい，点 (u, v) が点 (x, y) に移されるとき，(x, y) を (u, v) の **像** という．

例 9.16

(1) 関係式

$$x = u + 1, \quad y = v - 2 \tag{9.69}$$

で定義される写像の場合，点 (u, v) の像 (x, y) は (u, v) をベクトル $(1, -2)$ だけ平行移動した点である．

(2) 関係式

$$\begin{pmatrix} x \\ y \end{pmatrix} = \begin{pmatrix} \cos\alpha & -\sin\alpha \\ \sin\alpha & \cos\alpha \end{pmatrix} \begin{pmatrix} u \\ v \end{pmatrix} \tag{9.70}$$

で定義される写像の場合，点 (u, v) の像 (x, y) は (u, v) を原点を中心に角 α だけ回転した点である．

(3) a_1, a_2, b_1, b_2 を実数の定数として，関係式

$$\begin{pmatrix} x \\ y \end{pmatrix} = \begin{pmatrix} a_1 & b_1 \\ a_2 & b_2 \end{pmatrix} \begin{pmatrix} u \\ v \end{pmatrix} \tag{9.71}$$

は平面上の 1 次変換を定める．回転 (9.70) は，その特別の場合に当たる．

(9.69), (9.70) が定める写像において，もとの図形はその像と合同である．

それに対し，(9.71) が定める写像では一般に形が変わる．たとえば，4 点 $(0,0), (1,0), (1,1), (0,1)$ を頂点とする正方形 (**図 9.9 (左)**) の像は平行四辺形である．実際

$$\boldsymbol{a} = \left(\begin{array}{c} a_1 \\ a_2 \end{array} \right), \quad \boldsymbol{b} = \left(\begin{array}{c} b_1 \\ b_2 \end{array} \right)$$

とおくと，平行四辺形の 4 頂点の位置ベクトルは $\boldsymbol{0}, \boldsymbol{a}, \boldsymbol{a}+\boldsymbol{b}, \boldsymbol{b}$ であり，その面積は

$$S = |a_1 b_2 - a_2 b_1| \tag{9.72}$$

で与えられる (**図 9.9 (右)**).

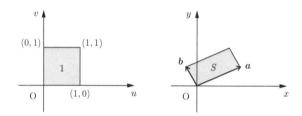

[図 9.9] 写像 (9.71) による正方形 (左) の像は平行四辺形 (右).

さらにどんな図形も，写像 (9.71) によって，面積が S 倍に拡大 (縮小) される．すなわち，写像 (9.71) による図形の面積拡大率は S である．

上記の例を一般化して，関係式

$$x = X(u, v) \tag{9.73}$$
$$y = Y(u, v) \tag{9.74}$$

が定める写像

$$(x, y) = \varphi(u, v)$$

を考える．X, Y は u, v の関数であり，C^1 **級である**とする．このとき写像 φ は C^1 **級である**という．写像 φ が点 (u_0, v_0) を点 (x_0, y_0) に移すならば，(u_0, v_0) の近くの点は (x_0, y_0) の近くの点に移される．そこで (u_0, v_0) の近くでの φ の面積拡大率を求める．

関数 $X(u, v), Y(u, v)$ は C^1 級であるから，**定理 9.4** により全微分可能である．(9.35) により

$$x = x_0 + \frac{\partial X}{\partial u}(u_0, v_0)(u - u_0) + \frac{\partial X}{\partial v}(u_0, v_0)(v - v_0) + \cdots \quad (9.75)$$

$$y = y_0 + \frac{\partial Y}{\partial u}(u_0, v_0)(u - u_0) + \frac{\partial Y}{\partial v}(u_0, v_0)(v - v_0) + \cdots \quad (9.76)$$

が成り立つ．ただし $\cdots$ の部分は $o(\sqrt{(u - u_0)^2 + (v - v_0)^2})$ の略記である．記号の意味は (9.28) で定義されている．もしも関数 $X(u, v), Y(u, v)$ が C^2 級ならば，(9.75),(9.76) を (u_0, v_0) のまわりでのテイラー展開とみることもできる．

すると，ベクトル $\begin{pmatrix} u - u_0 \\ v - v_0 \end{pmatrix}$ と $\begin{pmatrix} x - x_0 \\ y - y_0 \end{pmatrix}$ の対応は，近似的に

$$\begin{pmatrix} x - x_0 \\ y - y_0 \end{pmatrix} \doteqdot \begin{pmatrix} \dfrac{\partial X}{\partial u}(u_0, v_0) & \dfrac{\partial X}{\partial v}(u_0, v_0) \\ \dfrac{\partial Y}{\partial u}(u_0, v_0) & \dfrac{\partial Y}{\partial v}(u_0, v_0) \end{pmatrix} \begin{pmatrix} u - u_0 \\ v - v_0 \end{pmatrix} \quad (9.77)$$

のように表され，線形写像となる．この線形写像の表現行列 ((9.77) の右辺の行列) を，**写像 φ の微分** ということにする．またこの行列の行列式

$$J(u_0, v_0) = \begin{vmatrix} \dfrac{\partial X}{\partial u}(u_0, v_0) & \dfrac{\partial X}{\partial v}(u_0, v_0) \\ \dfrac{\partial Y}{\partial u}(u_0, v_0) & \dfrac{\partial Y}{\partial v}(u_0, v_0) \end{vmatrix}$$

$$= \frac{\partial X}{\partial u}(u_0, v_0)\frac{\partial Y}{\partial v}(u_0, v_0) - \frac{\partial X}{\partial v}(u_0, v_0)\frac{\partial Y}{\partial u}(u_0, v_0) \quad (9.78)$$

を写像 φ の **ヤコビアン** という．このことから，点 (u_0, v_0) の近くでの写像 φ の拡大率は $|J(u_0, v_0)|$ であることが分かる．

注意 **9.17** 一般に写像による図形の面積拡大率は，場所によって変わり，微小な範囲でのみ意味をもつ．すなわち，拡大率は **局所的** に定まる．ただし一次変換の拡大率は，微小な範囲に限らず **大局的** に定まる．

$\mathbb{R}^2$ の領域 D において, (9.73), (9.74) で定義される C^1 級写像 φ の $(u_0, v_0) \in D$ におけるヤコビアンを $J(u_0, v_0)$ とする. φ は, 点 (u_0, v_0) の近くの微小な図形を, 面積が $|J(u_0, v_0)|$ 倍の微小な図形に移す. すなわち, 点 (u_0, v_0) における面積拡大率は $|J(u_0, v_0)|$ である.

例 9.17 原点を極とする極座標を (r, θ) とする.

$$x = r \cos \theta$$
$$y = r \sin \theta$$

この関係式が定める写像のヤコビアンは

$$J(r, \theta) = \begin{vmatrix} \cos \theta & -r \sin \theta \\ \sin \theta & r \cos \theta \end{vmatrix} = r \tag{9.79}$$

である.

9.5.2 | 逆写像

写像 φ が点 (u, v) を点 (x, y) に移すとき, 点 (x, y) を点 (u, v) に移す (戻す) 写像を φ の逆写像という. 正確な定義は次の通りである.

$\mathbb{R}^2$ の部分集合 D を $\mathbb{R}^2$ の部分集合 D' に移す写像 φ があるとして, φ による点 $(u, v) \in D$ の像を (x, y) とする.

$$(x, y) = \varphi(u, v), \quad (u, v) \in D \tag{9.80}$$

この写像 φ は **全単射** であるとする. すなわち, 任意の点 $(x, y) \in D'$ に対し, (9.80) を満たす点 $(u, v) \in D$ がただ 1 つ存在するとする. このとき, $(x, y) \in D'$ を $(u, v) \in D$ に移す写像を φ の **逆写像** といい, φ^{-1} と書く. 言い換えれば

$$(x, y) = \varphi(u, v) \quad \Leftrightarrow \quad (u, v) = \varphi^{-1}(x, y)$$

である (図 **9.10**).

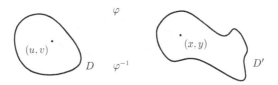

[図 9.10] 写像 φ と逆写像 φ^{-1}.

 9.18

(1) D, D' は $\mathbb{R}^2$ の全体でもよい.
(2) 写像 φ が逆写像 φ^{-1} をもつとき，φ^{-1} の逆写像は φ である.

例 9.18

(1) 関係式

$$x = u + 1 , \quad y = v - 2 \tag{9.81}$$

で定義される写像は $\mathbb{R}^2$ から $\mathbb{R}^2$ への全単射であり，逆写像は

$$u = x - 1 , \quad v = y + 2$$

で与えられる.

(2) a_1, a_2, b_1, b_2 を実数の定数として，関係式

$$\begin{pmatrix} x \\ y \end{pmatrix} = \begin{pmatrix} a_1 & b_1 \\ a_2 & b_2 \end{pmatrix} \begin{pmatrix} u \\ v \end{pmatrix} \tag{9.82}$$

で定義される写像は，

$$a_1 b_2 - a_2 b_1 \neq 0$$

のとき，$\mathbb{R}^2$ から $\mathbb{R}^2$ への全単射であり，逆写像は

$$\begin{pmatrix} u \\ v \end{pmatrix} = \begin{pmatrix} a_1 & b_1 \\ a_2 & b_2 \end{pmatrix}^{-1} \begin{pmatrix} x \\ y \end{pmatrix}$$

$$= \frac{1}{a_1 b_2 - a_2 b_1} \begin{pmatrix} b_2 & -b_1 \\ -a_2 & a_1 \end{pmatrix} \begin{pmatrix} x \\ y \end{pmatrix} \tag{9.83}$$

で与えられる.

(3) 直交座標 (x, y) と極座標 (r, θ) の関係

$$x = r \cos \theta \tag{9.84}$$

$$y = r \sin \theta \tag{9.85}$$

は,集合

$$D = \{(r, \theta) \mid r > 0, \; -\pi \leqq \theta < \pi\}$$

を集合

$$D' = \{(x, y) \in \mathbb{R}^2 \mid (x, y) \neq (0, 0)\}$$

に移す全単射を定める.逆写像は

$$r = \sqrt{x^2 + y^2} \tag{9.86}$$

$$\theta = \arg(x + iy) \tag{9.87}$$

で与えられる.ただし複素数 $z = x + iy$ の偏角は $-\pi \leqq \arg z < \pi$ の範囲にとる.

注意 **9.19** 上記の例 (3) において, θ の範囲は, $-\pi \leqq \theta < \pi$ でなく $0 \leqq \theta < 2\pi$ でもよい.ただし $\arg z$ も θ と同じ範囲にとる.また

$$\theta = \arctan(y/x) + \text{定数} \tag{9.88}$$

のように書いておいて, arctan の主値や θ の範囲を適当に制限するという態度もあり得る.

9.5.3 | 逆写像の微分

関係式

$$x = X(u, v) \tag{9.89}$$

$$y = Y(u, v) \tag{9.90}$$

が定める写像 φ が逆写像 φ^{-1} をもつとする．φ^{-1} を

$$u = U(x, y) \tag{9.91}$$

$$v = V(x, y) \tag{9.92}$$

のように表す．このとき φ の微分 (x, y の u, v に関する偏微分 x_u, x_v, y_u, y_v) と φ^{-1} の微分 (u, v の x, y に関する偏微分 u_x, u_y, v_x, v_y) は，どのような関係にあるだろうか．

例 9.19　写像 (9.82) の場合，φ の微分は

$$\begin{pmatrix} x_u & x_v \\ y_u & y_v \end{pmatrix} = \begin{pmatrix} a_1 & b_1 \\ a_2 & b_2 \end{pmatrix}$$

であり，(9.83) を用いると，φ^{-1} の微分は

$$\begin{pmatrix} u_x & u_y \\ v_x & v_y \end{pmatrix} = \frac{1}{a_1 b_2 - a_2 b_1} \begin{pmatrix} b_2 & -b_1 \\ -a_2 & a_1 \end{pmatrix}$$

である．

　上記の例において，写像 φ の微分と逆写像 φ^{-1} の微分は，逆行列の関係になっている．一般に次の定理が成り立つ．

定理 9.10

(逆写像の微分)
写像 φ が逆写像 φ^{-1} をもつとする．φ と φ^{-1} が C^1 級ならば，φ の微分と φ^{-1} の微分は互いに逆行列である．

証明　写像 φ が (9.89), (9.90) で与えられ，逆写像 φ^{-1} が (9.91), (9.92) で

与えられるとする．x, y は u, v の関数であり，u, v は x, y の関数であるから，(9.89) の右辺に含まれる u, v は，x, y の関数である．このことに注意して，(9.89) の両辺を x で偏微分する．合成関数の微分法を用いると，

$$1 = x_u u_x + x_v v_x$$

となる．また (9.89) の両辺を y で偏微分すると

$$0 = x_u u_y + x_v v_y$$

となり，同様に (9.90) の両辺を x, y で偏微分すると，

$$0 = y_u u_x + y_v v_x$$

$$1 = y_u u_y + y_v v_y$$

となる．これらをまとめて

$$\begin{pmatrix} 1 & 0 \\ 0 & 1 \end{pmatrix} = \begin{pmatrix} x_u & x_v \\ y_u & y_v \end{pmatrix} \begin{pmatrix} u_x & u_y \\ v_x & v_y \end{pmatrix}$$

と書けば，写像 φ の微分と逆写像 φ^{-1} の微分は，逆行列の関係になっていることが分かる． □

例 9.20 直交座標から極座標への変換 (9.84), (9.85) を考える．逆写像は (9.86),(9.87) で与えられるので，これを用いて逆写像の微分を計算することができる．しかし，**定理 9.10** を用いれば，

$$\begin{pmatrix} x_r & x_\theta \\ y_r & y_\theta \end{pmatrix} = \begin{pmatrix} \cos\theta & -r\sin\theta \\ \sin\theta & r\cos\theta \end{pmatrix}$$

から

$$\begin{pmatrix} r_x & r_y \\ \theta_x & \theta_y \end{pmatrix} = \frac{1}{r} \begin{pmatrix} r\cos\theta & r\sin\theta \\ -\sin\theta & \cos\theta \end{pmatrix} = \begin{pmatrix} \dfrac{x}{\sqrt{x^2+y^2}} & \dfrac{y}{\sqrt{x^2+y^2}} \\ \dfrac{-y}{x^2+y^2} & \dfrac{x}{x^2+y^2} \end{pmatrix}$$

が得られる．ただし，逆写像が C^1 級であることを確かめる必要がある．

9.5.4 | 逆関数の定理 ♠

定理 9.10 を用いるには，逆写像 φ^{-1} が C^1 級であることを確かめなければならないし，そもそも逆写像が存在することを示しておかなければならない．

次の定理は，「写像の微分が逆をもつならば，写像自体が逆をもつ」ことを保証する．1 変数関数の場合には，「区間で定義された C^1 級関数が $f'(x) \neq 0$ を満たすならば，$f(x)$ は逆関数をもつ」となる．

定理 9.11

(逆関数の定理)
写像 φ は点 $(u_0, v_0) \in \mathbb{R}^2$ のまわりで定義され C^1 級であるとする．(u_0, v_0) で φ のヤコビアン J が 0 でないならば，$(x_0, y_0) = \varphi(u_0, v_0)$ のまわりで定義された写像 $\psi(x, y)$ が存在して，φ の逆写像となる．このとき，ψ は C^1 級であり，その微分は φ の微分の逆行列である．

例 9.21 直交座標 (x, y) と極座標 (r, θ) の関係

$$x = r\cos\theta$$
$$y = r\sin\theta$$

が定める写像 $(x, y) = \varphi(r, \theta)$ を考える．(9.79) により，ヤコビアンは $J(r, \theta) = r$ であるから，たとえば $r\theta$ 平面上の点 $(r_0, \theta_0) = (1, 0)$ において $J \neq 0$ である．したがって，点 $(r_0, \theta_0) = (1, 0)$ の像 $(x_0, y_0) = (1, 0)$ のまわりで写像 $(r, \theta) = \psi(x, y)$ が定義され，φ の逆写像となる．

実際，写像 ψ は xy 平面から x 軸の $x \leqq 0$ の部分を除外した領域 D_1（**図 9.11 (右)**）を定義域として

$$r = \sqrt{x^2 + y^2}$$
$$\theta = \arg(x + iy)$$

で与えられる．ただし，複素数 $z = x + iy$ の偏角は $-\pi < \arg z < \pi$ の範囲にとる．このとき ψ は，D_1 を $r\theta$ 平面の領域

$$D_0 = \{(r, \theta) \mid r > 0, -\pi < \theta < \pi\}$$

に移し（**図 9.11 (左)**），φ は D_0 を D_1 に移す．

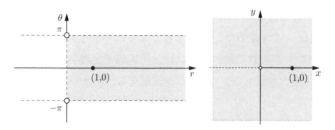

[図 9.11] 領域 D_0 (左) と領域 D_1(右).

例 9.22　次式で定義される写像 $(x, y) = \varphi(u, v)$ を考える.

$$x = \cos u + \cos v$$
$$y = \sin u + \sin v$$

ヤコビアンは

$$J = -\sin u \cos v + \sin v \cos u = \sin(v - u)$$

である．したがって点 (u_0, v_0) を

$$v_0 - u_0 \neq n\pi \ (n = 0, \pm 1, \pm 2, \cdots)$$

を満たすようにとれば，点 $(x_0, y_0) = \varphi(u_0, v_0)$ のまわりで逆写像が存在し，その微分は次式で与えられる．

$$\begin{pmatrix} u_x & v_x \\ u_y & v_y \end{pmatrix} = \frac{1}{\sin(v - u)} \begin{pmatrix} \cos v & -\cos u \\ \sin v & -\sin u \end{pmatrix}$$

9.5.5 ┃ 陰関数 ♠

x, y の関係式 $F(x, y) = 0$ を y について解いて $y = f(x)$ としたり，x, y, z の関係式 $F(x, y, z) = 0$ を z について解いて $z = f(x, y)$ の形にすることを

考える.

例 9.23　xy 平面上の直線の方程式 $ax + by + c = 0$ は，$b \neq 0$ のとき y について解いて，$y = -\dfrac{a}{b}x - \dfrac{c}{b}$ の形にすることができる．xyz 空間内の平面の方程式 $ax + by + cz + d = 0$ は，$c \neq 0$ のとき z について解いて，$z = -\dfrac{a}{c}x - \dfrac{b}{c}y - \dfrac{d}{c}$ の形にすることができる．

例 9.24　球面の方程式

$$x^2 + y^2 + z^2 - 1 = 0 \tag{9.93}$$

を z について解くと，$z > 0$ なら $z = \sqrt{1 - x^2 - y^2}$，$z < 0$ なら $z = -\sqrt{1 - x^2 - y^2}$ となる．すると，たとえば (9.38) を用いて球面の接平面を求めるとき，必要となる偏微分 z_x, z_y は，$z > 0$ と $z < 0$ の場合に分けて計算することになる．しかし (9.93) の両辺を直接 x で偏微分すれば

$$2x + 2zz_x = 0$$
$$\therefore \quad z_x = -\frac{x}{z}$$

が得られる．

上の例を一般化しよう．関係式

$$F(x, y) = 0 \tag{9.94}$$

が関数 $y = f(x)$ を定めるとき，(9.94) の両辺を x で微分すると，

$$F_x(x, y) + F_y(x, y)\frac{dy}{dx} = 0$$
$$\therefore \quad \frac{dy}{dx} = -\frac{F_x(x, y)}{F_y(x, y)} \tag{9.95}$$

が得られる．ただし $F_y(x, y) \neq 0$ とする．
また関係式

$$F(x, y, z) = 0 \tag{9.96}$$

が関数 $z = f(x, y)$ を定めるとき，(9.96) の両辺を x で微分すると，

$$F_x(x, y, z) + F_z(x, y, z)\frac{\partial z}{\partial x} = 0$$

$$\therefore \quad \frac{\partial z}{\partial x} = -\frac{F_x(x, y, z)}{F_z(x, y, z)} \tag{9.97}$$

が得られる．ただし $F_z(x, y, z) \neq 0$ とする．同様に y で偏微分すれば

$$\frac{\partial z}{\partial y} = -\frac{F_y(x, y, z)}{F_z(x, y, z)} \tag{9.98}$$

が得られる．

(9.94) や (9.96) のような関係式が定める関数関係を **陰関数** といい，上記のような微分法を陰関数の微分法という．ただし，たとえば (9.94) の場合，$F(x, y)$ が C^1 級であること，関係式 $F(x, y) = 0$ が関数 $y = f(x)$ を定めること，$f(x)$ が微分可能であること，そして $F_y(x, y) \neq 0$ が成り立つことを仮定している．(9.96) についても同様である．

次の定理は，関係式 (9.94) を y について解くことができ，(9.96) を z について解くことができることを保証する．

定理 9.12

(1) 関数 $F(x, y)$ は C^1 級で，$F(a, b) = 0$ が成り立つとする．もしも $F_y(a, b) \neq 0$ ならば，(a, b) のまわりで，関係式 $F(x, y) = 0$ を y について解くことができる．

(2) 関数 $F(x, y, z)$ は C^1 級で，$F(a, b, c) = 0$ が成り立つとする．もしも $F_z(a, b, c) \neq 0$ ならば，(a, b, c) のまわりで，関係式 $F(x, y, z) = 0$ を z について解くことができる．

証明 (1) を示す．$F_y(a, b) > 0$ とする．$F_y(x, y)$ は連続だから，点 (a, b) のまわりで $F_y(x, y) > 0$ となる．そこで

$$|x - a| < \delta, \ |y - b| < \delta \quad \Longrightarrow \quad F_y(x, y) > 0$$

とする．特に $x = a$ とすれば，

$$|y - b| < \delta \quad \Longrightarrow \quad F_y(a, y) > 0$$

よって $F(a, y)$ は (狭義) 単調増加であり，$F(a, b) = 0$ であるから

$$F(a, b-\delta) < 0 < F(a, b+\delta)$$

したがって，$x = a$ のまわりで（たとえば $|x-a| < \delta'$ ならば）

$$F(x, b-\delta) < 0 < F(x, b+\delta)$$

が成り立つ．そこで x を $|x-a| < \delta'$ の範囲で固定すると，$F(x, y)$ は y の関数として連続であるから，中間値の定理により

$$F(x, y) = 0$$

となる $y \in (b-\delta, b+\delta)$ が存在する．このことが $|x-a| < \delta'$ の範囲の各 x について成立し，y は x で表される．すなわち，(a, b) のまわりで，関係式 $F(x, y) = 0$ を y について解くことができる．

(2) も同様に示すことができる． $\square$

証明を省くが，**定理 9.12**(1) において，y が x の関数として微分可能であることを示すこともできる．したがって (9.95) が成り立つ．また (2) において，z が x, y で偏微分できることも分かり，(9.97), (9.98) が成り立つ．

陰関数の考え方を連立方程式に適用してみよう．たとえば，関係式

$$x + y + 2z = 0$$
$$x - y + 4z = 0$$

を x, y について解くと，z の関数

$$x = -3z$$
$$y = z$$

が得られる．一般に，関係式

$$F(x, y, z) = 0 \tag{9.99}$$
$$G(x, y, z) = 0 \tag{9.100}$$

を x, y について解くことができるとする．このとき x, y は z の関数となる．このように連立方程式から定まる関数を，(9.94), (9.96) の場合と同様に，**陰関数** という．

参考 9.20 連立方程式 (9.99), (9.100) は，次のような幾何的な意味をもつ．方程式 (9.99), (9.100) は，それぞれ xyz 空間の曲面を表すとみれば，連立方程式は 2 曲面の交線を表すことになる (**図 9.12**)．そして，連立方程式 (9.99), (9.100) を x, y について解くことができる状況では，交線上の点の x 座標と y 座標が z 座標で表せることになる．

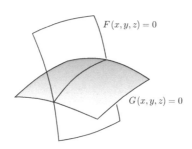

[図 9.12] 2 曲面 $F(x, y, z) = 0$, $G(x, y, z) = 0$ の交線．

次の定理は，連立方程式 (9.99), (9.100) を x, y について解くことができる条件を与える．

定理 9.13

(陰関数定理)

関数 $F(x, y, z), G(x, y, z)$ は C^1 級で，$F(a, b, c) = G(a, b, c) = 0$ が成り立つとする．もしも

$$F_x(a, b, c)G_y(a, b, c) - G_x(a, b, c)F_y(a, b, c) \neq 0 \tag{9.101}$$

ならば，(a, b, c) のまわりで，

$$F(x, y, z) = 0 \tag{9.102}$$
$$G(x, y, z) = 0 \tag{9.103}$$

から x, y を z の関数として表すことができる．

このとき，x, y は z の C^1 級関数となる．

定理 **9.13** において，(9.102), (9.103) の両辺を z で微分すると，

$$F_x \frac{dx}{dz} + F_y \frac{dy}{dz} + F_z = 0 \tag{9.104}$$

$$G_x \frac{dx}{dz} + G_y \frac{dy}{dz} + G_z = 0 \qquad (9.105)$$

が得られる．よって，条件 (9.101) のもとで，$\dfrac{dx}{dz}, \dfrac{dy}{dz}$ を求めることができる．

例 9.25 球面

$$x^2 + y^2 + z^2 - 6 = 0 \qquad (9.106)$$

と平面

$$x + y + z = 0 \qquad (9.107)$$

の交線 C を考える．点 $(1, -2, 1)$ は C 上の点である．この点で $\dfrac{dx}{dz}, \dfrac{dy}{dz}$ を求めよう．この場合，(9.104), (9.105) は

$$2x \frac{dx}{dz} + 2y \frac{dy}{dz} + 2z = 0 \qquad (9.108)$$

$$\frac{dx}{dz} + \frac{dy}{dz} + 1 = 0 \qquad (9.109)$$

となり，点 $(x, y, z) = (1, -2, 1)$ では

$$2\frac{dx}{dz} - 4\frac{dy}{dz} + 2 = 0$$

$$\frac{dx}{dz} + \frac{dy}{dz} + 1 = 0$$

したがって

$$\frac{dx}{dz} = -1 \;, \qquad \frac{dy}{dz} = 0$$

となる．このことから，点 $(1, -2, 1)$ における C の接ベクトル $(-1, 0, 1)$ が得られる．

参考 9.21 (9.108), (9.109) において $(x, y, z) = (1, 1, -2)$ とすると，

$$2\frac{dx}{dz} + 2\frac{dy}{dz} - 4 = 0$$

$$\frac{dx}{dz} + \frac{dy}{dz} + 1 = 0$$

となるが，これらを満たす $\dfrac{dx}{dz}, \dfrac{dy}{dz}$ は存在しない．これは，$(x, y, z) =$ $(1, 1, -2)$ において $\dfrac{dx}{dz}, \dfrac{dy}{dz}$ が存在しないことを意味している．幾何的には，点 $(x, y, z) = (1, 1, -2)$ における C の接ベクトルが xy 平面に平行になるということが起きており，方程式論的には，$(x, y, z) =$ $(1, 1, -2)$ の近くで連立方程式 (9.106), (9.107) を x, y について解くことができないということが起きているといえる．

問10 連立方程式 (9.106), (9.107) を，$(x, y, z) = (1, 1, -2)$ の近くで y, z について解いたとき，$\dfrac{dy}{dx}, \dfrac{dz}{dx}$ を求めよ．

9.6 | 2 変数関数の連続性とその応用 ♠

この節では，次の 3 つの問題を取り挙げる．

(1) **定理 9.1** (偏微分の順序交換) の証明
(2) **定理 9.4** (全微分可能性) の証明
(3) **定理 9.8** (極値の判定) の証明

上記の 3 つの定理には，連続性の仮定が含まれている．そこでまず，2 変数関数が連続であるということの定義から始める．

9.6.1 | 2 変数関数の連続性

便宜のために，点 (x_0, y_0), (x, y) をそれぞれ P_0, P とし，$f(x_0, y_0)$ を $f(P_0)$，$f(x, y)$ を $f(P)$ と書く．点 P_0 が固定されているとして，

> 点 P が点 P_0 に近づくとき，$f(P)$ が $f(P_0)$ に近づくとする．このとき，$f(P)$ は点 P_0 で連続であるという．

これを少し言い換えておく．

> 2 点 P, P_0 の距離を r とする．$r \to 0$ となるように点 P が動くとき，$f(P) - f(P_0) \to 0$ となるとする．このとき，$f(P)$ は点 P_0 で連続であるという．

9.6.2 | 偏微分の順序交換

定理 **9.1** を証明する．すなわち，関数 $f(x, y)$ の偏導関数 f_{xy}, f_{yx} が点 (x_0, y_0) の近くで存在して連続であるとして， $f_{xy}(x_0, y_0) = f_{yx}(x_0, y_0)$ が成り立つことを示す．

そのために，点 (x_0, y_0) の近くの点 $(x_0 + \xi, y_0)$, $(x_0, y_0 + \eta)$, $(x_0 + \xi, y_0 + \eta)$ をとり，

$$\Delta = f(x_0 + \xi, y_0 + \eta) - f(x_0 + \xi, y_0) - f(x_0, y_0 + \eta) + f(x_0, y_0)$$

とおく． Δ に対し，次のような二通りの見方をする．

$$\Delta = (f(x_0 + \xi, y_0 + \eta) - f(x_0 + \xi, y_0))$$
$$- (f(x_0, y_0 + \eta) - f(x_0, y_0)) \tag{9.110}$$

$$\Delta = (f(x_0 + \xi, y_0 + \eta) - f(x_0, y_0 + \eta))$$
$$- (f(x_0 + \xi, y_0) - f(x_0, y_0)) \tag{9.111}$$

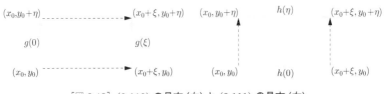

[図 9.13] (9.110) の見方 (左) と (9.111) の見方 (右).

まず (9.110) の見方 (**図 9.13 (左)**) において，

$$g(\xi) = f(x_0 + \xi, y_0 + \eta) - f(x_0 + \xi, y_0)$$

とおくと，

$$\Delta = g(\xi) - g(0)$$

と表せるので，平均値の定理 (**定理 0.5**，上巻 24 ページ) により， $0 < s < 1$ の範囲の数 s が存在して

$$\Delta = g'(s\xi)\xi$$

が成り立つ．すなわち

$$\Delta = (f_x(x_0 + s\xi, y_0 + \eta) - f_x(x_0 + s\xi, y_0))\xi$$

である．すると今度は，η の方についての平均値の定理により，$0 < s' < 1$ の範囲の数 s' が存在して

$$\Delta = f_{xy}(x_0 + s\xi, y_0 + s'\eta)\xi\eta \tag{9.112}$$

が成り立つ．偏微分の順序は，x 偏微分の次に y 偏微分である．

他方 (9.111) の見方（**図 9.13(右)**）において，

$$h(\eta) = f(x_0 + \xi, y_0 + \eta) - f(x_0, y_0 + \eta)$$

とおくと，

$$\Delta = h(\eta) - h(0)$$

と表せるので，上記と同様にして，$0 < t < 1$, $0 < t' < 1$ の範囲の数 t, t' が存在して

$$\Delta = f_{yx}(x_0 + t'\xi, y_0 + t\eta)\xi\eta \tag{9.113}$$

が成り立つ．偏微分の順序は，y 偏微分の次に x 偏微分である．

したがって (9.112), (9.113) より

$$f_{xy}(x_0 + s\xi, y_0 + s'\eta) = f_{yx}(x_0 + t'\xi, y_0 + t\eta)$$

が成り立つ．そこで ξ, η を 0 に近づけると，2 点 $(x_0 + s\xi, y_0 + s'\eta), (x_0 + t'\xi, y_0 + t\eta)$ はともに (x_0, y_0) に近づくので，f_{xy}, f_{yx} の連続性により，

$$f_{xy}(x_0 + s\xi, y_0 + s'\eta) \to f_{xy}(x_0, y_0)$$
$$f_{yx}(x_0 + t'\xi, y_0 + t\eta) \to f_{yx}(x_0, y_0)$$

となり，$f_{xy}(x_0, y_0) = f_{yx}(x_0, y_0)$ が成り立つことが分かる．

9.6.3 | 全微分可能性

定理 9.4 を証明する．すなわち，C^1 級の関数 $f(x, y)$ に対し，

$$f(x_0 + \xi, y_0 + \eta) = f(x_0, y_0) + f_x(x_0, y_0)\xi + f_y(x_0, y_0)\eta + o(\sqrt{\xi^2 + \eta^2}) \tag{9.114}$$

が成り立つことを示す.

便宜上, 点 (x_0, y_0) を P_0, 点 $(x_0 + \xi, y_0 + \eta)$ を P, 点 $(x_0 + \xi, y_0)$ を P_1 として, $f(x_0 + \xi, y_0 + \eta) = f(\mathrm{P})$ などと書く (図 **9.14**). $h = \sqrt{\xi^2 + \eta^2}$ とおくと, 目標である (9.114) は

$$f(\mathrm{P}) - f(\mathrm{P}_0) = f_x(\mathrm{P}_0)\xi + f_y(\mathrm{P}_0)\eta + o(h) \tag{9.115}$$

と表せる.

まず

$$f(\mathrm{P}) - f(\mathrm{P}_0) = (f(\mathrm{P}) - f(\mathrm{P}_1)) + (f(\mathrm{P}_1) - f(\mathrm{P}_0)) \tag{9.116}$$

のように分解する.

(9.116) の右辺の第 1 項 $f(\mathrm{P}) - f(\mathrm{P}_1)$ は, x の値が $x_0 + \xi$ に固定されており, 第 2 項 $f(\mathrm{P}_1) - f(\mathrm{P}_0)$ は, y の値が y_0 に固定されているので, どちらも 1 変数関数の問題として考えればよい. 第 1 項については, y の関数 $f(x_0 + \xi, y)$ が微分可能であることに注意して平均値の定理を用いると, 線分 PP_1 上の点 P_2 が存在して,

$$f(\mathrm{P}) - f(\mathrm{P}_1) = f_y(\mathrm{P}_2)\eta \tag{9.117}$$

と表せる (図 **9.14**).

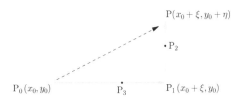

[図 9.14] (9.117), (9.118) を満たす点 $\mathrm{P}_2, \mathrm{P}_3$.

第 2 項については, x の関数 $f(x, y_0)$ が微分可能であることに注意して平均値の定理を用いると, 線分 $\mathrm{P}_1\mathrm{P}_0$ 上の点 P_3 が存在して,

$$f(\mathrm{P}_1) - f(\mathrm{P}_0) = f_x(\mathrm{P}_3)\xi \tag{9.118}$$

と表せる (図 **9.14**). よって (9.116) から

$$f(\mathrm{P}) - f(\mathrm{P_0}) = f_y(\mathrm{P_2})\eta + f_x(\mathrm{P_3})\xi \tag{9.119}$$

が得られる.

　すると残る問題は, $f_y(\mathrm{P_2})\eta$ を $f_y(\mathrm{P_0})\eta$ で, $f_x(\mathrm{P_3})\xi$ を $f_x(\mathrm{P_0})\xi$ で置き換えることである. ここで偏導関数の連続性を用いる.

　$f_y(\mathrm{P_2})\eta$ と $f_y(\mathrm{P_0})\eta$ の差を h で割った形で評価する. $|\eta| \leqq h$ であるから,

$$\frac{1}{h}|f_y(\mathrm{P_2})\eta - f_y(\mathrm{P_0})\eta| \leqq |f_y(\mathrm{P_2}) - f_y(\mathrm{P_0})|$$

であり, また $\mathrm{P_2}$ と $\mathrm{P_0}$ の間の距離は h 以下であって, f_y の連続性により, $h \to 0$ のとき $f_y(\mathrm{P_2}) \to f_y(\mathrm{P_0})$ となるから,

$$\frac{1}{h}|f_y(\mathrm{P_2})\eta - f_y(\mathrm{P_0})\eta| \to 0$$

が得られる. すなわち

$$f_y(\mathrm{P_2})\eta - f_y(\mathrm{P_0})\eta = o(h) \tag{9.120}$$

である. また同様に

$$f_x(\mathrm{P_3})\xi - f_x(\mathrm{P_0})\xi = o(h) \tag{9.121}$$

も成り立つ.

　以上により, (9.119), (9.120), (9.121) から (9.115) を得る.

　　注意 9.22 **定理 9.4** は, C^1 級関数は全微分可能であることを保証する (**注意 9.9**). したがって, 合成関数の微分公式 (9.44), (9.49) が成立する.

9.6.4 テイラー展開

　定理 9.8 を証明するために, (9.114) の剰余項を具体的に書き表す. 結果は次の通りである.

定理 9.14

関数 $f(x, y)$ が (x_0, y_0) の近くで C^2 級であるとする. このとき,

$$f(x_0 + \xi, y_0 + \eta) = f(x_0, y_0) + f_x(x_0, y_0)\xi + f_y(x_0, y_0)\eta + R \tag{9.122}$$

と書くことができて，剰余項 R は，ある $s \in (0, 1)$ により

$$\begin{aligned} R = &\frac{1}{2}f_{xx}(x_0 + s\xi, y_0 + s\eta)\xi^2 \\ &+ f_{xy}(x_0 + s\xi, y_0 + s\eta)\xi\eta + \frac{1}{2}f_{yy}(x_0 + s\xi, y_0 + s\eta)\eta^2 \end{aligned} \tag{9.123}$$

のように表せる．

上記の定理を示すために，t の関数

$$g(t) = f(x_0 + t\xi, y_0 + t\eta)$$

を考える．$g(0) = f(x_0, y_0)$, $g(1) = f(x_0 + \xi, y_0 + \eta)$ である．そこで $g(t)$ を t の1次までテイラー展開する．

$$g(t) = g(0) + g'(0)t + R_2(t) \tag{9.124}$$

右辺の $R_2(t)$ は剰余項である．これに $t = 1$ を代入したもの

$$g(1) = g(0) + g'(0) + R_2(1) \tag{9.125}$$

が (9.122) に他ならないことを示す．

まず $g'(0)$ を求める．**定理 9.4** により，$f(x, y)$ は全微分可能であるから，合成関数の微分公式 (9.49) が成立する．よって

$$g'(t) = f_x(x_0 + t\xi, y_0 + t\eta)\xi + f_y(x_0 + t\xi, y_0 + t\eta)\eta \tag{9.126}$$

特に

$$g'(0) = f_x(x_0, y_0)\xi + f_y(x_0, y_0)\eta \tag{9.127}$$

が成立する．

次に剰余項 $R_2(1)$ について考える．$g(t)$ が2階微分可能ならば，**定理 2.4**（上巻66ページ）により，

$$R_2(1) = \frac{1}{2}g''(s) \qquad (9.128)$$

を満たす $s \in (0,1)$ が存在する.

　そこで $g''(t)$ について調べる. $f(x,y)$ の 2 階偏導関数が存在して連続であるから, 1 階偏導関数 f_x, f_y の偏導関数が存在して連続になる. したがって, 1 階偏導関数 f_x, f_y は全微分可能であり, 合成関数の微分公式が成立するので,

$$\frac{d}{dt}f_x(x_0 + t\xi, y_0 + t\eta)\xi$$
$$= f_{xx}(x_0 + t\xi, y_0 + t\eta)\xi^2 + f_{xy}(x_0 + t\xi, y_0 + t\eta)\xi\eta$$
$$\frac{d}{dt}f_y(x_0 + t\xi, y_0 + t\eta)\eta$$
$$= f_{yx}(x_0 + t\xi, y_0 + t\eta)\xi\eta + f_{yy}(x_0 + t\xi, y_0 + t\eta)\eta^2$$

が成り立つ. よって (9.126) の右辺は t について微分可能であり (変数 t を s に変えて書けば),

$$g''(s) = f_{xx}(x_0 + s\xi, y_0 + s\eta)\xi^2$$
$$+ (f_{xy}(x_0 + s\xi, y_0 + s\eta) + f_{yx}(x_0 + s\xi, y_0 + s\eta))\xi\eta$$
$$+ f_{yy}(x_0 + s\xi, y_0 + s\eta)\eta^2 \qquad (9.129)$$

となる.

　定理 9.1 により $f_{xy} = f_{yx}$ であるから, (9.125), (9.127), (9.128), (9.129) から, **定理 9.14** が得られることが分かる.

　同様にして, 次の定理を示すことができる.

定理 9.15

関数 $f(x,y)$ が (x_0, y_0) の近くで C^1 級であるとする. このとき, ある $s \in (0,1)$ により

$$f(x_0 + \xi, y_0 + \eta)$$
$$= f(x_0, y_0) + f_x(x_0 + s\xi, y_0 + s\eta)\xi + f_y(x_0 + s\xi, y_0 + s\eta)\eta$$
$$\qquad (9.130)$$

が成り立つ.

9.6.5 | 極値の判定

定理 9.14 を用いて，**定理 9.8** を示す．

(9.122) を用いると，**定理 9.8** の仮定のもとで，

$$f(x_0 + \xi, y_0 + \eta) = f(x_0, y_0) + R$$

と表せる．ここで (9.123) を考慮して，

$$a = \frac{1}{2} f_{xx}(x_0 + s\xi, y_0 + s\eta)$$

$$b = \frac{1}{2} f_{xy}(x_0 + s\xi, y_0 + s\eta)$$

$$c = \frac{1}{2} f_{yy}(x_0 + s\xi, y_0 + s\eta)$$

とおくと，

$$R = a\xi^2 + 2b\xi\eta + c\eta^2$$

である．**注意 9.14**(3) で指摘したように，**定理 9.7** における a, b, c は定数でなくてもよい．しかも，$|\xi|, |\eta|$ が小さいなら，$ac - b^2, a$ の符号は，それぞれ $\triangle, f_{xx}(x_0, y_0)$ の符号と一致している．よって，**定理 9.7** から **定理 9.8** が得られる．

Basic

問題 9.1 次の各関数 $f = f(x, y)$ について，f_x，f_y，$\triangle f(= f_{xx} + f_{yy})$ を計算せよ.

(1) $f = e^{2x} \sin y$　　(2) $f = (x^2 + y^2)^n$　　(3) $f = \arctan \dfrac{y}{x}$

ただし，(2) において $n \geqq 1$，(3) において $x > 0$ とする.

問題 9.2 曲面 $z = x^2 + y^2$ を α，平面 $z = 3x - \sqrt{6}y - 5$ を β とする. β に平行な α の接平面と，その接点 P を求めよ.

問題 9.3 関数

$$f(x, y) = xy(x^2 + y^2 - 1)$$

に対し，

(1) 曲面 $z = f(x, y)$ の点 (a, b) における接平面の方程式を求めよ.

(2) $f_x = f_y = 0$ となる点を求めよ.

(3) (2) で得た各点で極大・極小を判定せよ.

Standard

問題 9.4 k を定数，$f(t)$ は 2 階微分可能な関数として，$g(x, y) = f(x - ky)$ とする. このとき，$k^2 g_{xx} - g_{yy} = 0$ を示せ.

問題 9.5 C^1 級の関数 $z = f(x, y)$ に対し，極座標 r, θ を用いて，

$$g(r, \theta) = f(r \cos \theta, r \sin \theta)$$

とおく. このとき，

(1) $xf_y - yf_x = 0$ ならば g は r のみの関数であることを示せ.

(2) $xf_x + yf_y = 0$ ならば g は θ のみの関数であることを示せ.

問題 9.6 平面上に 3 点 O$(0,0)$, A$(1,0)$, B(a,b) をとり，(x, y) から 3 点までの距離の 2 乗の和を $D(x, y)$ とおく. D の極値を調べよ.

問題 9.7 放物線 $y = x^2$ 上の点 P(a, a^2) と，放物線 $y = -x^2 - 16x - 65$ 上の点 Q$(b, -b^2 - 16b - 65)$ に対して，線分 PQ の長さ $L(a, b)$ の極値を調

べよ.

問題 9.8

(1) 曲面 $z = x^2 + y^2$ を M とする. ベクトル $(0, 0, -1)$ の方向に進む光が点 $(a, b, a^2 + b^2)$ で M に反射すると, 点 $(0, 0, \frac{1}{4})$ を通ることを示せ.

(2) 曲面 $z = x^2 + 2y^2$ を M とする. ベクトル $(0, 0, -1)$ の方向に進む光が点 $(a, b, a^2 + 2b^2)$ で M に反射すると, 点 $(\frac{a}{2}, 0, \frac{a^2}{2} + \frac{1}{8})$ を通ることを示せ.

Advanced

問題 9.9 関数

$$f(x, y) = \begin{cases} xy\dfrac{x^2 - y^2}{x^2 + y^2}, & (x, y) \neq (0, 0) \\ 0, & (x, y) = (0, 0) \end{cases}$$

を考える.

(1) 原点以外の点での偏導関数 f_x, f_y を求めよ.

(2) 原点での偏導関数 $f_x(0, 0), f_y(0, 0)$ を求めよ.

(3) 原点での 2 階偏導関数 $f_{xy}(0, 0), f_{yx}(0, 0)$ を求めよ.

問題 9.10 極座標を用いて, $z = \left((x^2 + y^2)^{3/2} - (x^2 + y^2)^{1/2}\right)(x + y)$ の極値を調べよ.

問題 9.11 s を正の定数として, 3 辺の長さが $a, b, 2s - a - b$ となる三角形の面積を $S(a, b)$ とおく. $S = \sqrt{s(s - a)(s - b)(a + b - s)}$ と表せることを用いて, S は $a = b = \dfrac{2s}{3}$ で極大値をとることを示せ.

問題 9.12 (最小二乗法)

xy 平面上の n 個の点

$$(x_1, y_1), (x_2, y_2), (x_3, y_3), \cdots, (x_n, y_n)$$

を 1 本の直線 $y = px + q$ で近似したい. ただし, $x_1 = x_2 = \cdots = x_n$ ではないとする. 誤差を

$$E(p, q) = \sum_{k=1}^{n} (px_k + q - y_k)^2$$

で定めるとき,

(1) $\dfrac{\partial E}{\partial p}(p, q) = \dfrac{\partial E}{\partial q}(p, q) = 0$ を満たす p, q を求め，次式で定義される X, Y, v, c を用いて表せ．

$$X = \frac{1}{n} \sum_{k=1}^{n} x_k \ , \quad Y = \frac{1}{n} \sum_{k=1}^{n} y_k$$

$$v = \frac{1}{n} \sum_{k=1}^{n} x_k^2 - X^2 \ , \quad c = \frac{1}{n} \sum_{k=1}^{n} x_k y_k - XY$$

(2) 上記の p, q において，E は極小値をとることを示せ．

問題 9.13 　関係式

$$y^2 = 4u(x + u)$$
$$y^2 = -4v(x - v)$$

によって，uv 平面の第 1 象限の一部 $0 < u < v$ から xy 平面の第 1 象限 $x, y > 0$ への写像 Φ を定める．Φ は 1 対 1 写像であることを示し，写像 Φ の 微分 $\begin{pmatrix} \dfrac{\partial x}{\partial u} & \dfrac{\partial x}{\partial v} \\ \dfrac{\partial y}{\partial u} & \dfrac{\partial y}{\partial v} \end{pmatrix}$ および逆写像 Φ^{-1} の微分 $\begin{pmatrix} \dfrac{\partial u}{\partial x} & \dfrac{\partial u}{\partial y} \\ \dfrac{\partial v}{\partial x} & \dfrac{\partial v}{\partial y} \end{pmatrix}$ を求めよ．

問題 9.14 　2 つの円柱面

$$x^2 + z^2 = 2$$
$$y^2 + (z - 1)^2 = 8$$

の交線を C とする．C 上の点 $\mathrm{P}(1, 2, -1)$ における C の接ベクトルを，次 の 2 つの方法により求めよ．

(1) 点 P における円柱面の法線ベクトルを利用する．

(2) 陰関数の微分法 (**9.5.5 節**) により，円柱面の方程式を微分する．

問題 9.15 　極座標 r, θ を用いて，周期 2π の関数 $g(\theta)$ により，

$$f(x, y) = f(r\cos\theta, r\sin\theta) = rg(\theta)$$

とおく．ただし，$r \geqq 0$ とする．このとき，以下の事実を示せ．

(1) $f(x, y)$ が x, y の関数として，$(0, 0)$ で偏微分可能であるための条件は，

$g(0) = -g(\pi), g(\pi/2) = -g(3\pi/2)$ が成り立つことである.

(2) $f(x, y)$ が x, y の関数として，$(0, 0)$ で方向微分可能であるための条件は，すべての θ に対して $g(\theta) = -g(\theta + \pi)$ が成り立つことである.

(3) $f(x, y)$ が x, y の関数として，$(0, 0)$ で全微分可能であるための条件は，$g(\theta)$ が $g(\theta) = a\cos\theta + b\sin\theta$ のように表せることである．ただし a, b は実数の定数である.

Chapter 9 問の解答

問 1　$\dfrac{\partial f}{\partial x} = 2x + 2y$, $\dfrac{\partial f}{\partial y} = 2x - 6y$, $\dfrac{\partial g}{\partial x} = 2xe^{x^2+y^2}$, $\dfrac{\partial g}{\partial y} = 2ye^{x^2+y^2}$, $\dfrac{\partial h}{\partial x} = 3\cos(3x - 4y)$, $\dfrac{\partial h}{\partial y} = -4\cos(3x - 4y)$. □

問 2　1階偏導関数は問1ですでに得られている. $\dfrac{\partial^2 f}{\partial x^2} = 2$, $\dfrac{\partial^2 f}{\partial x \partial y} = \dfrac{\partial^2 f}{\partial y \partial x} = 2$, $\dfrac{\partial^2 f}{\partial y^2} = -6$. $\dfrac{\partial^2 g}{\partial x^2} = 2(2x^2 + 1)e^{x^2+y^2}$, $\dfrac{\partial^2 g}{\partial x \partial y} = \dfrac{\partial^2 g}{\partial y \partial x} = 4xye^{x^2+y^2}$, $\dfrac{\partial^2 g}{\partial y^2} = 2(2y^2 + 1)e^{x^2+y^2}$. $\dfrac{\partial^2 h}{\partial x^2} = -9\sin(3x - 4y)$, $\dfrac{\partial^2 h}{\partial x \partial y} = \dfrac{\partial^2 h}{\partial y \partial x} = 12\sin(3x - 4y)$, $\dfrac{\partial^2 h}{\partial y^2} = -16\sin(3x - 4y)$. □

問 3　(1) $2(x-1)-2(y+1)-1(z-2) = 0$ より $2x - 2y - z = 2$

(2) $2(x - 1) + 3(y + 1) + 0(z - 2) = 0$ より $2x + 3y = -1$, z は任意. □

問 4　(1) 等高線 $\sqrt{1 - x^2 - y^2} = k$ は, $0 \le k < 1$ のとき, 原点を中心とした半径 $\sqrt{1 - k^2}$ の円, $k = 1$ のとき, 1点 (原点) である. $k < 0, k > 1$ のとき, 等高線は存在しない.

(2) 等高線 $xy = k$ は, $k = 0$ のとき 2 直線 (x 軸と y 軸), $k \ne 0$ のとき双曲線である. □

問 5　$x^2 - y^2 = 2x - 2y + k$, すなわち $(x - 1)^2 - (y - 1)^2 = k$ が表す曲線は, $k \ne 0$ のとき双曲線, $k = 0$ のとき 2 本の直線である. よって, $k = 0$ のとき, 2 直線の交点 $(1, 1)$ を接点として接する.

$x = 1 + \xi, y = 1 + \eta$ とおくと, $x^2 - y^2 = 2\xi - 2\eta + \xi^2 - \eta^2 \fallingdotseq 2\xi - 2\eta = 2x - 2y$.

よって接平面の方程式は $z = 2x - 2y$, 誤差は $(x^2 - y^2) - (2x - 2y) = \xi^2 - \eta^2 = 0(\xi^2 + \eta^2)$. □

問 6　$f(x,y) = x^2 + y^2$ とおくと, $f_x(1, 2) = 2$, $f_y(1, 2) = 4$. よって接平面の方程式は, $z = 2(x - 1) + 4(y - 2) + 5$ より, $z = 2x + 4y - 5$ となる. □

問 7　$z = f(x,y) = x^y$ とおき, x, y は t の関数として, $x = t$, $y = t$ と表されていると考える. $\dfrac{\partial z}{\partial x} = yx^{y-1}$, $\dfrac{\partial z}{\partial y} = \log x\, x^y$, $\dfrac{dz}{dt} = yx^{y-1} + \log x\, x^y = (\log t + 1)t^t$.

対数微分法でも同じ結果となる. $z = t^t$ より $\log z = t \log t$. 両辺を t で微分して, $\dfrac{1}{z}\dfrac{dz}{dt} = \log t + 1$. よって $\dfrac{dz}{dt} = (\log t + 1)t^t$. □

問 8　2変数関数 $f(\boldsymbol{x})$ が $\boldsymbol{x}_0$ で極小であるとは, 次の条件を満たす正の数 δ が存在することをいう.

　$\boldsymbol{x}$ が $|\boldsymbol{x} - \boldsymbol{x}_0| < \delta$ を満たすならば, $f(\boldsymbol{x}) \ge f(\boldsymbol{x}_0)$ が成り立つ.

この定義のもとで, $f(x,y) = x^2 + y^2$ は $(0,0)$ で極小である. 実際, $f(x,y) = x^2 + y^2 \ge 0 = f(0,0)$ である. δ は正の数であればどれでもよい. □

問 9　偏導関数は $f_x = -4-2x+y$, $f_y = 5 + x - 2y$ であり, 方程式 $f_x = f_y = 0$ の解は $(x,y) = (-1, 2)$ である. これが極値をとる場所の候補である. $x = -1 + s$, $y = 2 + u$ とおくと,

$$f(x,y) = -s^2 - u^2 + su + 7$$

$$= -\left(s - \frac{u}{2}\right)^2 - \frac{3}{4}u^2 + 7 \leqq 7$$

これより，f は $(-1, 2)$ で極大値 7 をとる.

□

問 10　点 $(1, 1, -2)$ は球面および平面上

の点であり，C 上の点である．与えられた式を x に関して微分すると，$2x + 2y\dfrac{dy}{dx} + 2z\dfrac{dz}{dx} = 0$ と $1 + \dfrac{dy}{dx} + \dfrac{dz}{dx} = 0$ となり，これに $(1, 1, -2)$ を代入して整理すると，$\dfrac{dy}{dx} = -1, \dfrac{dz}{dx} = 0$ となる.

□

Chapter 9 章末問題解答

問題 9.1 (1) $f_x = 2e^{2x}\sin y$, $f_y = e^{2x}\cos y$, $\triangle f = 4e^{2x}\sin y - e^{2x}\sin y = 3e^{2x}\sin y$.

(2) $f_x = 2nx(x^2+y^2)^{n-1}$, $f_y = 2ny(x^2+y^2)^{n-1}$, $f_{xx} = 2n(x^2+y^2)^{n-2}((2n-1)x^2+y^2)$, $\triangle f = 4n^2(x^2+y^2)^{n-1}$.

(3) $(\arctan x)' = \dfrac{1}{x^2+1}$ より, $f_x = \dfrac{1}{1+(y/x)^2} \cdot \left(-\dfrac{y}{x^2}\right) = \dfrac{-y}{x^2+y^2}$, $f_y = \dfrac{x}{x^2+y^2}$, $\triangle f = \dfrac{2xy}{(x^2+y^2)^2} + \dfrac{-2xy}{(x^2+y^2)^2} = 0$. $\square$

問題 9.2 $\dfrac{\partial z}{\partial x} = 2x$, $\dfrac{\partial z}{\partial y} = 2y$ より, 点 (x,y,x^2+y^2) での法線ベクトル $(2x, 2y, -1)$ が $(3, -\sqrt{6}, -1)$ と平行になることから, $x = \dfrac{3}{2}$, $y = -\dfrac{\sqrt{6}}{2}$. 接平面は, $z = 3\left(x - \dfrac{3}{2}\right) - \sqrt{6}\left(y + \dfrac{\sqrt{6}}{2}\right) + \dfrac{9}{4} + \dfrac{6}{4} = 3x - \sqrt{6}y - \dfrac{15}{4}$. P の座標は $\left(\dfrac{3}{2}, -\dfrac{\sqrt{6}}{2}, \dfrac{15}{4}\right)$. $\square$

問題 9.3 (1) $f_x = y(3x^2+y^2-1)$, $f_y = x(3y^2+x^2-1)$ より, $z = b(3a^2+b^2-1)x + a(a^2+3b^2-1)y - ab(3a^2+b^2-1)$

(2) $f_x = f_y = 0$ の解は, $x = 0$ なら $y = 0$, ± 1 であり, $x \neq 0$, $y = 0$ なら $x = \pm 1$ であり, $x, y \neq 0$ なら $(x,y) = \left(\pm\dfrac{1}{2}, \pm\dfrac{1}{2}\right)$ (複合任意) である. すなわち $(x,y) = (0,0), (0,\pm 1), (\pm 1, 0), \left(\pm\dfrac{1}{2}, \pm\dfrac{1}{2}\right)$.

(3) **定理 9.8** を利用する. $f_{xx} = 6xy$, $f_{yy} = 6xy$, $f_{xy} = 3x^2 + 3y^2 - 1$. $(x,y) = (\pm 1/2, \pm 1/2)$ のとき,

$$\triangle = 6 \cdot 6 \cdot \dfrac{1}{4} \cdot \dfrac{1}{4} - \left(3 \cdot \dfrac{1}{4} + 3 \cdot \dfrac{1}{4} - 1\right)^2$$
$$= 2 > 0$$

より, $\left(\pm\dfrac{1}{2}, \pm\dfrac{1}{2}\right)$(複合同順) で極小, $\left(\pm\dfrac{1}{2}, \mp\dfrac{1}{2}\right)$(複合同順) で極大.

$(x,y) = (0,\pm 1), (\pm 1, 0)$ のときは, $\triangle = -4 < 0$ なので, 極大でも極小でもない.

$(x,y) = (0,0)$ のときは, $\triangle = -1 < 0$ なので極大でも極小でもない. $\square$

問題 9.4 $g_x = f'(x - ky)$, $g_y = -kf'(x - ky)$

$g_{xx} = f''(x-ky)$, $g_{yy} = k^2 f''(x-ky)$. よって, $k^2 g_{xx} - g_{yy} = 0$. $\square$

問題 9.5 (1) (9.57) により, $\dfrac{\partial f}{\partial \theta} = -yf_x + xf_y = 0$. すなわち f は θ に依存しない.

(2) (9.56) により, $\dfrac{\partial f}{\partial r} = \dfrac{1}{r}(xf_x + yf_y) = 0$. すなわち f は r に依存しない. $\square$

問題 9.6 $D = x^2 + y^2 + (x-1)^2 + y^2 + (x-a)^2 + (y-b)^2$ であるから,

$$D_x = 2x + 2(x-1) + 2(x-a)$$
$$= 6x - 2(a+1)$$
$$D_y = 2y + 2y + 2(y-b) = 6y - 2b$$

より, 極値の候補は $x = \dfrac{a+1}{3}$, $y = \dfrac{b}{3}$ である. また

$$D_{xx} = 6, \quad D_{yy} = 6, \quad D_{xy} = 0$$
$$\triangle = 36 > 0$$

であるから，$\left(\dfrac{a+1}{3}, \dfrac{b}{3}\right)$ で極小点である．極小値は，
$$D = \frac{1}{3}(2a^2 - 2a + 2b^2 + 2).$$ □

問題 9.7 $D = L^2 = (a-b)^2 + (a^2+b^2+16b+65)^2$
とおく．偏微分すると，

$D_a = 2(a-b) + 4a(a^2+b^2+16b+65)$

$D_b = -2(a-b)$
$\qquad + 2(2b+16)(a^2+b^2+16b+65).$

$D_a = D_b = 0$ を解く．$a^2+b^2+16b+65 = a^2 + (b+8)^2 + 1 > 0$ に注意すると，$D_a + D_b = 0$ より，$a = -b-8$ が分かる．そこで $D_a = 0$ から a を求めると，
$$(a+1)(a^2 - a + 2) = 0$$
より，実数解は $a = -1$ であり，$b = -7$．これが極値の候補となる．

$D_{aa} = 12a^2 + 4(b+8)^2 + 6,$

$D_{bb} = 4a^2 + 12(b+8)^2 + 6,$

$D_{ab} = 8a(b+8) - 2$

であり，$a = -1, b = -7$ では，
$$\triangle = 22^2 - 10^2 = 384 > 0.$$

これより，D はこの点で極小値をとるので，L もまたこの点で極小値をとる．P$(-1, 1)$，Q$(-7, -2)$ となり，極小値は $\sqrt{6^2 + 3^2} = 3\sqrt{5}$．□

問題 9.8 (1) $z_x = 2x$，$z_y = 2y$ より，点 (a, b, a^2+b^2) における M の接平面の法線ベクトルを $\boldsymbol{n} = (2a, 2b, -1)$ とする．反射光の (単位) 方向ベクトル $\boldsymbol{u} = (\alpha, \beta, \gamma)$ と入射光の (単位) 方向ベクトル $\boldsymbol{v} = (0, 0, -1)$ との差 $\boldsymbol{u} - \boldsymbol{v}$ は $k\boldsymbol{n}$ (k は正定数) と表せる

ので，$\alpha = 2ak$，$\beta = 2bk$，$\gamma + 1 = -k$．$|\boldsymbol{u}| = 1$ より $k = \dfrac{-2}{4a^2 + 4b^2 + 1}$．反射光線上の点は $(x, y, z) = (a, b, a^2+b^2) + t(2ak, 2bk, -k-1)$ と表せるが，$t = -\dfrac{1}{2k}$ とすると，$(x, y, z) = \left(0, 0, \dfrac{1}{4}\right)$ となる．

(2) $z_x = 2x$，$z_y = 4y$．反射光の (単位) 方向ベクトルを (α, β, γ) とすると，k を正の定数として $\alpha = 2ak$，$\beta = 4bk$，$\gamma + 1 = -k$ と表せる．$|\boldsymbol{u}| = 1$ より $k = \dfrac{-2}{4a^2 + 16b^2 + 1}$．反射光線上の点は $(x, y, z) = (a, b, a^2 + 2b^2) + t(2ak, 4bk, -k-1)$ と表せるが，$t = -\dfrac{1}{4k}$ とすると，$(x, y, z) = \left(\dfrac{a}{2}, 0, \dfrac{a^2}{2} + \dfrac{1}{8}\right)$ となる．□

問題 9.9 (1) $f_x = \dfrac{y(x^4 + 4x^2y^2 - y^4)}{(x^2+y^2)^2}$，$f_y = \dfrac{x(x^4 - 4x^2y^2 - y^4)}{(x^2+y^2)^2}$．

(2) $f(x, 0) = f(0, y) = 0$ より，$f_x(0,0) = f_y(0,0) = 0$.

(3) $f_x(0, y) = \begin{cases} -y & (y \neq 0) \\ 0 & (y = 0) \end{cases}$,

$f_y(x, 0) = \begin{cases} x & (x \neq 0) \\ 0 & (x = 0) \end{cases}$

より，$f_{xy}(0,0) = -1$，$f_{yx}(0,0) = 1$．□

問題 9.10 $(x, y) \neq (0, 0)$ として極座標を用いると，$z = (r^4 - r^2)(\cos\theta + \sin\theta)$ と書ける．$z_r = (4r^3 - 2r)(\cos\theta + \sin\theta)$，$z_\theta = (r^4 - r^2)(-\sin\theta + \cos\theta)$，$z_{rr} = (12r^2 - 2)(\cos\theta + \sin\theta)$，$z_{\theta\theta} = (r^4 - r^2)(-\cos\theta - \sin\theta)$，$z_{r\theta} = (4r^3 - 2r)(-\sin\theta + \cos\theta)$ であるから，$z_r = z_\theta = 0$ となる点は 4 個であり，

$$(r,\theta) = \left(1, \frac{3\pi}{4}\right), \quad \triangle < 0 \text{ 峠点}$$

$$(r,\theta) = \left(1, \frac{7\pi}{4}\right), \quad \triangle < 0 \text{ 峠点}$$

$$(r,\theta) = \left(\frac{1}{\sqrt{2}}, \frac{\pi}{4}\right), \quad \triangle > 0 \text{ 極小}$$

$$(r,\theta) = \left(\frac{1}{\sqrt{2}}, \frac{5\pi}{4}\right), \triangle > 0 \text{ 極大}$$

である．また $(x,y) = (0,0)$ の近くでは，$\cos\theta + \sin\theta$ の符号が定まらないので，$(0,0)$ で極値をとらない．以上により，$(x,y) = \left(\frac{1}{2}, \frac{1}{2}\right)$ で極小値 $-\frac{\sqrt{2}}{4}$，$(x,y) = \left(-\frac{1}{2}, -\frac{1}{2}\right)$ で極大値 $\frac{\sqrt{2}}{4}$ をとる． $\square$

問題 9.11 $T(a,b) = (a-s)(b-s)(a+b-s)$ とおくと，$S = \sqrt{sT(a,b)}$ と表せる．

$$\frac{\partial T}{\partial a} = (b-s)(a-s+a+b-s)$$
$$= (b-s)(2a+b-2s)$$
$$\frac{\partial T}{\partial b} = (a-s)(b-s+a+b-s)$$
$$= (a-s)(a+2b-2s).$$

これがともに 0 となるのは，a, b, c が三角形の辺の長さであることを考えると，$a = b = \frac{2s}{3}$ のときである．

$$\frac{\partial^2 T}{\partial a^2} = 2(b-s)$$
$$\frac{\partial^2 T}{\partial b^2} = 2(a-s)$$
$$\frac{\partial^2 T}{\partial a \partial b} = 2a+2b-3s$$
$$\triangle = 2\cdot\left(-\frac{s}{3}\right)\cdot 2\cdot\left(-\frac{s}{3}\right) - \left(-\frac{s}{3}\right)^2 = \frac{s^2}{3}.$$

よって，$a = b = \frac{2s}{3}$ で T および S は極大値をとる． $\square$

問題 9.12 簡単のために，$\sum_{k=1}^{n} = \sum$ と略す．

(1) p, q で偏微分すると，

$$\frac{\partial E}{\partial p} = \sum_{k=1}^{n} 2x_k(px_k+q-y_k)$$
$$= 2\left(\sum x_k^2\right)p + 2\left(\sum x_k\right)q$$
$$\quad - 2\left(\sum x_k y_k\right)$$
$$= 2n(v+X^2)p + 2nXq$$
$$\quad - 2n(c+XY)$$
$$\frac{\partial E}{\partial q} = \sum_{k=1}^{n} 2(px_k+q-y_k)$$
$$= 2\left(\sum x_k\right)p + 2nq - 2\left(\sum y_k\right)$$
$$= 2nXp + 2nq - 2nY$$

これらを $= 0$ とおくと，

$$(v+X^2)p + Xq = c+XY,$$
$$Xp + q = Y.$$

これより，$p = \dfrac{c}{v}, q = Y - X\dfrac{c}{v}$．

(2)
$$\frac{\partial^2 E}{\partial p^2} = 2n(v+X^2), \quad \frac{\partial^2 E}{\partial q^2} = 2n,$$
$$\frac{\partial^2 E}{\partial p \partial q} = 2nX,$$
$$\triangle = 4n^2 v.$$

$v = \dfrac{1}{n}\sum(x_k-X)^2 > 0$ であるから，E は，(1) で得た点 (p,q) で極小値をとる． $\square$

問題 9.13 x, y を u, v で表すと，$x = v-u, y = 2\sqrt{uv}$. $0 < u < v$ なら $x, y > 0$ である．

逆に u, v を x, y で表す．$4u^2 + 4xu - y^2 = 0$ かつ $u > 0$ より，$u = \dfrac{-x+\sqrt{x^2+y^2}}{2}$. 同様に $v = \dfrac{x+\sqrt{x^2+y^2}}{2}$. $x, y > 0$ なら $0 < u < v$ である．

Φ の微分は $\begin{pmatrix} x_u & x_v \\ y_u & y_v \end{pmatrix} =$

$\begin{pmatrix} -1 & 1 \\ \sqrt{\dfrac{v}{u}} & \sqrt{\dfrac{u}{v}} \end{pmatrix}$, Φ^{-1} の微分は

$$\begin{pmatrix} u_x & u_y \\ v_x & v_y \end{pmatrix} = \frac{1}{2} \frac{1}{\sqrt{x^2+y^2}}$$

$$\begin{pmatrix} x - \sqrt{x^2+y^2} & y \\ x + \sqrt{x^2+y^2} & y \end{pmatrix}$$

$$= \frac{1}{u+v} \begin{pmatrix} -u & \sqrt{uv} \\ v & \sqrt{uv} \end{pmatrix}.$$

これらは互いに逆行列である. □

問題 9.14 (1) 接ベクトルは法線ベクトルに直交することを利用する. 曲面 $x^2+z^2=2$ の点 $\mathrm{P}(1,2,-1)$ での法線ベクトル $\vec{n}_1$ は, $\vec{n}_1 = (1,0,-1)$(に平行) である. 曲面 $y^2+(z-1)^2=8$ の点 P での法線ベクトルは $\vec{n}_2 = (0,1,-1)$(に平行) である. C の接ベクトルを $\vec{v} = (\alpha,\beta,\gamma)$ とおくと, $\vec{v} \cdot \vec{n}_1 = \vec{v} \cdot \vec{n}_2 = 0$ より, $\alpha = \beta = \gamma$. よって, C の接ベクトル $(1,1,1)$ が得られる.

(2) C 上の点に関して, x, y が z の関数であると思って, z に関して微分すると, $2x\dfrac{dx}{dz} + 2z = 0$, $2y\dfrac{dy}{dz} + 2(z-1) = 0$. これより, $\dfrac{dx}{dz} = -\dfrac{z}{x}$, $\dfrac{dy}{dz} = -\dfrac{z-1}{y}$. $\mathrm{P}(1,2,-1)$ では, $\dfrac{dx}{dz} = 1$, $\dfrac{dy}{dz} = 1$. よって, 接ベクトルの 1 つは $(1,1,1)$. □

問題 9.15 (1) $x > 0$ のとき, $(x,0)$ の極座標は $r = x, \theta = 0$ であるから

$$\frac{1}{x}(f(x,0) - f(0,0)) = g(0) \underset{x \to +0}{\to} g(0)$$

$x < 0$ のとき, $(x,0)$ の極座標は $r = -x, \theta = \pi$ であるから

$$\frac{1}{x}(f(x,0) - f(0,0)) = -g(\pi) \underset{x \to -0}{\to} -g(\pi)$$

よって偏微分係数 $f_x(0,0)$ が存在するための条件は $g(0) = -g(\pi)$ である.

$y > 0$ のとき, $(0,y)$ の極座標は $r = y, \theta = \pi/2$ であるから

$$\frac{1}{y}(f(0,y) - f(0,0)) = g(\pi/2) \underset{y \to +0}{\to} g(\pi/2)$$

$y < 0$ のとき, $(0,y)$ の極座標は $r = -y, \theta = 3\pi/2$ であるから

$$\frac{1}{y}(f(0,y) - f(0,0))$$
$$= -g(3\pi/2) \underset{y \to -0}{\to} -g(3\pi/2)$$

よって偏微分係数 $f_y(0,0)$ が存在するための条件は $g(\pi/2) = -g(3\pi/2)$ である.

(2) $(\cos\alpha, \sin\alpha)$ 方向への方向微分を求める. $t > 0$ のとき, $(t\cos\alpha, t\sin\alpha)$ の極座標は $r = t, \theta = \alpha$ であるから

$$\frac{1}{t}(f(t\cos\alpha, t\sin\alpha) - f(0,0)) = g(\alpha)$$

$t < 0$ のとき, $(t\cos\alpha, t\sin\alpha)$ の極座標は $r = -t, \theta = \alpha+\pi$ であるから

$$\frac{1}{t}(f(t\cos\alpha, t\sin\alpha) - f(0,0)) = -g(\alpha+\pi)$$

よって, $(\cos\alpha, \sin\alpha)$ 方向に方向微分可能であるための条件は $g(\alpha) = -g(\alpha+\pi)$ である.

(3) $(0,0)$ において全微分可能であるとは,

$$f(\xi,\eta) = a\xi + b\eta + o(\sqrt{\xi^2+\eta^2})$$

と表せることである. $r > 0$ として $(\xi,\eta) = (r\cos\theta, r\sin\theta)$ と書けば, 上記の条件は

$$rg(\theta) = ar\cos\theta + br\sin\theta + o(r)$$

となる．よって，両辺を r で割り，$r \to +0$ とすれば $g(\theta) = a\cos\theta + b\sin\theta$ が得られる． $\square$

注意 この問題は，**注意 9.9** において言及した逆命題の反例になっている．

(1) の条件を満たすが (2) の条件を満たさない関数 $g(\theta)$ が存在する．たとえば $g(\theta) = \sin\theta\cos\theta$，すなわち $f(x,y) = xy/r$（ただし，$f(0,0) = 0$）．よって，「方向微分可能 $\Longrightarrow$ 偏微分可能」の逆は成立しない．

(2) の条件を満たすが (3) の条件を満たさない関数 $g(\theta)$ が存在する．たとえば $g(\theta) = \sin\theta|\cos\theta|$，すなわち $f(x,y) = |x|y/r$（ただし，$f(0,0) = 0$）．よって，「全微分可能 $\Longrightarrow$ 方向微分可能」の逆は成立しない．

(3) の条件を満たすとき，$f(x,y) = ax + by$ となる．この関数は C^1 級であるから，「C^1 級 $\Longrightarrow$ 全微分可能」の逆の反例にはならない．

2変数関数の積分

1変数関数の積分法には面積を計算するという応用があり，逆に定積分が面積を表すことを踏まえると，積分法の意味を深く理解することができた．これに対して，2変数関数の積分法は体積の概念と結び付いている．

10.1 | 2変数関数の累次積分

2変数関数 $f(x, y)$ に対し，2つの変数 x, y についてそれぞれ1回ずつ積分することを **累次積分** という．

10.1.1 | 長方形領域での積分

xy 平面上の長方形の領域 $[a, b] \times [c, d]$ で定義された関数 $f(x, y)$ があり，0 または正の値をとるとする．このとき不等式

$$0 \leqq z \leqq f(x, y)$$
$$(x, y) \in [a, b] \times [c, d]$$

を満たす点 (x, y, z) の全体が作る立体 K を考える (**図 10.1**)．立体 K を平面 $y = k$ で切った断面の面積は

$$S(k) = \int_a^b f(x, k)dx , \quad c \leqq k \leqq d$$

であるから，K の体積は

$$V = \int_c^d S(k)dk$$

で与えられる．これを次のような累次積分の形に書く．

$$V = \int_c^d \int_a^b f(x, y)dxdy \tag{10.1}$$

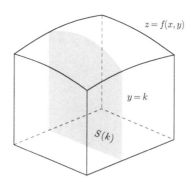

[図 10.1] **断面積と体積.**

例 10.1

$$\int_0^1 \int_0^1 (x^2 + 2y^2)dxdy = \int_0^1 \left[\frac{1}{3}x^3 + 2xy^2 \right]_{x=0}^{x=1} dy$$
$$= \int_0^1 \left(\frac{1}{3} + 2y^2 \right) dy = 1$$

問 1　**例 10.1** において，積分順序を交換して，次の積分を計算せよ.

$$\int_0^1 \int_0^1 (x^2 + 2y^2)dydx$$

注意 10.1

(1) 関数 $f(x, y)$ の累次積分 (10.1) を考えるとき，$f(x, y)$ が正の値をとるという仮定は必要ない.

(2) 連続関数 $f(x, y)$ の累次積分において，x に関する積分をした結果は y の連続関数になる (**定理 15.13**，260 ページ). また x に関する積分と y に関する積分の順序を交換しても，積分値が変わらないという一般的な事実がある (**定理 10.1**).

$f(x, y)$ が $[a, b] \times [c, d]$ で連続のとき

$$\int_c^d \int_a^b f(x, y) dx dy = \int_a^b \int_c^d f(x, y) dy dx \qquad (10.2)$$

が成り立つ.

この定理の証明は **15.6 節** で行う.

10.1.2 | 一般の領域での積分

xy 平面上の領域 D で定義された関数 $f(x, y)$ があり, 0 または正の値を
とるとする. このとき条件

$$0 \leqq z \leqq f(x, y)$$

$$(x, y) \in D$$

を満たす点 (x, y, z) の全体が作る立体 K を考える.

領域 D を円領域 $x^2 + y^2 \leqq 1$ とする (**図 10.2**). 立体 K を平面 $y = k$ で
切った断面の面積は

$$S(k) = \int_{-\sqrt{1-k^2}}^{\sqrt{1-k^2}} f(x, k) dx \;, \quad -1 \leqq k \leqq 1 \qquad (10.3)$$

であるから, K の体積は

$$V = \int_{-1}^1 S(k) dk$$

で与えられる. これを次のような累次積分の形に書く.

$$V = \int_{-1}^1 \int_{-\sqrt{1-y^2}}^{\sqrt{1-y^2}} f(x, y) dx dy$$

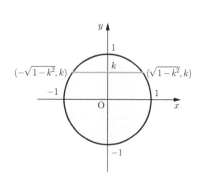

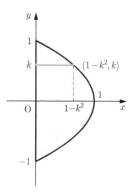

［図 10.2］円領域上の累次積分.　　［図 10.3］放物線領域上の累次積分.

例 **10.2**　　領域 $x^2 + y^2 \leqq 1$ で定義された関数 $f(x,y) = 1 + x + y$ の場合，累次積分は次のようになる.

$$\int_{-1}^{1} \int_{-\sqrt{1-y^2}}^{\sqrt{1-y^2}} (1 + x + y)\,dxdy = \int_{-1}^{1} (2\sqrt{1-y^2} + 2y\sqrt{1-y^2})dy$$
$$= \int_{-1}^{1} 2\sqrt{1-y^2}dy$$
$$= \pi$$

xy 平面上の領域 $0 \leqq x \leqq 1 - y^2$ を D とする (**図 10.3**).　D で定義された関数 $f(x,y)$ があり，0 または正の値をとるとする.　このとき不等式

$$0 \leqq z \leqq f(x,y)$$

$$(x,y) \in D$$

を満たす点 (x,y,z) の全体が作る立体 K を考える.

立体 K を平面 $y = k$ で切った断面の面積は

$$S(k) = \int_{0}^{1-k^2} f(x,k)dx\ ,\quad -1 \leqq k \leqq 1 \tag{10.4}$$

であるから，K の体積は

$$V = \int_{-1}^{1} S(k)dk$$

で与えられる．これを次のように書く．

$$V = \int_{-1}^{1} \int_{0}^{1-y^2} f(x,y)dxdy$$

積分順序を交換してみよう．立体 K を平面 $x = k$ で切った断面の面積は

$$\tilde{S}(k) = \int_{-\sqrt{1-x}}^{\sqrt{1-x}} f(k,y)\,dy\,, \quad -1 \leqq k \leqq 1 \tag{10.5}$$

であるから，K の体積は

$$V = \int_{0}^{1} \tilde{S}(k)dk$$

で与えられる．これを次のように書く．

$$V = \int_{0}^{1} \int_{-\sqrt{1-x}}^{\sqrt{1-x}} f(x,y)\,dydx$$

例 10.3 領域 $0 \leqq x \leqq 1 - y^2$ で定義された関数 $f(x,y) = 1 + x + y$ の場合，累次積分は次のようになる．

$$\begin{aligned}
\int_{-1}^{1} \int_{0}^{1-y^2} (1 + x + y)\,dxdy &= \int_{-1}^{1} \left[x + \frac{1}{2}x^2 + yx \right]_{x=0}^{x=1-y^2} dy \\
&= \int_{-1}^{1} \left(\frac{1}{2}y^4 - y^3 - 2y^2 + y + \frac{3}{2} \right) dy \\
&= \frac{28}{15}
\end{aligned}$$

問 2 例 **10.3** において，積分順序を交換して，積分を計算せよ．

注意 10.2 xy 平面上の領域 D で定義された関数 $f(x,y)$ の累次積分を考えるとき，領域 D と関数 $f(x,y)$ に制限を課す必要がある．

(1) 領域 D は，多角形や円などの閉じた曲線で囲まれた図形とする．

ただし境界を含める．境界を含む図形は **閉集合** であるという．

(2) 累次積分における各 (変数についての) 積分を連続関数の範囲ですませるために，関数 $f(x, y)$ は D で連続であるとする．

上記のような制限のもとで，累次積分において x に関する積分と y に関する積分の順序を交換したとき，積分値が変わらないという一般的な事実がある．

10.1.3 │ 区分求積法

長方形領域 $D = [a, b] \times [c, d]$ における連続関数 $f(x, y)$ の累次積分

$$V = \int_c^d \int_a^b f(x, y) dx dy$$

を区分求積法 (**0.6.5 節**) の視点からみてみよう．x 軸上の区間 $[a, b]$ と y 軸上の区間 $[c, d]$ を分割して

$$a = x_0 < x_1 < x_2 < \cdots < x_M = b$$
$$c = y_0 < y_1 < y_2 < \cdots < y_N = d$$

とすると，領域 D は，小長方形

$$\square_{jk} = [x_j, x_{j+1}] \times [y_k, y_{k+1}] \tag{10.6}$$

に分割できる．すると，M, N を限りなく大きくし，分割を限りなく細かくする極限において，

$$\int_c^d \int_a^b f(x, y) dx dy = \lim_{\substack{M \to \infty \\ N \to \infty}} \sum_{j=0}^{M-1} \sum_{k=0}^{N-1} f(\xi_{jk}, \eta_{jk})(x_{j+1} - x_j)(y_{k+1} - y_k)$$

$$\tag{10.7}$$

が成立すると考えられる．ただし (ξ_{jk}, η_{jk}) は小長方形 $\square_{jk}$ の中の点であり，$(x_{j+1} - x_j)(y_{k+1} - y_k)$ は $\square_{jk}$ の面積である (**図 10.4 (左)**)．

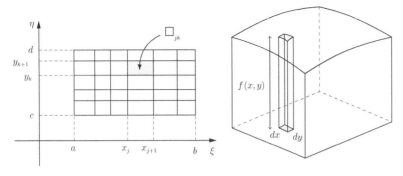

［図 10.4］積分領域の分割 (左) と重積分のイメージ (右).

そこで一般に，xy 平面上の領域 D での $f(x, y)$ の積分を，

$$\text{高さ} = f(x, y)$$

$$\text{底面積} = dxdy$$

の "無限に細い柱" の体積の合計という意味を込めて，

$$\iint_D f(x, y)dxdy \tag{10.8}$$

のように書くことにする (図 **10.4 (右)**).

(10.7) の右辺の極限値として定まる積分 (10.8) を，累次積分と区別して **重積分** という.

> **参考 10.3** (10.7) の右辺の極限は，M, N を同時に大きくすること (たとえば $M = N \to \infty$ とすること) が想定されている. ここで，まず N を固定して $M \to \infty$ とするなら，その結果は x に関する和が定積分になり，ついで $N \to \infty$ とすると y に関する和が定積分になるので，(10.2) の左辺の累次積分が得られることになる. また逆に $N \to \infty$ としてから $M \to \infty$ とすると，(10.2) の右辺の累次積分が得られる.

累次積分と重積分がつねに同じ値をもつとは限らないが (**問題 10.7**)，**定理 10.2** は，連続関数に対して両者が一致することを保証する定理である. 詳細

は **15.6 節** で扱う.

定理 10.2

$f(x, y)$ が $[a, b] \times [c, d]$ で連続のとき

$$\int_c^d \int_a^b f(x, y) dx dy = \int_a^b \int_c^d f(x, y) dy dx = \iint_{[a,b] \times [c,d]} f(x, y) dy dx \tag{10.9}$$

が成り立つ.

10.2 | 変数変換

累次積分を計算するとき, 領域の形によっては, 極座標などの直交座標以外の座標の方が便利であることがある. そこで, 2 変数関数の積分において, 直交座標から別の座標に変数変換すること (置換積分) を考える. このとき, **定理 9.9**(36 ページ) における面積拡大率 ((9.78) のヤコビアン) が重要な役割を果たす.

10.2.1 | 極座標による積分

原点を極とする極座標を (r, θ) とする.

$$x = r \cos \theta \tag{10.10}$$

$$y = r \sin \theta \tag{10.11}$$

この座標を用いて 2 変数関数を積分することを考える.

極座標を用いると, 2 変数関数 $z = f(x, y)$ は

$$z = f(r \cos \theta, r \sin \theta)$$

と表せる. また積分領域については, たとえば xy 平面上の円領域 $x^2 + y^2 \leqq 1$ を D とすると, この領域は

$$0 \leqq r \leqq 1$$

$$0 \leqq \theta < 2\pi$$

のように表せる.

 10.4

(1) θ の可動範囲を閉区間 $0 \leqq \theta \leqq 2\pi$ にしてもよい.

(2) 領域 $x^2 + y^2 \leqq 1$ で定義された関数 $f(x, y) = 1 + x + y$ は，極座標 r, θ を用いると

$$f(r\cos\theta, r\sin\theta) = 1 + r\cos\theta + r\sin\theta, \quad (r, \theta) \in [0, 1] \times [0, 2\pi]$$
(10.12)

と表せる．しかし (10.12) の右辺の関数を，単に $[0, 1] \times [0, 2\pi]$ で積分した結果は

$$\int_0^1 \int_0^{2\pi} (1 + r\cos\theta + r\sin\theta)d\theta dr = 2\pi$$
(10.13)

となり，**例 10.2** の結果と一致しない．その原因を理解するために，以下において極座標による積分を区分求積法の観点からみる.

r の可動範囲 $[0, 1]$ と θ の可動範囲 $[0, 2\pi]$ を分割して

$$0 = r_0 < r_1 < r_2 < \cdots < r_M = 1$$
$$0 = \theta_0 < \theta_1 < \theta_2 < \cdots < \theta_N = 2\pi$$

とし，領域 D の中の

$$(r, \theta) \in [r_j, r_{j+1}] \times [\theta_k, \theta_{k+1}]$$

を満たす部分を $\widetilde{\square}_{jk}$ として，D を $\widetilde{\square}_{jk}$ の集まりに分割する．M, N が大きく，分割が十分細かいとき，$\widetilde{\square}_{jk}$ の面積はほぼ $r_j(\theta_{k+1} - \theta_k)(r_{j+1} - r_j)$ で与えられるから，D の中の微小領域の面積 $dxdy$ は $rd\theta dr$ で置き換えられるべきである (**図 10.5**)．すなわち

$$dxdy = rd\theta dr$$
(10.14)

よって，次のような関係式が成立すると考えられる.

$$\iint_{x^2+y^2\leqq1} f(x,y)dxdy = \int_0^1 \int_0^{2\pi} f(r\cos\theta, r\sin\theta)r\,d\theta dr \qquad (10.15)$$

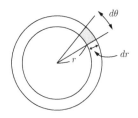

［図 10.5］極座標による微小領域.

例 10.4 (10.15) を用いて，関数 $f(x,y) = 1 + x + y$ の積分をやり直す
と，次のようになる.

$$\iint_{x^2+y^2\leqq1} (1 + x + y)dxdy = \int_0^1 \int_0^{2\pi} (1 + r\cos\theta + r\sin\theta)r\,d\theta dr$$
$$= \int_0^1 2\pi r dr$$
$$= \pi$$

問 3 領域 $x^2 + y^2 \leqq 1$ で定義された関数 $f(x,y) = x^2 + y^2$ の積分

$$\iint_{x^2+y^2\leqq1} (x^2 + y^2)dxdy$$

を極座標を用いて計算せよ.

> **定理 10.3**
>
> $a > 0$ とする. 領域 $x^2 + y^2 \leqq a^2$ で定義された連続関数 $f(x,y)$ に
> 対し,
>
> $$\iint_{x^2+y^2\leqq a^2} f(x,y)dxdy = \int_0^a \int_0^{2\pi} f(r\cos\theta, r\sin\theta)r\,d\theta dr \quad (10.16)$$
>
> が成立する.

定理 **10.3** を厳密に証明するには，区分求積法 (10.7) に基づいて，重積分の定義を厳密化する必要がある (**参考 15.11**，262 ページ)．

(10.14) の右辺に現れた r は，写像 (10.10), (10.11) のヤコビアン (9.79) である．以下の節において，(10.16) を一般化し，変数変換におけるヤコビアンの役割をみる．

10.2.2 斜交座標による積分

例 **9.7**(2) (20 ページ) の斜交座標による積分を考える．a_1, a_2, b_1, b_2 を実数の定数として，関係式

$$\begin{pmatrix} x \\ y \end{pmatrix} = \begin{pmatrix} a_1 & b_1 \\ a_2 & b_2 \end{pmatrix} \begin{pmatrix} u \\ v \end{pmatrix}$$

が定める座標変換を用いて，積分変数を x, y から u, v に変換する．

例 **9.16** (33 ページ) の (3) において，この変換を平面上の写像として扱った．このとき，φ のヤコビアン J は (9.78) より，

$$J = a_1 b_2 - a_2 b_1$$

である．したがって面積拡大率は，**定理 9.9** (36 ページ) により，いたるところ一定で $|J| = |a_1 b_2 - a_2 b_1|$ である．特に，uv 平面の微小な長方形 $[u, u+du] \times [v, v+dv]$ の φ による像の面積は $|J| dudv$ であるから，(10.14) に対応する微小面積の関係式は

$$dxdy = |J|dudv = |a_1 b_2 - a_2 b_1|dudv \tag{10.17}$$

となる．

例 10.5　3 点 O$(0,0)$, A(a_1, a_2), B(b_1, b_2) を頂点とする三角形 OAB の周および内部 T は，斜交座標 u, v を用いて表すと，

$$u \geqq 0 , \quad v \geqq 0 , \quad u + v \leqq 1$$

となる．したがって，関数 $f(x, y)$ の T 上の積分は，(10.17) より

$$\iint_T f(x, y)dxdy = \int_0^1 \int_0^{1-v} f(ua_1 + vb_1, ua_2 + vb_2)|J|dudv$$

のように表せる．特に T の面積 $|T|$ は，$f(x,y)=1$ として

$$
\begin{aligned}
|T| &= \iint_T dxdy \\
&= \int_0^1 \int_0^{1-v} |J| dudv \\
&= \int_0^1 (1-v)|J| dv = \frac{|J|}{2}
\end{aligned}
$$

である．また $f(x,y)=x$ とすると，

$$
\begin{aligned}
\iint_T xdxdy &= \int_0^1 \int_0^{1-v} (ua_1 + vb_1)|J| dudv \\
&= \int_0^1 \left(\frac{1}{2}(1-v)^2 a_1 + v(1-v)b_1 \right) |J| dv \\
&= \frac{|J|}{6}(a_1 + b_1)
\end{aligned}
$$

となる．よって

$$
\frac{\displaystyle\iint_T xdxdy}{\displaystyle\iint_T dxdy} = \frac{1}{3}(a_1 + b_1)
$$

が成り立つ．これは三角形 T 全体にわたる x 座標の平均であり，一様な密度をもつ三角形の板 T の (物理的な) 重心の x 座標である．

物理的な重心については，**8.1.2 節** で考察した．

問 **4** 　例 **10.5** において，一様な密度をもつ三角形の板 T の (物理的な) 重心の y 座標を求めよ．

10.2.3 │ 一般の変数変換

直交座標から極座標や斜交座標への座標変換を一般化する．積分

$$
I = \iint_D f(x,y)dxdy \tag{10.18}
$$

の積分変数 (x,y) を，関係式

$$
x = X(u,v) \tag{10.19}
$$

$$
y = Y(u,v) \tag{10.20}
$$

で定義される変数 u, v に変換する。X, Y は適当な関数である。

定理 10.4

(10.19),(10.20) で定義される写像 φ が領域 D' を D に 1 対 1 に移すとき、

$$\iint_D f(x, y)dxdy = \iint_{D'} f(X(u, v), Y(u, v))|J(u, v)|dudv \tag{10.21}$$

が成り立つ。ただし $J(u, v)$ はヤコビアン

$$J(u, v) = \begin{vmatrix} \dfrac{\partial X}{\partial u}(u, v) & \dfrac{\partial X}{\partial v}(u, v) \\[2ex] \dfrac{\partial Y}{\partial u}(u, v) & \dfrac{\partial Y}{\partial v}(u, v) \end{vmatrix} \tag{10.22}$$

である。

定理 10.4 を厳密に証明するには、区分求積法 (10.7) に基づいて、重積分の定義を厳密化する必要がある (**参考 15.11**、262 ページ)。

10.3 | 定義の拡張 ♠

今まで 2 変数関数の積分を考えるとき、積分領域としては、多角形や円などの閉じた曲線で囲まれた閉集合に限ってきた。また関数としては、積分領域において連続な関数だけを考えてきた。

この節では、**3.1 節** の広義積分の考え方にならって、2 変数関数の積分に関する制限を少し緩める。また 3 変数関数の積分に手短かに言及する。

10.3.1 | xy 平面全体での積分

xy 平面 $\mathbb{R}^2$ で定義された連続関数 $f(x, y)$ に対し、$\mathbb{R}^2$ での積分

$$\iint_{\mathbb{R}^2} f(x, y)dxdy$$

を考える。そこでまず、R を正の数として、正方形領域 $\square_R = [-R, R] \times$

$[-R, R]$ や円領域 $D_R = \{(x, y) \mid x^2 + y^2 \leqq R^2\}$ における積分

$$\iint_{\Box_R} f(x, y) dxdy \ , \quad \iint_{D_R} f(x, y) dxdy$$

を考え，$R \to \infty$ の極限をとる (図 **10.6**).

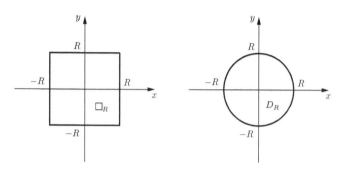

[図 10.6] 正方形領域 $\Box_R$ (左) と円領域 D_R (右).

例 10.6 関数

$$f(x, y) = \frac{1}{(x^2 + 1)(y^2 + 1)}$$

に対し，正方形領域 $\Box_R = [-R, R] \times [-R, R]$ での積分は

$$\begin{aligned}
\iint_{\Box_R} f(x, y) dxdy &= \int_{-R}^{R} \int_{-R}^{R} \frac{1}{(x^2 + 1)(y^2 + 1)} dxdy \\
&= \int_{-R}^{R} \frac{1}{y^2 + 1} \left[\arctan x \right]_{x=-R}^{x=R} dy \\
&= \int_{-R}^{R} \frac{2 \arctan R}{y^2 + 1} dy \\
&= (2 \arctan R)^2
\end{aligned}$$

であり，$R \to \infty$ とすると，

$$\lim_{R \to \infty} \iint_{\Box_R} f(x, y) dxdy = \pi^2 \tag{10.23}$$

となる．この結果を次のように書いておく．

$$\iint_{\mathbb{R}^2} f(x, y) dxdy = \pi^2$$

積分の順序を交換しても，結果に変わりはない.

例 10.7 関数

$$f(x,y) = e^{-x^2-y^2}$$

に対し，円領域 $D_R = \{(x,y) \mid x^2 + y^2 \leqq R^2\}$ での積分は，極座標を用いると

$$\iint_{D_R} f(x,y)dxdy = \int_0^R \int_0^{2\pi} e^{-r^2} r d\theta dr$$
$$= \int_0^R e^{-r^2} 2\pi r dr$$

となり，$r^2 = s$ とおけば

$$\iint_{D_R} f(x,y)dxdy = \int_0^{R^2} e^{-s} \pi ds$$
$$= \pi(1 - e^{-R^2})$$

が得られる．そこで $R \to \infty$ とすると，

$$\lim_{R \to \infty} \iint_{D_R} f(x,y)dxdy = \pi \tag{10.24}$$

となる．この結果を次のように書く．

$$\iint_{\mathbb{R}^2} f(x,y)dxdy = \pi \tag{10.25}$$

参考 10.5 例 10.7 において，積分領域を正方形領域 $\square_R = [-R, R] \times [-R, R]$ として，

$$\iint_{\square_R} f(x,y)dxdy = \int_{-R}^R e^{-x^2} dx \int_{-R}^R e^{-y^2} dy$$
$$= \left(\int_{-R}^R e^{-x^2} dx\right)^2$$
$$\therefore \quad \lim_{R \to \infty} \iint_{\square_R} f(x,y)dxdy = \left(\int_{-\infty}^\infty e^{-x^2} dx\right)^2$$

となる．この極限が (10.25) の結果と一致するとすると，

$$\int_{-\infty}^{\infty} e^{-x^2} dx = \sqrt{\pi} \tag{10.26}$$

が成り立つことが分かる．

ここで $x = \sqrt{a}y$ とおいて置換積分すると

$$\int_{-\infty}^{\infty} e^{-ay^2} dy = \sqrt{\frac{\pi}{a}} \tag{10.27}$$

となり，これから

$$\int_{-\infty}^{\infty} y^2 e^{-ay^2} dy = \frac{1}{2}\sqrt{\frac{\pi}{a^3}} \tag{10.28}$$

が得られる．このとき (10.27) の両辺を a で微分し，左辺において微分と積分の順序を交換すると，計算が容易である．

10.3.2 │ 非有界関数の積分

$f(x, y) = \dfrac{1}{\sqrt{x^2 + y^2}}$ のように原点 O で発散する関数に対して，円領域 $D_R = \{(x, y) \mid x^2 + y^2 \leqq R^2\}$ における積分を考える．

この関数は点 O を除外した領域で値が定義されている．そこで $0 < \varepsilon < R$ として，

$$D_{\varepsilon, R} = \{(x, y) \mid \varepsilon^2 \leqq x^2 + y^2 \leqq R^2\} \tag{10.29}$$

のように原点付近をくり抜いた閉集合 (**図 10.7**) の上の積分

$$\iint_{D_{\varepsilon, R}} f(x, y) dx dy$$

を考え，$\varepsilon \to 0$ の極限をとる．この極限が存在するとき，領域 $D_R = \{(x, y) \mid x^2 + y^2 \leqq R^2\}$ における積分という意味で

$$\iint_{D_R} f(x, y) dx dy$$

のように書くことにする．

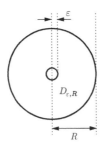

[図 10.7] 点 O 付近をくり抜いた領域 $D_{\varepsilon, R}$.

例 10.8 関数

$$f(x, y) = \frac{1}{\sqrt{x^2 + y^2}}$$

を領域 $D_R = \{(x, y) \mid x^2 + y^2 \leqq R^2\}$ で積分する．(10.29) で定義した領域 $D_{\varepsilon, R}$ での積分を，極座標を用いて計算すると，

$$\iint_{D_{\varepsilon, R}} f(x, y) dx dy = \int_\varepsilon^R \int_0^{2\pi} \frac{1}{r} r \, d\theta \, dr$$

$$= \int_\varepsilon^R 2\pi \, dr = 2\pi (R - \varepsilon)$$

であるから，

$$\lim_{\varepsilon \to 0} \iint_{D_{\varepsilon, R}} f(x, y) dx dy = 2\pi R$$

となる．この結果を

$$\iint_{x^2 + y^2 \leqq R^2} f(x, y) dx dy = 2\pi R$$

のように書く．

例 10.9 関数

$$f_1(x, y) = \frac{x^2}{(x^2 + y^2)^2} \tag{10.30}$$

を領域 $D_R = \{(x, y) \mid x^2 + y^2 \leqq R^2\}$ で積分する．D_R の原点付近をくり抜いた領域 $D_{\varepsilon, R} = \{(x, y) \mid \varepsilon^2 \leqq x^2 + y^2 \leqq R^2\}$ での積分を，極座標

を用いて計算すると,

$$\iint_{D_{\varepsilon,R}} f_1(x,y)dxdy = \int_{\varepsilon}^{R} \int_{0}^{2\pi} \frac{\cos^2\theta}{r^2} rd\theta dr$$
$$= \int_{\varepsilon}^{R} \frac{\pi}{r} dr$$
$$= \pi(\log R - \log \varepsilon)$$

であるから,

$$\lim_{\varepsilon \to 0} \iint_{D_{\varepsilon,R}} f_1(x,y)dxdy = +\infty$$

となる. すなわち, D_R における $f_1(x,y)$ の積分は発散する.

同様に D_R における関数

$$f_2(x,y) = \frac{y^2}{(x^2+y^2)^2} \tag{10.31}$$

の積分も発散する.

10.3.3 │ 広義積分の収束

例 **10.6**, 例 **10.7**, 例 **10.8** において積分領域を限定するとき, 被積分関数の形に応じて, 計算しやすいような領域を選んだ.

それでは 例 **10.6** において, 積分領域を円領域 $D_R = \{(x,y) \mid x^2 + y^2 \leqq R^2\}$ にして $R \to \infty$ の極限をとったら結果は変わるだろうか. 極座標を用いて実際に計算することにより, 結果が一致することを示すこともできるが, 次のような論法がある.

正方形領域と円領域を比較すると

$$\square_{R/\sqrt{2}} \subset D_R \subset \square_R$$

のような包含関係があるので (**図 10.8(左)**), ($f(x,y) \geqq 0$ であるから) 積分値の間に

$$\iint_{\square_{R/\sqrt{2}}} f(x,y)dxdy \leqq \iint_{D_R} f(x,y)dxdy \leqq \iint_{\square_R} f(x,y)dxdy$$

のような大小関係がある. そこで $R \to \infty$ とすると, (10.23) により, 最左

辺と最右辺は π^2 に収束するので，

$$\lim_{R \to \infty} \iint_{D_R} f(x, y) dx dy = \pi^2$$

が得られる．

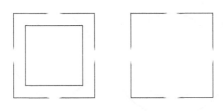

[図 10.8] 正方形領域と円領域の比較.

次に **例 10.7** において，積分領域を正方形領域 $\square_R$ にして，$R \to \infty$ の極限を考える．正方形領域と円領域を比較すると

$$D_R \subset \square_R \subset D_{\sqrt{2}R}$$

のような包含関係があるので (**図 10.8 (右)**)，($f(x, y) \geqq 0$ であるから) 積分値の間に

$$\iint_{D_R} f(x, y) dx dy \leqq \iint_{\square_R} f(x, y) dx dy \leqq \iint_{D_{\sqrt{2}R}} f(x, y) dx dy$$

のような大小関係がある．そこで $R \to \infty$ とすると，(10.24) により，

$$\lim_{R \to \infty} \iint_{\square_R} f(x, y) dx dy = \pi \tag{10.32}$$

が得られる．

例 10.8 において，積分領域から原点付近を除外するとき，円領域ではない別の形の領域を除外したらどうなるだろうか．D_R から原点付近を除外した領域 $D'_{\varepsilon, R}$ が，たとえば

$$D_{2\varepsilon, R} \subset D'_{\varepsilon, R} \subset D_{\frac{1}{2}\varepsilon, R}$$

のような包含関係をもつなら，(10.32) を得る論法と同様にして，$\varepsilon \to 0$ の

極限をとることができる.

上記のような論法において, 被積分関数の符号が確定している ($f(x,y) > 0$ である) ことが重要である. 関数 $f(x,y)$ の符号が変化するときには注意を要するが, $|f(x,y)|$ の積分が収束するとき, すなわち,

$$\iint_{x^2+y^2 \leqq R^2} |f(x,y)| dxdy < \infty \tag{10.33}$$

であるときは, 深刻な問題を引き起こさない. (10.33) が成り立つとき, $f(x,y)$ の積分は **絶対収束する** という.

 10.6 関数 (10.30) と (10.31) の差

$$f(x) = f_1(x,y) - f_2(x,y) = \frac{x^2 - y^2}{(x^2 + y^2)^2}$$

を考える. **例 10.9** と同様の計算をすると,

$$\iint_{D_{\varepsilon,R}} f(x,y) dxdy = \int_{\varepsilon}^{R} \int_{0}^{2\pi} \frac{\cos^2 \theta - \sin^2 \theta}{r} d\theta dr$$
$$= 0$$

であるから,

$$\lim_{\varepsilon \to 0} \iint_{D_{\varepsilon,R}} f(x,y) dxdy = 0 \tag{10.34}$$

となる. しかし, この結果を

$$\iint_{x^2+y^2 \leqq R^2} f(x,y) dxdy = 0 \tag{10.35}$$

と書くのは妥当ではない. これは次のような理由による.

関数 (10.30) と関数 (10.31) の D_R における積分はどちらも発散しており, (10.34) は, いわば $\infty - \infty = 0$ となる状況をみている. 0 になるのは, 領域 $D_{\varepsilon,R}$ が直線 $y = x$ に関して対称であるという特別の事情による. 実際, 積分領域から原点付近を除外するとき, そのしかた (領域のとり方) によっては, (10.35) が成立しないことがある.

このようなわけで, 関数 $f(x,y)$ の符号が原点付近で確定せず, しかも積分は絶対収束しない場合には, 積分領域から原点付近を除外する

方法に依存して積分値が変わるので，(10.35) のように書くのは妥当ではない．これは，1 変数関数の積分についていえば，**3 章問 6**（上巻 96 ページ）や **問題 3.2** の状況に相当するといえる．

10.3.4 │ 3 変数関数の積分

2 変数関数 $f(x, y)$ の積分と同様に，3 変数関数 $f(x, y, z)$ の積分を考えることができる．

例 10.10 関数 $f(x, y, z) = x^2 + y^2 + z^2$ を立方体 $C = [0, 1] \times [0, 1] \times [0, 1]$ で積分する．

$$
\begin{aligned}
\iiint_C f(x, y, z) dx dy dz &= \int_0^1 \int_0^1 \int_0^1 (x^2 + y^2 + z^2) dx dy dz \\
&= \int_0^1 \int_0^1 \left[\frac{1}{3} x^3 + y^2 x + z^2 x \right]_{x=0}^{x=1} dy dz \\
&= \int_0^1 \int_0^1 (\frac{1}{3} + y^2 + z^2) dy dz \\
&= \int_0^1 (\frac{1}{3} + \frac{1}{3} + z^2) dz \\
&= 1
\end{aligned}
$$

積分変数を (x, y, z) から (u, v, w) に変換することを考える．uvw 空間を xyz 空間に移す写像

$$x = X(u, v, w) \tag{10.36}$$

$$y = Y(u, v, w) \tag{10.37}$$

$$z = Z(u, v, w) \tag{10.38}$$

に対し，3 次行列式

$$J = \begin{vmatrix} \dfrac{\partial X}{\partial u} & \dfrac{\partial X}{\partial v} & \dfrac{\partial X}{\partial w} \\[3mm] \dfrac{\partial Y}{\partial u} & \dfrac{\partial Y}{\partial v} & \dfrac{\partial Y}{\partial w} \\[3mm] \dfrac{\partial Z}{\partial u} & \dfrac{\partial Z}{\partial v} & \dfrac{\partial Z}{\partial w} \end{vmatrix} \tag{10.39}$$

を **ヤコビアン** と呼ぶ.

定理 10.5

(10.36), (10.37), (10.38) で定義される写像が, 領域 K' を K に 1 対 1 に移すとき

$$\iiint_K f(x,y,z)dxdydz$$
$$= \iiint_{K'} f(X(u,v,w),Y(u,v,w),Z(u,v,w))|J|dudvdw$$

が成り立つ.

例 10.11 直交座標 (x,y,z) から極座標 (r,θ,ϕ) に変換する (図 **10.9**).

$$x = r\sin\theta\cos\phi \tag{10.40}$$
$$y = r\sin\theta\sin\phi \tag{10.41}$$
$$z = r\cos\theta \tag{10.42}$$

ただし, r,θ,ϕ の変域は

$$r \geqq 0, \quad 0 \leqq \theta \leqq \pi, \quad 0 \leqq \phi < 2\pi$$

とする. このときヤコビアンは

$$J = \begin{vmatrix} \sin\theta\cos\phi & r\cos\theta\cos\phi & -r\sin\theta\sin\phi \\ \sin\theta\sin\phi & r\cos\theta\sin\phi & r\sin\theta\cos\phi \\ \cos\theta & -r\sin\theta & 0 \end{vmatrix} \tag{10.43}$$

$$= r^2\sin\theta \tag{10.44}$$

となる.

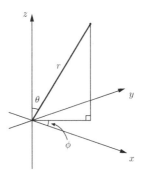

[図 10.9] 3 次元極座標.

10.7 ヤコビアン (10.44) を計算するとき，以下のようにするとみやすい．(10.40), (10.41), (10.42) を全微分形に書く．

$$\begin{pmatrix} dx \\ dy \\ dz \end{pmatrix} = \boldsymbol{u}dr + \boldsymbol{v}d\theta + \boldsymbol{w}d\phi \tag{10.45}$$

ただし

$$\boldsymbol{u} = \begin{pmatrix} \sin\theta\cos\phi \\ \sin\theta\sin\phi \\ \cos\theta \end{pmatrix} , \quad \boldsymbol{v} = \begin{pmatrix} r\cos\theta\cos\phi \\ r\cos\theta\sin\phi \\ -r\sin\theta \end{pmatrix}$$

$$\boldsymbol{w} = \begin{pmatrix} -r\sin\theta\sin\phi \\ r\sin\theta\cos\phi \\ 0 \end{pmatrix} \tag{10.46}$$

である．ベクトル $\boldsymbol{u}, \boldsymbol{v}, \boldsymbol{w}$ は互いに直交し，

$$|\boldsymbol{u}| = 1 , \quad |\boldsymbol{v}| = r , \quad |\boldsymbol{w}| = r\sin\theta \tag{10.47}$$

である．したがって (10.45) は，直交する 3 つの微小なベクトル $\boldsymbol{u}dr$, $\boldsymbol{v}d\theta$, $\boldsymbol{w}d\phi$ への分解を表している．すると，

$$[r, r + dr], [\theta, \theta + d\theta], [\phi, \phi + d\phi]$$

の範囲の r, θ, ϕ に対応する (x, y, z) の全体は，$\boldsymbol{u}dr, \boldsymbol{v}d\theta, \boldsymbol{w}d\phi$ を 3 辺とする直方体をなす．その体積は

$$|\boldsymbol{u}||\boldsymbol{v}||\boldsymbol{w}|drd\theta d\phi = r^2 \sin\theta drd\theta d\phi$$

であるから，

$$dxdydz = r^2 \sin\theta drd\theta d\phi$$

となる．このようにして，(10.44) が得られる．

また (10.43) は，$\boldsymbol{u}, \boldsymbol{v}, \boldsymbol{w}$ を列ベクトルとする行列式であるから，列ベクトルの直交性を用いて行列式を計算するという方法もある．

例 10.12 半径 a の球の体積は，

$$
\begin{aligned}
V &= \iiint_{x^2+y^2+z^2 \leqq a^2} dxdydz \\
&= \int_0^a \int_0^\pi \int_0^{2\pi} r^2 \sin\theta \, d\phi d\theta dr \\
&= \int_0^a \int_0^\pi 2\pi r^2 \sin\theta \, d\theta dr \\
&= \int_0^a 4\pi r^2 \, dr \\
&= \frac{4}{3}\pi a^3
\end{aligned}
$$

である．

Chapter 10 章末問題

Basic

問題 10.1 領域 $D = \{(x, y) \mid x^2 + y^2 \leqq 1\}$ 上の積分

$$\iint_D (2xy + 2y^2 + 1)\ dxdy$$

を,

(1) 直交座標を用いて計算せよ.

(2) 極座標を用いて計算せよ.

問題 10.2 $0 < \varepsilon < 1$ として, 領域 $D_\varepsilon = \{(x, y) \mid \varepsilon^2 \leqq x^2 + y^2 \leqq 1\}$ での積分

$$I_\varepsilon = \iint_{D_\varepsilon} \log \sqrt{x^2 + y^2}\, dxdy$$

を, 極座標を用いて計算し, $\varepsilon \to 0$ の極限を求めよ.

問題 10.3 $R, k > 0$ として, 領域 $D_R = \{(x, y) \mid 1 \leqq x^2 + y^2 \leqq R^2\}$ での積分

$$I_R = \iint_{D_R} (x^2 + y^2)^{-k}\ dxdy$$

を, 極座標を用いて計算し, $R \to \infty$ の極限を調べよ.

Standard

問題 10.4 カージオイド $r = 1 + \cos\theta$ の内側で, 円 $r = 1$ の外側の部分の面積を求めよ.

問題 10.5 一様な密度をもつ半径 r の半球体

$$0 \leqq z \leqq \sqrt{r^2 - x^2 - y^2}$$

の重心の座標を求めよ.

問題 10.6 $r > 0$ とする. 2つの円柱体 $x^2 + y^2 \leqq r^2$, $x^2 + z^2 \leqq r^2$ の共通部分の体積を求めよ.

問題 10.7

(1) 関数 $\dfrac{x}{x^2 + y^2}$ を x で偏微分せよ．またこれを参考にして，積分

$$\int_0^1 \frac{x^2 - y^2}{(x^2 + y^2)^2}dx$$

を計算せよ．

(2) 関数 $\dfrac{y}{x^2 + y^2}$ を y で偏微分せよ．またこれを参考にして，積分

$$\int_0^1 \frac{x^2 - y^2}{(x^2 + y^2)^2}dy$$

を計算せよ．

(3) 2 つの積分

$$I = \int_0^1 \int_0^1 \frac{x^2 - y^2}{(x^2 + y^2)^2}dxdy$$

$$J = \int_0^1 \int_0^1 \frac{x^2 - y^2}{(x^2 + y^2)^2}dydx$$

の値を比較せよ．

問題 10.8 　半径 a の球 $x^2 + y^2 + z^2 = a^2$ の中に物質を詰める．密度 (単位体積あたりの質量) が $r = \sqrt{x^2 + y^2 + z^2}$ の関数 $f(r)$ になったとすると，全質量は

$$\int_0^a 4\pi r^2 f(r)\,dr$$

で与えられることを示せ．

問題 10.9 　(ガンマ関数とベータ関数)

$x > 0$ に対し，

$$\Gamma(x) = \int_0^\infty e^{-t}t^{x-1}dt, \ B(x,y) = \int_0^1 t^{x-1}(1-t)^{y-1}dt$$

とおく．これらの積分が収束することは，**3.3.3 節**の方法を用いて示すことができる．

(1) 変数変換 $t = s^2$ を用いて，$\Gamma(x) = 2\displaystyle\int_0^\infty e^{-s^2}s^{2x-1}dx$ を示せ．

(2) $\Gamma\left(\dfrac{1}{2}\right)$ の値を求めよ.

(3) 変数変換 $t = \sin^2\theta$ を用いて, $\displaystyle B(x,y) = 2\int_0^{\pi/2} \sin^{2x-1}\theta\cos^{2y-1}\theta d\theta$ を示せ.

(4) $\Gamma(x)\Gamma(y)$ を 2 変数関数の積分として表し, それを極座標を用いて計算することにより, $\Gamma(x)\Gamma(y) = \Gamma(x+y)B(x,y)$ を示せ.

(5) $B\left(\dfrac{1}{2},\dfrac{1}{2}\right)$ を求めよ.

問 1

$$\int_0^1 \int_0^1 (x^2 + 2y^2)dydx$$

$$= \int_0^1 \left[x^2 y + \frac{2}{3}y^3 \right]_{y=0}^{y=1} dx$$

$$= \int_0^1 (x^2 + \frac{2}{3})dx$$

$$= 1 \qquad \qquad \Box$$

問 2

$$\int_0^1 \int_{-\sqrt{1-x}}^{\sqrt{1-x}} (1 + x + y)\, dydx$$

$$= \int_0^1 \left[y + xy + \frac{1}{2}y^2 \right]_{y=-\sqrt{1-x}}^{y=\sqrt{1-x}} dx$$

$$= \int_0^1 \left(2\sqrt{1-x} + 2x\sqrt{1-x} \right) dx$$

$$= \frac{28}{15} \qquad \qquad \Box$$

問 3

$$\iint_{x^2+y^2 \leqq 1} (x^2 + y^2)dxdy$$

$$= \int_0^1 \int_0^{2\pi} r^2 \cdot r\, d\theta dr$$

$$= \int_0^1 2\pi r^3 dr$$

$$= \frac{\pi}{2} \qquad \qquad \Box$$

問 4

$$\iint_T y\, dxdy$$

$$= \int_0^1 \int_0^{1-v} (ua_2 + vb_2)|J|dudv$$

$$= \frac{|J|}{6}(a_2 + b_2)$$

よって,

$$\frac{\displaystyle\iint_T y\, dxdy}{\displaystyle\iint_T dxdy} = \frac{1}{3}(a_2 + b_2) \qquad \qquad \Box$$

問題 10.1 (1) x から先に積分すると，

$$\int_{-1}^{1}\int_{-\sqrt{1-y^2}}^{\sqrt{1-y^2}}(2xy+2y^2+1)dxdy$$

$$=\int_{-1}^{1}2(2y^2+1)\sqrt{1-y^2}dy$$

（対称性から xy の項は消える）

$$=4\int_{0}^{1}(2y^2+1)\sqrt{1-y^2}dy$$

$y=\sin t$ として，

$$\int_{0}^{1}(2y^2+1)\sqrt{1-y^2}dy$$

$$=\int_{0}^{\pi/2}(2\sin^2 t+1)\cos^2 t\,dt$$

$$=\int_{0}^{\pi/2}(2\sin^2 t+1)(1-\sin^2 t)dt$$

$$=\int_{0}^{\pi/2}(-2\sin^4 t+\sin^2 t+1)dt$$

ここで

$$\int_{0}^{\pi/2}\sin^2 t\,dt=\frac{\pi}{4},$$

$$\int_{0}^{\pi/2}\sin^4 t\,dt=\frac{3\pi}{16}$$

であることから，求める積分は，

$$4\times\left(-2\cdot\frac{3\pi}{16}+\frac{\pi}{4}+\frac{\pi}{2}\right)=\frac{3}{2}\pi$$

y から先に積分すると，

$$\int_{-1}^{1}\int_{-\sqrt{1-x^2}}^{\sqrt{1-x^2}}(2xy+2y^2+1)dydx$$

$$=\int_{-1}^{1}\left[\frac{2}{3}y^3+y\right]_{-\sqrt{1-x^2}}^{\sqrt{1-x^2}}dx$$

$$=4\int_{0}^{1}\left(\frac{2}{3}(1-x^2)^{3/2}+\sqrt{1-x^2}\right)dx$$

ここで，

$$\int_{0}^{1}\sqrt{1-x^2}dx=\frac{\pi}{4}$$

であり，

$$\int_{0}^{1}(1-x^2)^{3/2}dx=\int_{0}^{\pi/2}\cos^4 t\,dt$$

$$=\frac{3}{16}\pi$$

より，求める積分は，

$$4\left(\frac{2}{3}\cdot\frac{3}{16}\pi+\frac{\pi}{4}\right)=\frac{3}{2}\pi$$

(2) $x=r\cos\theta,\ y=r\sin\theta$ で置換して，

$$\int_{0}^{2\pi}\int_{0}^{1}(2r^2\cos\theta\sin\theta$$

$$+2r^2\sin^2\theta+1)r\,drd\theta$$

$$=\int_{0}^{2\pi}\left(\frac{1}{2}\sin^2\theta+\frac{1}{2}\right)d\theta$$

$$=\int_{0}^{2\pi}\left(\frac{1}{4}(1-\cos 2\theta)+\frac{1}{2}\right)d\theta$$

$$=\frac{3}{2}\pi \qquad\qquad \square$$

問題 10.2

$$I_\varepsilon=\int_{\varepsilon}^{1}\int_{0}^{2\pi}r\log r\,d\theta dr$$

$$=2\pi\left[\frac{1}{2}r^2\log r-\frac{r^2}{4}\right]_{\varepsilon}^{1}$$

$$=2\pi\left(-\frac{1}{4}-\frac{1}{2}\varepsilon^2\log\varepsilon+\frac{\varepsilon^2}{4}\right)$$

よって，

$$\lim_{\varepsilon\to 0}I_\varepsilon=-\frac{\pi}{2} \qquad\qquad \square$$

問題 10.3 極座標に変換すると，

$$I_R=\int_{0}^{2\pi}\int_{1}^{R}r^{-2k+1}drd\theta$$

$k=1$ のときは，

$$I_R = 2\pi \log R \to \infty$$

$k > 1$ のときは,

$$I_R = \frac{\pi}{1-k}\left(R^{-2k+2} - 1\right) \to \frac{\pi}{k-1}$$

$k < 1$ のときは,

$$I_R = \frac{\pi}{1-k}\left(R^{-2k+2} - 1\right) \to \infty$$

$\square$

問題 10.4　カージオイドが円の外側にある部分は, $\cos\theta > 0$ より $-\dfrac{\pi}{2} < \theta < \dfrac{\pi}{2}$. よって, 求める面積は

$$\int_{-\pi/2}^{\pi/2}\int_{1}^{1+\cos\theta} r\, drd\theta$$
$$= 2\int_{0}^{\pi/2}\left[\frac{1}{2}r^2\right]_{1}^{1+\cos\theta} d\theta$$
$$= \int_{0}^{\pi/2}(2\cos\theta + \cos^2\theta)d\theta$$
$$= 2 + \frac{\pi}{4}$$

$\square$

問題 10.5　半球体の体積は,

$$V = \frac{1}{2}\cdot\frac{4}{3}\pi r^3 = \frac{2}{3}\pi r^3$$

対称性から重心は z 軸上にあるので, その座標を $(0,0,z_*)$ とすると,

$$z_* = \frac{1}{V}\iiint_{0\leqq z\leqq\sqrt{r^2-x^2-y^2}} z\, dxdydz$$
$$= \frac{1}{V}\int_{0}^{r}\iint_{x^2+y^2\leqq r^2-z^2} z\, dxdydz$$
$$= \frac{1}{V}\int_{0}^{r}\pi(r^2-z^2)z\, dz$$
$$= \frac{1}{V}\frac{\pi r^4}{4} = \frac{3}{8}r$$

$\square$

問題 10.6　$D = \{(x,y)|x^2+y^2\leqq r^2\}$ とすると, 問題の立体は,

$$(x,y)\in D \text{ かつ } |z|\leqq\sqrt{r^2-x^2}$$

と表せる. よって, 求める体積 V は,

$$V = \iint_D\left(\int_{-\sqrt{r^2-x^2}}^{\sqrt{r^2-x^2}} dz\right)dxdy$$
$$= \iint_D 2\sqrt{r^2-x^2}dxdy$$
$$= \int_{-r}^{r}\int_{-\sqrt{r^2-x^2}}^{\sqrt{r^2-x^2}} 2\sqrt{r^2-x^2}dydx$$
$$= 8\int_{0}^{r}(r^2-x^2)dx = \frac{16r^3}{3}$$

$\square$

問題 10.7　(1)

$$\frac{\partial}{\partial x}\left(\frac{x}{x^2+y^2}\right) = \frac{y^2-x^2}{(x^2+y^2)^2}$$

より

$$\int_0^1 \frac{x^2-y^2}{(x^2+y^2)^2}dx$$
$$= \left[-\frac{x}{x^2+y^2}\right]_{x=0}^{x=1} = -\frac{1}{y^2+1}$$

(2)

$$\frac{\partial}{\partial y}\left(\frac{y}{x^2+y^2}\right) = \frac{x^2-y^2}{(x^2+y^2)^2}$$

より

$$\int_0^1 \frac{x^2-y^2}{(x^2+y^2)^2}dy$$
$$= \left[\frac{y}{x^2+y^2}\right]_{y=0}^{y=1} = \frac{1}{x^2+1}$$

(3)

$$I = -\int_0^1 \frac{1}{y^2+1}dy = -\frac{\pi}{4}$$
$$J = \int_0^1 \frac{1}{x^2+1}dx = \frac{\pi}{4}$$

$\square$

問題 10.8　$D = \{(x,y,z) \mid x^2+y^2+z^2 \leqq a^2\}$ として, 全質量 M は

$$M = \iiint_D f(\sqrt{x^2+y^2+z^2})dxdydz$$
$$= \int_0^a\int_0^\pi\int_0^{2\pi} f(r)r^2\sin\theta d\phi d\theta dr$$
$$= \int_0^a 4\pi r^2 f(r)dr$$

$\square$

$$\Gamma(x) = \int_0^\infty e^{-s^2} s^{2(x-1)} 2s \ ds$$

$$= 2 \int_0^\infty e^{-s^2} s^{2x-1} dx$$

(2) (10.27) により，

$$\Gamma\left(\frac{1}{2}\right) = 2 \int_0^\infty e^{-s^2} ds = \sqrt{\pi}$$

(3)

$$B(x, y)$$

$$= \int_0^{\pi/2} (\sin^2 \theta)^{x-1} \times$$

$$(1 - \sin^2 \theta)^{y-1} 2 \sin \theta \cos \theta d\theta$$

$$= 2 \int_0^{\pi/2} \sin^{2x-1} \theta \cos^{2y-1} \theta d\theta$$

(4)

$$\Gamma(x)\Gamma(y) = \left(2 \int_0^\infty e^{-s^2} s^{2x-1} ds \right) \times$$

$$\left(2 \int_0^\infty e^{-t^2} t^{2y-1} dt \right)$$

$$= 4 \int_0^\infty \int_0^\infty e^{-(s^2+t^2)} \times$$

$$s^{2x-1} t^{2y-1} ds dt$$

$$= 4 \int_0^{\pi/2} \int_0^\infty e^{-r^2} r^{2(x+y)-2} \times$$

$$\sin^{2x-1} \theta \cos^{2y-1} \theta \ r \ dr d\theta$$

$$= \left(2 \int_0^\infty e^{-r^2} r^{2(x+y)-1} dr \right) \times$$

$$\left(2 \int_0^{\pi/2} \sin^{2x-1} \theta \cos^{2y-1} \theta \ d\theta \right)$$

$$= \Gamma(x+y) B(x, y)$$

(5)

$$B\left(\frac{1}{2}, \frac{1}{2}\right) = \frac{\Gamma\left(\frac{1}{2}\right) \Gamma\left(\frac{1}{2}\right)}{\Gamma(1)} = \pi$$

□

ベクトル場の微積分

関数は各点ごとに数を定めるものであるが，各点ごとにベクトルが定められているとき，それを **ベクトル場** という．「速度」や「力」は大きさと方向をもった量，すなわちベクトルであるが，水流の速度や重力など，空間の各点ごとにベクトルが定まっている状況は，ベクトル場で表される．この章では，平面上のベクトル場について，そのベクトル場を微分したり積分することを考える．

11.1 │ ポテンシャルと勾配

1変数関数の場合，微分と積分が互いに逆であるという関係

$$f(x) \quad \overset{微分}{\underset{積分}{\rightleftharpoons}} \quad f'(x)$$

は，

$$f(b) - f(a) = \int_a^b f'(x)dx \tag{11.1}$$

のような等式で表される．

それでは2変数関数 $f(x, y)$ の場合，微分と積分の関係

$$f(x, y) \quad \overset{微分}{\underset{積分}{\rightleftharpoons}} \quad \left(\frac{\partial f}{\partial x}, \frac{\partial f}{\partial y} \right)$$

は，どのような等式で表されるだろうか．(11.1) に相当する等式について考える．

11.1.1 │ 勾配

xy 平面上の点 (x, y) をベクトルを用いて $\boldsymbol{r} = (x, y)$ のように表し，xyz 空間内の曲面の方程式 $z = \varphi(x, y)$ を $z = \varphi(\boldsymbol{r})$ のように書く．関数 φ は C^1 級であるとして，(9.35), (9.36) が成り立つとする (**定理 9.4**, 16 ページ).

xy 平面上に近接した2点 $\boldsymbol{r} = (x, y)$, $\boldsymbol{r} + \Delta\boldsymbol{r} = (x + \Delta x, y + \Delta y)$ をと

り，対応する曲面上の点の z 座標 $\varphi(\boldsymbol{r}), \varphi(\boldsymbol{r} + \Delta \boldsymbol{r})$ の差

$$\Delta z = \varphi(\boldsymbol{r} + \Delta \boldsymbol{r}) - \varphi(\boldsymbol{r})$$

を考える (図 **11.1**).

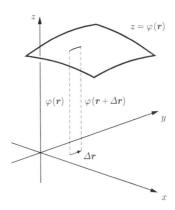

［図 11.1］ 曲面上の近接した 2 点.

変位 $\Delta \boldsymbol{r} = (\Delta x, \Delta y)$ がきわめて小さいとすると，(9.35) により

$$\Delta z = \frac{\partial \varphi}{\partial x}(\boldsymbol{r}) \Delta x + \frac{\partial \varphi}{\partial y}(\boldsymbol{r}) \Delta y + o(|\Delta \boldsymbol{r}|) \tag{11.2}$$

が成り立つ．また (9.36) のように，dx, dy, dz を無限小量として

$$dz = \frac{\partial \varphi}{\partial x}(\boldsymbol{r}) dx + \frac{\partial \varphi}{\partial y}(\boldsymbol{r}) dy \tag{11.3}$$

のように書くこともできる．

ここで，ベクトル $\left(\dfrac{\partial \varphi}{\partial x}(\boldsymbol{r}), \dfrac{\partial \varphi}{\partial y}(\boldsymbol{r}) \right)$ を $\operatorname{grad} \varphi(\boldsymbol{r})$ と書き，関数 $\varphi(\boldsymbol{r})$ の
勾配 (gradient) ということにする．

$$\operatorname{grad} \varphi(\boldsymbol{r}) = \left(\frac{\partial \varphi}{\partial x}(\boldsymbol{r}), \frac{\partial \varphi}{\partial y}(\boldsymbol{r}) \right) \tag{11.4}$$

勾配を用いると，(11.3) は

$$dz = \operatorname{grad} \varphi(\boldsymbol{r}) \cdot d\boldsymbol{r} \tag{11.5}$$

のように，内積の形に表せる．

注意 **11.1** 一般に，xy 平面上の各点 $\boldsymbol{r} = (x, y)$ にベクトルを定めたものを，**ベクトル場** という．$\operatorname{grad} \varphi(\boldsymbol{r})$ はベクトル場である.

例 **11.1** $\varphi(x, y) = y^2$ の勾配は

$$\operatorname{grad} \varphi(x, y) = (0, 2y)$$

である (図 **11.2**).

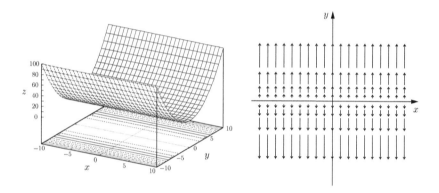

[図 11.2] 曲面 $z = y^2$ (左) とその勾配 (右).

例 **11.2** $\varphi(x, y) = x^2 + y^2$ の勾配は

$$\operatorname{grad} \varphi(x, y) = (2x, 2y) \tag{11.6}$$

である (図 **11.3**).

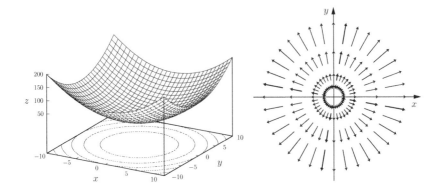

[図 11.3] 曲面 $z = x^2 + y^2$ (左) とその勾配 (右).

例 11.3 $\varphi(x, y) = x^2 - y^2$ の勾配は

$$\operatorname{grad} \varphi(x, y) = (2x, -2y) \tag{11.7}$$

である (**図 11.4**).

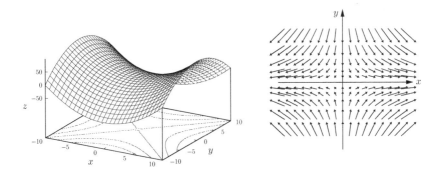

[図 11.4] 曲面 $z = x^2 - y^2$ (左) とその勾配 (右).

注意 11.2 2つのベクトル $\operatorname{grad}\varphi(\boldsymbol{r}), d\boldsymbol{r}$ のなす角を θ とすると，z 座標の差 (11.5) は

$$dz = \operatorname{grad}\varphi(\boldsymbol{r}) \cdot d\boldsymbol{r} = |\operatorname{grad}\varphi(\boldsymbol{r})||d\boldsymbol{r}|\cos\theta \qquad (11.8)$$

のように表せる．したがって，ベクトル $d\boldsymbol{r}$ を $\operatorname{grad}\varphi(\boldsymbol{r})$ と同じ向きにとれば，$\theta=0$ となり，dz は最大値 $|\operatorname{grad}\varphi(\boldsymbol{r})||d\boldsymbol{r}|$ をとる．このとき，曲面 $z=\varphi(\boldsymbol{r})$ を地形に見立てれば，$d\boldsymbol{r}$ は傾斜が最も急になる方向を向いている．

また，$d\boldsymbol{r}$ を $\operatorname{grad}\varphi$ と直交する方向 $(\theta=\dfrac{\pi}{2})$ にとれば $dz=0$ となり，$d\boldsymbol{r}$ は等高線の方向を向いている．言い換えれば，$\operatorname{grad}\varphi$ は等高線と直交する (**図 11.5**)．

したがって最も急峻な登山道は，等高線と直交する経路であるということになる (**5.3.1 節**)．

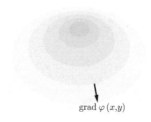

$\operatorname{grad}\varphi(x,y)$

［図 11.5］$\operatorname{grad}\varphi$ は等高線と直交する．

11.1.2 | 勾配から関数へ

勾配

$$\operatorname{grad}\varphi(\boldsymbol{r}) = \left(\frac{\partial\varphi}{\partial x}(\boldsymbol{r}), \frac{\partial\varphi}{\partial y}(\boldsymbol{r})\right) \qquad (11.9)$$

が与えられたとき，逆に関数 $\varphi(\boldsymbol{r})$ を求めるにはどうしたらいいだろうか．

関数 $\varphi(\boldsymbol{r})$ から，その勾配 $\operatorname{grad}\varphi(\boldsymbol{r})$ を求めるのは微分の問題であるから，勾配から関数を求めるのは積分の問題である．

注意 **11.3** 1 変数関数の場合, (11.1) のように導関数 $f'(x)$ を a から b まで積分すると, 関数値の差 $f(b) - f(a)$ が得られた. そこで 2 変数関数の場合も, 勾配 $\mathrm{grad}\,\varphi(\boldsymbol{r})$ を $\boldsymbol{p}$ から $\boldsymbol{q}$ まで積分するということを考える.

平面上の 2 点 $\boldsymbol{p}, \boldsymbol{q}$ を結ぶ曲線 C を考え, その媒介変数表示を

$$\boldsymbol{r}(t) = (x(t), y(t)) , \quad 0 \leqq t \leqq T \tag{11.10}$$

とする. ただし

$$\boldsymbol{r}(0) = \boldsymbol{p}, \; \boldsymbol{r}(T) = \boldsymbol{q}$$

である (**図 11.6**).

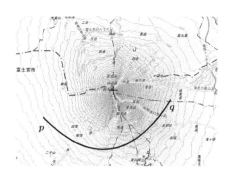

[図 11.6] 2 点 $\boldsymbol{p}, \boldsymbol{q}$ を結ぶ曲線.
[地図：国土地理院の電子地形図 25000 より掲載]

そして t の関数

$$f(t) = \varphi(\boldsymbol{r}(t)) , \quad t \in [0, T]$$

を考える. 合成関数の微分を用いて, この関数を t で微分すると,

$$f'(t) = \frac{\partial \varphi}{\partial x} \frac{dx}{dt} + \frac{\partial \varphi}{\partial y} \frac{dy}{dt}$$
$$= \mathrm{grad}\,\varphi(\boldsymbol{r}(t)) \cdot \frac{d\boldsymbol{r}}{dt}$$

となる. したがって

$$f(T) - f(0) = \int_0^T \operatorname{grad} \varphi(\boldsymbol{r}(t)) \cdot \frac{d\boldsymbol{r}}{dt} dt$$

すなわち

$$\varphi(\boldsymbol{q}) - \varphi(\boldsymbol{p}) = \int_0^T \operatorname{grad} \varphi(\boldsymbol{r}(t)) \cdot \frac{d\boldsymbol{r}}{dt} dt \tag{11.11}$$

が得られる．このように曲線 (11.10) に沿う積分 (11.11) の形で，勾配 $\operatorname{grad} \varphi(\boldsymbol{r})$ から関数値の差 $\varphi(\boldsymbol{q}) - \varphi(\boldsymbol{p})$ を求めることができる．

例 11.4　関数 $\varphi(x, y) = y^2$ の勾配 $\operatorname{grad} \varphi(x, y) = (0, 2y)$ を，$(0, 0)$ から (a, b) にいたる経路 (**図 11.7 (左)**)

$$C: \quad \boldsymbol{r} = (at, bt) \quad (0 \leqq t \leqq 1)$$

に沿って積分すると，

$$\int_0^1 \operatorname{grad} \varphi(\boldsymbol{r}(t)) \cdot \frac{d\boldsymbol{r}}{dt} dt = \int_0^1 2bt \cdot b \, dt = b^2$$

となる．よって，(11.11) より

$$\varphi(a, b) - \varphi(0, 0) = b^2$$

となり，

$$\varphi(x, y) = y^2 + 定数$$

が得られる．

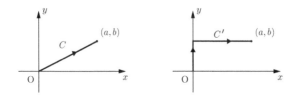

[図 11.7] 点 $(0, 0)$ から点 (a, b) にいたる経路．

問 1　例 **11.4** において，曲線 C の媒介変数表示

$$C: \quad \boldsymbol{r} = (a\tau^2, b\tau^2) \quad (0 \leqq \tau \leqq 1)$$

を用いて，積分

$$\int_0^1 \operatorname{grad} \varphi(\boldsymbol{r}(\tau)) \cdot \frac{d\boldsymbol{r}}{d\tau} d\tau$$

を計算し，**例 11.4** と同じ結果が得られることを確かめよ．

問2 **例 11.4** において，別の経路 (**図 11.7 (右)**)

$$C': \quad \boldsymbol{r} = \begin{cases} (0, bt) & (0 \leqq t \leqq 1) \\ (a(t-1), b) & (1 \leqq t \leqq 2) \end{cases}$$

に沿う積分

$$\int_0^2 \operatorname{grad} \varphi(\boldsymbol{r}(t)) \cdot \frac{d\boldsymbol{r}}{dt} dt$$

を計算し，**例 11.4** と同じ結果が得られることを確かめよ．

11.1.3 | 線積分

　積分 (11.11) において，経路の媒介変数表示を変えても積分値は変わらない．このことを少し一般化して考察する．

　平面上の 2 点 p, q を結ぶ曲線 C が

$$\boldsymbol{r} = \boldsymbol{r}(t) , \quad a \leqq t \leqq b \tag{11.12}$$

のように媒介変数表示されているとして (**図 11.8**)，ベクトル場 $\boldsymbol{u}(\boldsymbol{r})$ の積分

$$I(C) = \int_a^b \boldsymbol{u}(\boldsymbol{r}(t)) \cdot \frac{d\boldsymbol{r}}{dt} dt \tag{11.13}$$

を考える．ただし，$\boldsymbol{p} = \boldsymbol{r}(a), \boldsymbol{q} = \boldsymbol{r}(b)$ である．

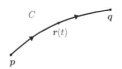

［図 11.8］平面上の 2 点 p, q を結ぶ曲線 C.

　積分 (11.13) は媒介変数表示のとり方によらないことを確かめよう．曲線

C が (11.12) とは異なる媒介変数表示

$$\boldsymbol{r} = \tilde{\boldsymbol{r}}(\tau), \quad \alpha \leqq \tau \leqq \beta \tag{11.14}$$

で表されているとする．このとき t を τ の関数として $t = \varphi(\tau)$ のように表すと，$\tilde{\boldsymbol{r}}(\tau) = \boldsymbol{r}(\varphi(\tau))$ であるから，

$$\frac{d\tilde{\boldsymbol{r}}}{d\tau}d\tau = \frac{d\boldsymbol{r}}{dt}\frac{dt}{d\tau}d\tau = \frac{d\boldsymbol{r}}{dt}dt$$

となり，

$$\int_\alpha^\beta \boldsymbol{u}(\tilde{\boldsymbol{r}}(\tau)) \cdot \frac{d\tilde{\boldsymbol{r}}}{d\tau}d\tau = \int_a^b \boldsymbol{u}(\boldsymbol{r}(t)) \cdot \frac{d\boldsymbol{r}}{dt}dt \tag{11.15}$$

が成り立つ．

このように，積分 (11.13) は曲線 C の媒介変数表示によらず，C の形によって定まるので，

$$I(C) = \int_a^b \boldsymbol{u}(\boldsymbol{r}(t)) \cdot \frac{d\boldsymbol{r}}{dt}dt = \int_C \boldsymbol{u}(\boldsymbol{r}) \cdot d\boldsymbol{r} \tag{11.16}$$

と書き，C を **積分路** とする $\boldsymbol{u}(\boldsymbol{r})$ の **線積分** という．

注意 11.4

(1) $\boldsymbol{r}(t)$ を，時刻 t における動点 R の位置とすると，$d\boldsymbol{r} = \dfrac{d\boldsymbol{r}}{dt}dt$ は，微小な時間 dt の間に R が描く微小な線分を表す．そこで，

$$\frac{d\boldsymbol{r}}{ds}ds = d\boldsymbol{r}$$

を曲線 C の微小な接ベクトルとして，

$$\boldsymbol{u}(\boldsymbol{r}(t)) \cdot \frac{d\boldsymbol{r}}{dt}dt = \boldsymbol{u}(\boldsymbol{r}) \cdot d\boldsymbol{r}$$

を，ベクトル $\boldsymbol{u}(\boldsymbol{r})$ と微小なベクトル $d\boldsymbol{r}$ の内積の形に見立てる．

(2) **問 1** は，積分 (11.16) が媒介変数のとり方によらないことの一例である．ただし，媒介変数表示 (11.12) が曲線 C をどちらの方向にたどるかによって積分の符号が変わる．したがって，線積分 (11.16) を考えるとき，積分路 C の形だけでなく向きを定めておく必要がある．言い換えれば，線積分は **向きづけられた曲線** に対して定まるのである．

等式 (11.11) を線積分の記号で表すと，次の定理のようになる．

定理 11.1

$\varphi(\boldsymbol{r})$ が C^1 級であり，$\boldsymbol{u}(\boldsymbol{r}) = \operatorname{grad} \varphi(\boldsymbol{r})$ ならば，

$$\varphi(\boldsymbol{q}) - \varphi(\boldsymbol{p}) = \int_C \boldsymbol{u}(\boldsymbol{r}) \cdot d\boldsymbol{r} \tag{11.17}$$

が成り立つ．ただし，積分路 C は，$\boldsymbol{p}$ から $\boldsymbol{q}$ にいたる経路である．

11.1.4 │ 積分の整合性

ベクトル場 $\boldsymbol{u}(\boldsymbol{r}) = (u_1(\boldsymbol{r}), u_2(\boldsymbol{r}))$ が与えられたとき，

$$\boldsymbol{u}(\boldsymbol{r}) = \operatorname{grad} \varphi(\boldsymbol{r}) \tag{11.18}$$

を満たす関数 $\varphi(\boldsymbol{r})$ が存在するならば，それは線積分 (11.17) で与えられる．すなわち，

$$\varphi(\boldsymbol{q}) = \int_C \boldsymbol{u}(\boldsymbol{r}) \cdot d\boldsymbol{r} + 定数 \tag{11.19}$$

ただし C は $\boldsymbol{p}$ から $\boldsymbol{q}$ にいたる任意の経路である．関数 $\varphi(\boldsymbol{r})$ をベクトル場 $\boldsymbol{u}(\boldsymbol{r})$ の **ポテンシャル** という．

> **注意 11.5** ベクトル場 $\boldsymbol{u}(\boldsymbol{r})$ のポテンシャル $\varphi(\boldsymbol{r})$ は，1 変数関数でいえば，導関数 $f'(x)$ の原始関数 $f(x)$ に相当するものである．1 変数関数の場合，連続関数はすべて原始関数をもつ．それではどんなベクトル場 $\boldsymbol{u}(\boldsymbol{r})$ に対しても，（その連続性を仮定すれば，）ポテンシャル $\varphi(\boldsymbol{r})$ が存在するといえるだろうか．
>
> これを地形の問題に即していえば，$\operatorname{grad} \varphi(\boldsymbol{r})$ は斜面の勾配を表しているので，ベクトル場が与えられたとき，それを勾配とするような地形をいつでも考えることができるかということになる．
>
> たとえば，始点から終点まで，ある経路に沿って進むと上り坂だが，別の経路に沿って進むと下り坂になるような地形はあり得ない．一般

に点 p から点 q まで行くとき，点 p と点 q の高度差が経路によって変わるような地形はあり得ない．つまり，(11.19) の右辺の積分が積分路によるなら，ベクトル場はポテンシャルをもたない．

例 11.5 ベクトル場

$$\boldsymbol{u}(x,y) = (-y, x) \tag{11.20}$$

に対し，(11.19) の右辺の積分を計算する (図 **11.9**)．

$(1,0)$ から $(-1,0)$ にいたる 2 つの経路

$$C: \quad \boldsymbol{r} = (\cos t, \sin t) \quad (0 \leqq t \leqq \pi)$$
$$C': \quad \boldsymbol{r} = (\cos t, -\sin t) \quad (0 \leqq t \leqq \pi)$$

を積分路とする線積分は

$$\int_C \boldsymbol{u}(\boldsymbol{r}) \cdot d\boldsymbol{r} = \int_0^\pi (-\sin t, \cos t) \cdot (-\sin t, \cos t) \, dt = \pi$$
$$\int_{C'} \boldsymbol{u}(\boldsymbol{r}) \cdot d\boldsymbol{r} = \int_0^\pi (\sin t, \cos t) \cdot (-\sin t, -\cos t) \, dt = -\pi$$

である．したがって，ベクトル場 $\boldsymbol{u} = (-y, x)$ はポテンシャルをもたない．

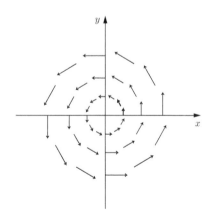

[図 11.9] ベクトル場 $\boldsymbol{u}(x,y) = (-y, x)$.

それでは，線積分が積分路によらないとき，ベクトル場はポテンシャルを

もつといってよいだろうか．(11.19) の右辺の積分が積分路 C の端点だけで定まり，途中の経路のとり方によらないとして，$\boldsymbol{u}(\boldsymbol{r})$ のポテンシャルを作ることを考える．

原点 $\boldsymbol{0}$ から $\boldsymbol{q}$ にいたる経路を C として，次式で定義される関数 φ を考える．

$$\varphi(\boldsymbol{q}) = \int_C \boldsymbol{u}(\boldsymbol{r}) \cdot d\boldsymbol{r} \tag{11.21}$$

右辺の線積分は経路 C のとり方によらないと仮定する．この仮定のもとで，$\varphi(\boldsymbol{q})$ の勾配 $\mathrm{grad}\,\varphi(\boldsymbol{q})$ が $\boldsymbol{u}(\boldsymbol{r})$ に一致することを確かめよう．

まず (11.21) で定義される $\varphi(\boldsymbol{q})$ に対し，原点 $\boldsymbol{0}$ での勾配 $\mathrm{grad}\,\varphi(\boldsymbol{0})$ を求める．直観的には次のようにみることができる．$\boldsymbol{q}$ を $\boldsymbol{0}$ のきわめて近くの点として，$\boldsymbol{0}$ と $\boldsymbol{q}$ を結ぶ線分を積分路にとれば，(11.21) は

$$\varphi(\boldsymbol{q}) \fallingdotseq \boldsymbol{u}(\boldsymbol{0}) \cdot \boldsymbol{q}$$

となり，この両辺の grad をとれば，

$$\mathrm{grad}\,\varphi(\boldsymbol{0}) = \boldsymbol{u}(\boldsymbol{0}) \tag{11.22}$$

が得られ，(11.18) は $\boldsymbol{r} = \boldsymbol{0}$ で成立している．

◆参考 **11.6** 厳密には，次のようにすればよい．$\dfrac{\partial \varphi}{\partial x}(\boldsymbol{0})$ を求めるために

$$\boldsymbol{r}(s) = (s, 0)\,, \quad s \in [0, t]$$

で定義される経路を考え，

$$f(t) = \int_0^t \boldsymbol{u}(\boldsymbol{r}(s)) \cdot \frac{d\boldsymbol{r}}{ds} ds \tag{11.23}$$

とおくと，(11.21) により，

$$f(t) = \varphi(t, 0) \tag{11.24}$$

である．そこで (11.23), (11.24) から得られる $f'(0)$ を比較する．

$\boldsymbol{u} = (u_1, u_2)$ とすると，(11.23) からは，

$$f'(0) = \boldsymbol{u}(\boldsymbol{r}(0)) \cdot \frac{d\boldsymbol{r}}{ds}(0) = u_1(\boldsymbol{0})$$

が得られ，(11.24) からは，

$$f'(0) = \frac{\partial \varphi}{\partial x}(\boldsymbol{0})$$

が得られる. よって

$$u_1(\boldsymbol{0}) = \frac{\partial \varphi}{\partial x}(\boldsymbol{0})$$

である. y に関する偏導関数についても同様であるから, (11.22) が成立する.

次に (11.21) で定義される $\varphi(\boldsymbol{q})$ に対し, 一般の点 $\boldsymbol{q}$ における勾配 $\operatorname{grad}\varphi(\boldsymbol{q})$ を求める. そのために, $\varphi(\boldsymbol{q}+\Delta\boldsymbol{q})$ を $\Delta\boldsymbol{q}$ の関数とみなして, $\Delta\boldsymbol{q}=\boldsymbol{0}$ での偏導関数を調べる.

(11.21) を用いて $\varphi(\boldsymbol{q}+\Delta\boldsymbol{q})$ の値を定めるとき, 積分路はどのようにとってもよいので, $\boldsymbol{0}$ から $\boldsymbol{q}$ を経由して $\boldsymbol{q}+\Delta\boldsymbol{q}$ にいたる路を使う (**図 11.10**). 前半の積分路を C, 後半の積分路を ΔC と書くと,

$$\varphi(\boldsymbol{q}+\Delta\boldsymbol{q}) = \int_C \boldsymbol{u}(\boldsymbol{r})\cdot d\boldsymbol{r} + \int_{\Delta C} \boldsymbol{u}(\boldsymbol{r})\cdot d\boldsymbol{r}$$
$$= \varphi(\boldsymbol{q}) + \int_{\Delta C} \boldsymbol{u}(\boldsymbol{r})\cdot d\boldsymbol{r}$$

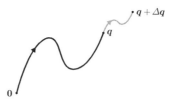

[図 11.10] $\boldsymbol{0}$ から $\boldsymbol{q}$ を経由して $\boldsymbol{q}+\Delta\boldsymbol{q}$ にいたる積分路.

よって

$$\varphi(\boldsymbol{q}+\Delta\boldsymbol{q}) - \varphi(\boldsymbol{q}) = \int_{\Delta C} \boldsymbol{u}(\boldsymbol{r})\cdot d\boldsymbol{r} \tag{11.25}$$

が成り立つ. (11.22) を得る論法を用いて, (11.25) の右辺の線積分を調べれば, $\Delta\boldsymbol{q}$ に関する $\Delta\boldsymbol{q}=\boldsymbol{0}$ での右辺の偏導関数は $\boldsymbol{u}(\boldsymbol{q})$ となる. よって

$$\operatorname{grad}\varphi(\boldsymbol{q}) = \boldsymbol{u}(\boldsymbol{q}) \tag{11.26}$$

が得られる.

以上の結果を定理としてまとめておく.

定理 11.2

ベクトル場 $\boldsymbol{u}(\boldsymbol{r}) = (u_1(x,y), u_2(x,y))$ に対する次の 2 条件は同値である. ただし, u_1, u_2 は xy 平面全体で定義され, 連続な偏導関数をもつとする.

(1) ポテンシャルをもつ.
(2) 線積分 $\displaystyle\int_C \boldsymbol{u}(\boldsymbol{r}) \cdot d\boldsymbol{r}$ は積分路 C の端点だけで定まり, 途中の形によらない.

このとき, ポテンシャルは,

$$\varphi(\boldsymbol{q}) = \int_C \boldsymbol{u}(\boldsymbol{r}) \cdot d\boldsymbol{r} \,(+\text{定数})$$

のように表される. ただし積分路 C は $\boldsymbol{0}$ から $\boldsymbol{q}$ にいたる経路である.

注意 11.7 定理 11.2 の中の条件 (2) は, 「閉曲線 C を積分路とする線積分 $\displaystyle\int_C \boldsymbol{u}(\boldsymbol{r}) \cdot d\boldsymbol{r}$ は 0 である」と言い換えることができる (**11.3.1 節**).

11.1.5 | 微分の整合性

ベクトル場がポテンシャルをもつかどうかということについて, 別の観点からみてみる.

ベクトル場 $\boldsymbol{u}(x,y) = (u_1(x,y), u_2(x,y))$ がポテンシャル $\varphi(x,y)$ をもつとする. すなわち

$$u_1(x,y) = \frac{\partial \varphi}{\partial x}$$
$$u_2(x,y) = \frac{\partial \varphi}{\partial y}$$

であるとする. ここで u_1, u_2 がともに偏微分可能であり, 偏導関数が連続で

あるとすると，

$$\frac{\partial u_1}{\partial y} = \frac{\partial^2 \varphi}{\partial x \partial y}$$

$$\frac{\partial u_2}{\partial x} = \frac{\partial^2 \varphi}{\partial y \partial x}$$

が成り立ち，**定理 9.1** により，上式の右辺同士は等しい．したがって

$$\frac{\partial u_1}{\partial y} = \frac{\partial u_2}{\partial x} \tag{11.27}$$

が成り立つ．

以上により，ベクトル場 $\boldsymbol{u}(\boldsymbol{r})$ がポテンシャルをもつならば，(11.27) が成立することが分かった．ここで，逆に (11.27) が成立するならば，ベクトル場 $\boldsymbol{u}(\boldsymbol{r})$ はポテンシャルをもつということもいえる (**11.3.2 節**)．このことも含めて，**定理 11.2** の内容とともにまとめて書くと，次のようになる．

定理 11.3

ベクトル場 $\boldsymbol{u}(\boldsymbol{r}) = (u_1(x,y), u_2(x,y))$ に対する次の 3 条件は同値である．ただし，u_1, u_2 は xy 平面全体で定義され，連続な偏導関数をもつとする．

(1) ベクトル場 $\boldsymbol{u}(\boldsymbol{r})$ はポテンシャルをもつ．
(2) ベクトル場 $\boldsymbol{u}(\boldsymbol{r})$ の線積分 $\displaystyle\int_C \boldsymbol{u}(\boldsymbol{r}) \cdot d\boldsymbol{r}$ は，積分路 C の端点だけで定まり，途中の形によらない．
(3) ベクトル場 $\boldsymbol{u}(\boldsymbol{r})$ の偏導関数は，整合条件 (11.27) を満たす．

定理 11.3 の条件 (1) と (2) が同値であることは**定理 11.2** で示されており，(1) から (3) が得られることもすでに確かめられている．(3) から (2) が導かれることは **11.3.2 節** で証明する．ここでは，次の例をみておく．

例 11.6 A, B, C, D を定数として，ベクトル場

$$\boldsymbol{u}(x,y) = (Ax + By, Cx + Dy) \tag{11.28}$$

を考える．偏導関数の整合条件 (11.27) は

$$B = C \tag{11.29}$$

である。実際，条件 (11.29) のもとで，

$$\varphi(x, y) = \frac{A}{2}x^2 + Bxy + \frac{D}{2}y^2$$

は $\boldsymbol{u}$ のポテンシャルである．

また，条件 (11.29) が成立しないとき，$\boldsymbol{u}$ はポテンシャルをもたないことを示す。そのために

$$\boldsymbol{v}(x, y) = \left(Ax + \frac{1}{2}(B + C)y, \frac{1}{2}(B + C)x + Dy\right)$$

とおくと，このベクトル場 $\boldsymbol{v}$ は (11.29) に相当する整合条件を満たすので，ポテンシャルをもつ。もしも $\boldsymbol{u}$ がポテンシャルをもつなら，$\boldsymbol{u} - \boldsymbol{v}$ もポテンシャルをもつことになるが，

$$\boldsymbol{u} - \boldsymbol{v} = \left(\frac{1}{2}(B - C)y, \frac{1}{2}(-B + C)x\right) = -\frac{1}{2}(B - C)(-y, x)$$

であり，**例 11.5** で調べた通り，もしも $B \neq C$ ならば $\boldsymbol{u} - \boldsymbol{v}$ はポテンシャルをもたない。したがって，条件 (11.29) が成立しないとき，$\boldsymbol{u}$ はポテンシャルをもたない。

 11.8

(1) 力学において，$\boldsymbol{u}(\boldsymbol{r})$ が点 $\boldsymbol{r}$ にある物体が受ける力を表し，$\boldsymbol{u}(\boldsymbol{r})$ がポテンシャル $\varphi(\boldsymbol{r})$ をもつとき，この力を保存力といい，$-\varphi(\boldsymbol{r})$ をポテンシャルエネルギーという。

(2) 関数 $z = \varphi(x, y)$ が全微分可能であるとき，x, y, z の無限小変化 dx, dy, dz の間に

$$dz = \varphi_x(x, y)dx + \varphi_y(x, y)dy$$

の関係が成り立ち，これを $z = \varphi(x, y)$ の全微分と呼んだ (**注意 9.8**(1))。一般に，2 つの関数 $u_1(x, y), u_2(x, y)$ に対し，

$$u_1(x, y)dx + u_2(x, y)dy$$

という形の式を **微分形式** という。この微分形式が何らかの関数

$z = \varphi(x, y)$ の全微分であるということは，ベクトル場 $\boldsymbol{u} = (u_1, u_2)$ がポテンシャル φ をもつことと同値である.

11.1.6 | ラグランジュの乗数法

2 変数関数 $f(x, y)$ が極値をとる条件 (9.58)(**定理 9.6**, 25 ページ) は，$\operatorname{grad} f(x_0, y_0) = \boldsymbol{0}$ のように書ける. それでは，点 (x, y) がある曲線 C 上を動くとして，関数 $f(x, y)$ が極値をとる条件を考えよう. 曲線 C が $y = h(x)$ のように表されるなら，x の関数 $f(x, h(x))$ の極値を調べればよい. また，束縛条件が陰関数 $g(x, y) = 0$ で表されているときには，この条件を y について解いて $y = h(x)$ の形にするということが考えられる. (x について解いてもよい.) しかし，次のような方法 (**ラグランジュの乗数法**) もある.

定理 11.4

(ラグランジュの乗数法)
関数 $f(x, y), g(x, y)$ は点 (x_0, y_0) で偏微分可能であり，偏導関数は連続であるとする. 点 (x, y) が曲線 $g(x, y) = 0$ の上を動くとき，関数 $f(x, y)$ が点 (x_0, y_0) で極値をとるならば，ある定数 λ が存在して，

$$\operatorname{grad} f(x_0, y_0) = \lambda \operatorname{grad} g(x_0, y_0) \tag{11.30}$$

が成り立つ. ただし，$\operatorname{grad} g(x_0, y_0) \neq \boldsymbol{0}$ であるとする.

例 11.7　　点 (x, y) が直線 $x + y = 2$ の上を動くとき，関数 $f(x, y) = x^2 + y^2$ の極値を考える. 直線 $x + y = 2$ と円 $x^2 + y^2 = a$ は，$a \geqq 2$ のとき共有点をもち，$a = 2$ のとき接する. このことから，$x^2 + y^2$ の極値は 2 であり，極値をとる点は，接点 $(1, 1)$ であることが分かる.
　　定理 11.4 を用いるために $g(x, y) = x + y - 2$ とすると，(11.30) は

$$(2x_0, 2y_0) = \lambda(1, 1)$$

となり，$g(x_0, y_0) = x_0 + y_0 - 2 = 0$ から $\lambda = 2$, $(x_0, y_0) = (1, 1)$ が得られる.

条件 $g = 0$ のもとで f の極値を求める問題を **条件つき極値問題** という．**定理 11.4** は，点 (x_0, y_0) で極値をとるための必要条件を与えている (十分条件ではない)．

図形的な意味を考えると，**定理 11.4** が成立する理由を直観的に理解することができる (**図 11.11**)．点 (x, y) が曲線 $g(x, y) = 0$ の上を動くとき，関数 $f(x, y)$ が点 (x_0, y_0) で極値をとるとすると，曲線 $g(x, y) = 0$ は点 (x_0, y_0) で関数 $f(x, y)$ の等高線に接する．よって，$\operatorname{grad} f(x_0, y_0)$ は曲線 $g(x, y) = 0$ の法線ベクトル $\operatorname{grad} g(x_0, y_0)$ に平行である．よって，(11.30) が成り立つ．

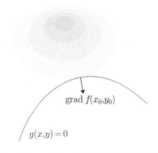

[図 11.11] ラグランジュの乗数法の図形的意味．

参考 11.9 ラグランジュの乗数法は，力学的に理解することもできる．ポテンシャル $V(x, y)$ をもつ外力の場の中で，曲線 $g(x, y) = 0$ 上に束縛された質点を考える．摩擦はないとする．等式 (11.30)，すなわち

$$\operatorname{grad} V(x_0, y_0) = \lambda \operatorname{grad} g(x_0, y_0)$$

は質点に働く力のつり合いを意味する．左辺は外力 (の -1 倍) であり，右辺は束縛力 (の -1 倍) である．

11.2 | 流れと発散

容器に入れられた液体や気体が膨張すると，膨張した分だけ容器からはみ

出す．「容器からはみ出した量は，膨張した量に等しい」という関係に注目すると，容器の出入口における様子をみれば，容器の内部で起きていることが分かるということになる．

この見方を2次元(以上)の流れに適用すると，ベクトル場に関する重要な事実が導かれる．

11.2.1 │ 1 次元の流れ

きわめて細い管の中を水や空気のような流体が流れている様子を考える．数直線をきわめて細い管に見立てて，点 x における流速を (右向きを正として) $v(x)$ とする．

流体とともに流れて行く点 P が，ある時刻 t に位置 x にあったとする (図 **11.12**)．微小な時間 Δt の後，点 P が位置 X に移動したとすると，近似的な関係

$$X = x + v(x)\Delta t \tag{11.31}$$

が成立する．

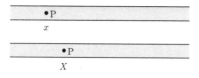

［図 11.12］流れとともに移動する点 P.

> 参考 **11.10** 正確にいえば，時刻 τ における点 P の位置を $x(\tau)$ とすると，$x(\tau)$ は微分方程式
>
> $$\frac{d}{d\tau}x(\tau) = v(x(\tau))$$
>
> に従う．流速 v が x の関数 $v(x)$ として与えられれば，初期条件 $x(t) = x$ のもとで，この微分方程式を近似的に解くことができるが，Δt が小さいとき，近似的に $x(t + \Delta t) = x + v(x)\Delta t$ が成り立つ．

x と X の関係式 (11.31) を x で微分すると，

$$\frac{dX}{dx} = 1 + v'(x)\Delta t$$

となる．よって微小量 dX と dx の関係

$$dX = (1 + v'(x)\Delta t)dx$$

が成立する．すなわち，長さ dx の微小な断片は，時間 Δt の後に，長さが dX になるので，流体の断片の長さは，時間 Δt の間に，

$$v'(x)\Delta t\, dx \tag{11.32}$$

だけ増加する．すなわち，流速 $v(x)$ が x に依存して変わるということは，流体が延び縮みしていることを意味する．

他方，区間 $[a, b]$ にある流体の (微小ではない) 断片を考えると (**図 11.13**)，微小な時間 Δt の間に，

$$\text{断片の左端は } a \text{ から } a + v(a)\Delta t \text{ へ}$$

$$\text{断片の右端は } b \text{ から } b + v(b)\Delta t \text{ へ}$$

移動するから，移動後の長さは近似的に

$$b + v(b)\Delta t - a - v(a)\Delta t = b - a + (v(b) - v(a))\Delta t$$

である．したがって，この断片の長さは時間 Δt の間に

$$(v(b) - v(a))\Delta t$$

だけ増加する．これは流体の各微小部分が (11.32) だけ延びた結果であるから，

$$(v(b) - v(a))\Delta t \fallingdotseq \int_a^b v(x)dx \times \Delta t$$

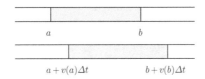

[図 11.13] 流れとともに移動する流体の断片．

よって，$\Delta t \to 0$ の極限において，等式

$$v(b) - v(a) = \int_a^b v'(x)dx$$

が成り立つ．このようにして，1 変数関数の微分と積分の関係が得られる．

上記の考え方を 2 次元 (以上) に拡張すると，ベクトル場の微積分における重要な事実が導かれる．

11.2.2 │ 2 次元の流れ

xy 平面上の流れを考え，点 r における流速を $v(r)$ とする．点 r にある流体の 1 点は，微小な時間 Δt の間に，$r + v(r)\Delta t$ に移動する．このことに注意して，微小な時間 Δt の間に閉曲線 C で囲まれた領域 D の中から外に流れ出す流体の量 ΔS を求める (図 **11.14**)．

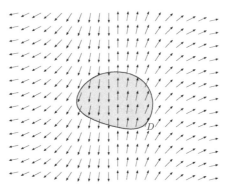

[図 11.14] 領域 D を通過する流れ．

> **注意 11.11**　「流れ出す流体の量」とは，詳しくいえば，流出量と流入量の差のことである．

閉曲線 C 上にきわめて近い 2 点 A, B をとり，AB を微小な線分とみなす．微小な時間 Δt の間に，AB を通過して内部から外部へ流出する流体の量 (面積) ΔS_{AB} を求める (図 **11.15**)．線分 AB 付近での流速を v，AB の長さを Δl とすると，

$$\Delta S_{\mathrm{AB}} = 平行四辺形 \ \mathrm{ABB'A'} \ の面積$$

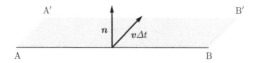

[図 11.15] 線分 AB を通過する流れ.

$$= \boldsymbol{v} \text{ の AB に垂直な成分} \times \Delta l \times \Delta t$$

$$= \boldsymbol{v} \cdot \boldsymbol{n} \, \Delta l \Delta t \tag{11.33}$$

が成り立つ. ただし $\boldsymbol{n}$ は AB に垂直な単位ベクトル (単位法線ベクトル) である.

ΔS_{AB} を C 全体にわたって加え合わせると, 時間 Δt の間に, C を越えて D の内部から外部に流出する流体の量 (面積)ΔS になる. そこで, 閉曲線 C を弧長パラメータ s で表して (**4.2.1 節**)

$$\boldsymbol{r} = \boldsymbol{r}(s) \,, \quad 0 \leqq s \leqq a$$

とし, 点 $\boldsymbol{r}(s)$ における C の外向き単位法線ベクトルを $\boldsymbol{n}(s)$ とする (**図 11.16**). 媒介変数の区間 $[s, s + \Delta s]$ に対応する C の微小な断片の長さは Δs であるから, この断片を通って, D の内部から外部に流出する流体の量は, (11.33) より,

$$\Delta S_{\mathrm{AB}} = \boldsymbol{v}(\boldsymbol{r}(s)) \cdot \boldsymbol{n}(s) \Delta s \Delta t$$

である. したがって C 全体では,

$$\Delta S = \int_0^a \boldsymbol{v}(\boldsymbol{r}(s)) \cdot \boldsymbol{n}(s) ds \Delta t \tag{11.34}$$

のように積分で表せる. したがって, 閉曲線 C を通って外部に流出する流体の量は, 単位時間あたり

$$\frac{\Delta S}{\Delta t} = \int_C \boldsymbol{v}(\boldsymbol{r}(s)) \cdot \boldsymbol{n}(s) ds \tag{11.35}$$

となる.

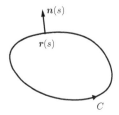

［図 11.16］点 $\boldsymbol{r}(s)$ における C の外向き単位法線ベクトル $\boldsymbol{n}(s)$.

例 11.8　ベクトル場 $\boldsymbol{v}(x,y) = (a_{11}x + a_{12}y, a_{21}x + a_{22}y)$ に対し，原点を中心とする半径 ρ の円を (反時計回りに回る経路を)C とする．C の媒介変数表示を

$$\boldsymbol{r}(\theta) = (\rho\cos\theta, \rho\sin\theta)\,, \quad \theta \in [0, 2\pi]$$

とすると，外向き単位法線ベクトルは

$$\boldsymbol{n}(\theta) = (\cos\theta, \sin\theta)$$

である．また弧長パラメータ s は $s = \rho\theta$ としてよいので，

$$ds = \rho d\theta$$

が成り立つ．したがって (11.35) より，

$$
\begin{aligned}
\frac{\Delta S}{\Delta t} &= \int_C \boldsymbol{v}(\boldsymbol{r}) \cdot \boldsymbol{n}ds \\
&= \int_0^{2\pi} \rho(a_{11}\cos\theta + a_{12}\sin\theta, a_{21}\cos\theta + a_{22}\sin\theta) \cdot (\cos\theta, \sin\theta)\rho d\theta \\
&= \int_0^{2\pi} \rho^2(a_{11}\cos^2\theta + (a_{12} + a_{21})\cos\theta\sin\theta + a_{22}\sin^2\theta)d\theta \\
&= \pi\rho^2(a_{11} + a_{22}) \tag{11.36}
\end{aligned}
$$

となる．

問 3　定数項を付加したベクトル場 $\boldsymbol{v}(x,y) = (a_1 + a_{11}x + a_{12}y, a_2 + a_{21}x + a_{22}y)$ についても，(11.36) が成り立つことを示せ．

11.2.3 | 発散

11.2.2 節では，xy 平面上を流れる流体を考え，単位時間に領域 D の外に流出する流体の量 (11.35) を得た．

ある領域から流出する流体の量 (面積) が 0 でないということは，流体が膨張収縮しているということである．そこで点 r における流速が $v(r)$ である流体に対し，領域 D の内部の流体の膨張量を求める．

ある時刻に点 r にあった流体中の点 P が，時間 Δt の間に流れとともに移動して点 R に来たとする．Δt がきわめて小さいときには，(11.31) と同様に，r と R の間に

$$R = r + v(r)\Delta t \tag{11.37}$$

のような近似的関係が成り立つ (**図 11.17**).

[図 11.17] 流体中の 1 点の移動.

そこで (11.37) により，$r = (x, y)$ を $R = (X, Y)$ に対応させる写像が xy 平面上に定められていると考え，この写像を

$$R = \Phi_{\Delta t}(r) \tag{11.38}$$

または

$$(X, Y) = \Phi_{\Delta t}(x, y) \tag{11.39}$$

と書く．領域 D の内部の流体が時間 Δt の後に移動して，領域 $D_{\Delta t}$ に分布しているとして，D の面積を S，$D_{\Delta t}$ の面積を $S_{\Delta t}$ とする (**図 11.18**)．積分の形に書けば，

$$S = \iint_D dxdy \tag{11.40}$$

$$S_{\Delta t} = \iint_{D_{\Delta t}} dXdY \tag{11.41}$$

である．数学的にいえば，$D_{\Delta t}$ は写像 $\Phi_{\Delta t}$ による D の像である．そこで写像 $\Phi_{\Delta t}$ を座標変換とみて，(11.41) の右辺の積分変数を X, Y から x, y に変換すると，

$$S_{\Delta t} = \iint_D |J(x, y)| dx dy \tag{11.42}$$

となる．$J(x, y)$ は $\Phi_{\Delta t}$ のヤコビアンである．

[図 11.18] 流れとともに移動する領域.

ヤコビアン $J(x, y)$ を求めるために，(11.37) において，$\boldsymbol{r} = (x, y), \boldsymbol{R} = (X, Y), \boldsymbol{v} = (v_1, v_2)$ とすると，

$$X = x + v_1(x, y)\Delta t$$
$$Y = y + v_2(x, y)\Delta t$$

となり，(9.78) を用いると，

$$J(x, y) = \begin{vmatrix} \dfrac{\partial X}{\partial x} & \dfrac{\partial X}{\partial y} \\[2mm] \dfrac{\partial Y}{\partial x} & \dfrac{\partial Y}{\partial y} \end{vmatrix} = \begin{vmatrix} 1 + \dfrac{\partial v_1}{\partial x}\Delta t & \dfrac{\partial v_1}{\partial y}\Delta t \\[2mm] \dfrac{\partial v_2}{\partial x}\Delta t & 1 + \dfrac{\partial v_2}{\partial y}\Delta t \end{vmatrix}$$

となる．そこで，Δt を微小量として，Δt の 2 乗を無視すると

$$J(x, y) = 1 + \left(\frac{\partial v_1}{\partial x} + \frac{\partial v_2}{\partial y} \right) \Delta t \tag{11.43}$$

が得られる．Δt がきわめて小さいとき，$J > 0$ であるから $|J| = J$ となることに注意する．これを用いると，(11.40), (11.42) より

$$S_{\Delta t} = \iint_D \left(1 + \left(\frac{\partial v_1}{\partial x} + \frac{\partial v_2}{\partial y} \right) \Delta t \right) dx dy$$
$$= S + \iint_D \left(\frac{\partial v_1}{\partial x} + \frac{\partial v_2}{\partial y} \right) dx dy \Delta t$$

となる．したがって，単位時間に領域 D から外部に流出する流体の量 (面積) は

$$\frac{1}{\Delta t}(S_{\Delta t} - S) = \iint_D \left(\frac{\partial v_1}{\partial x} + \frac{\partial v_2}{\partial y}\right) dxdy \tag{11.44}$$

で与えられる．これが (11.35) の結果と一致することから，等式

$$\int_C \boldsymbol{v}(\boldsymbol{r}(s)) \cdot \boldsymbol{n}(s) ds = \iint_D \left(\frac{\partial v_1}{\partial x} + \frac{\partial v_2}{\partial y}\right) dxdy \tag{11.45}$$

が得られる．

ここで

$$\mathrm{div}\, \boldsymbol{v}(\boldsymbol{r}) = \frac{\partial v_1}{\partial x}(\boldsymbol{r}) + \frac{\partial v_2}{\partial y}(\boldsymbol{r})$$

と書いて，ベクトル場 $\boldsymbol{v}$ の **発散** (**divergence**) という．この記号を用いて，以上の結果をまとめると次のようになる．

定理 11.5

(ガウスの発散定理)
ベクトル場 $\boldsymbol{v}(\boldsymbol{r})$ と，領域 D に対し，

$$\iint_D \mathrm{div}\, \boldsymbol{v}(\boldsymbol{r}) dxdy = \int_C \boldsymbol{v}(\boldsymbol{r}(s)) \cdot \boldsymbol{n}(\boldsymbol{r}(s))\, ds \tag{11.46}$$

が成り立つ．ただし C は D の境界，$\boldsymbol{n}(\boldsymbol{r}(s))$ は C 上の点 $\boldsymbol{r}(s)$ における C の外向き単位ベクトル，s は C の弧長パラメータである．また $\boldsymbol{v}(\boldsymbol{r})$ の偏導関数は連続であるとする．

例 11.9 ベクトル場 $\boldsymbol{v}(x, y) = (a_{11}x + a_{12}y, a_{21}x + a_{22}y)$ に対し，原点を中心とする半径 ρ の円を (反時計回りに回る経路を)C とすると，(11.36) により

$$\int_C \boldsymbol{v}(\boldsymbol{r}(s)) \cdot \boldsymbol{n}(s) ds = \pi \rho^2 (a_{11} + a_{22})$$

であり，$\boldsymbol{v}(\boldsymbol{r})$ の発散は

$$\mathrm{div}\boldsymbol{v}(\boldsymbol{r}) = a_{11} + a_{22}$$

であるから，(11.46) が成り立つ．

ヤコビアン (11.43) を発散 $\mathrm{div}\,\boldsymbol{v}(\boldsymbol{r})$ を用いて表すと,

$$J(x,y) = 1 + \mathrm{div}\,\boldsymbol{v}(\boldsymbol{r})\Delta t$$

となる. ヤコビアンは写像の面積拡大率を表すので, 流れの速度場 $\boldsymbol{v}(\boldsymbol{r})$ の発散 $\mathrm{div}\,\boldsymbol{v}(\boldsymbol{r})$ は, 単位時間あたり, 単位面積あたりの流体の局所的な面積増加率という意味をもつことが分かる.

例 11.10

(1) ベクトル場

$$\boldsymbol{v}(\boldsymbol{r}) = c\boldsymbol{r} = (cx, cy)$$

の発散は

$$\mathrm{div}\,\boldsymbol{v}(\boldsymbol{r}) = 2c$$

である (図 **11.19 (左)**). $c > 0$ ならすべての点で体積は増加し, $c < 0$ なら体積は減少する. この流れは, 平面上のすべての部分が一様に膨張 (収縮) する運動を表す.

(2) ベクトル場

$$\boldsymbol{v}(x,y) = (-cy, cx)$$

を考える (図 **11.19 (右)**). この流れは回転運動を表す. $\boldsymbol{v}$ の発散は

$$\mathrm{div}\,\boldsymbol{v}(\boldsymbol{r}) = 0$$

であり, どの点でも面積が変わらない.

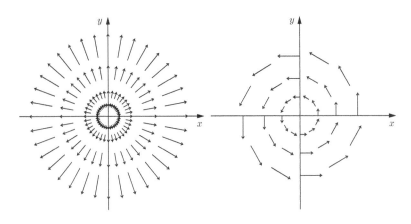

[図 11.19] ベクトル場 (cx, cy) (左) とベクトル場 $(-cy, cx)$ (右).

11.3 | 渦と回転 ♠

　ベクトル場に関する 3 つの性質

(1) ポテンシャルをもつこと
(2) 線積分が積分路によらないこと
(3) 偏導関数が整合的であること

は互いに同値である (**定理 11.3**). この節では (3) から (2) を導く道筋について考える.

11.3.1 | 回転

　まずベクトル場の性質 (2) を考え, 線積分

$$\int_C \boldsymbol{v}(\boldsymbol{r}) \cdot d\boldsymbol{r}$$

が積分路の端点によって定まり, 端点を結ぶ経路 C のとり方によらないという性質を言い換える.

　点 $\boldsymbol{p}$ から点 $\boldsymbol{q}$ にいたる 2 つの経路 C_1, C_2 を積分路とする線積分

$$\int_{C_1} \boldsymbol{v}(\boldsymbol{r}) \cdot d\boldsymbol{r} , \quad \int_{C_2} \boldsymbol{v}(\boldsymbol{r}) \cdot d\boldsymbol{r}$$

を考える (**図 11.20 (左)**). このとき C_2 を逆にたどって $\boldsymbol{q}$ から $\boldsymbol{p}$ にいたる積

分路を $-C_2$ と書くと，

$$\int_{-C_2} \boldsymbol{v}(\boldsymbol{r}) \cdot d\boldsymbol{r} = -\int_{C_2} \boldsymbol{v}(\boldsymbol{r}) \cdot d\boldsymbol{r}$$

が成り立ち，C_1 と $-C_2$ を連結した積分路 C は閉曲線となる（図 **11.20 (右)**）．
このとき，

$$\int_C \boldsymbol{v}(\boldsymbol{r}) \cdot d\boldsymbol{r} = \int_{C_1} \boldsymbol{v}(\boldsymbol{r}) \cdot d\boldsymbol{r} + \int_{-C_2} \boldsymbol{v}(\boldsymbol{r}) \cdot d\boldsymbol{r}$$
$$= \int_{C_1} \boldsymbol{v}(\boldsymbol{r}) \cdot d\boldsymbol{r} - \int_{C_2} \boldsymbol{v}(\boldsymbol{r}) \cdot d\boldsymbol{r}$$

である．

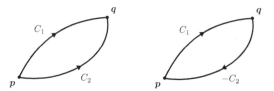

[図 11.20] 2 つの経路 C_1, C_2 (左)．C_1 と $-C_2$ を連結した閉曲線 C (右).

したがって，線積分が経路に依存しないという性質は，任意の閉曲線 C に
沿う線積分が 0 になること

$$\int_C \boldsymbol{v}(\boldsymbol{r}) \cdot d\boldsymbol{r} = 0 \tag{11.47}$$

と同値である．
　次に，ベクトル場 $\boldsymbol{v}(\boldsymbol{r}) = (v_1(\boldsymbol{r}), v_2(\boldsymbol{r}))$ に対し，

$$\mathrm{rot}\,\boldsymbol{v}(\boldsymbol{r}) = \frac{\partial v_2}{\partial x} - \frac{\partial v_1}{\partial y}$$

と定めると，ベクトル場の性質 (3) は

$$\mathrm{rot}\,\boldsymbol{v}(\boldsymbol{r}) = 0 \tag{11.48}$$

と表せる．$\mathrm{rot}\,\boldsymbol{v}(\boldsymbol{r})$ をベクトル場 $\boldsymbol{v}(\boldsymbol{r})$ の **回転 (rotation)** と呼ぶ．
　問題は，「すべての点 $\boldsymbol{r}$ において (11.48) が成り立つならば，すべての閉
曲線 C に対して (11.47) が成り立つ」ことを示すことである．

例 11.11 **例 11.10** で取り挙げた 2 つのベクトル場を考える.

膨張運動を表すベクトル場

$$\bm{v}(\bm{r}) = c\bm{r} = (cx, cy)$$

の回転は

$$\operatorname{rot} \bm{v}(\bm{r}) = 0$$

であり，ポテンシャル $\varphi(x, y) = \dfrac{c}{2}(x^2 + y^2)$ をもつ.

またベクトル場

$$\bm{v}(x, y) = (-cy, cx)$$

の回転は

$$\operatorname{rot} \bm{v}(\bm{r}) = 2c$$

であり，$c \neq 0$ のとき，ポテンシャルは存在しない (**例 11.5**). またこの流れに沿う運動は，微分方程式

$$\frac{d}{dt}\begin{pmatrix} x \\ y \end{pmatrix} = \begin{pmatrix} -cy \\ cx \end{pmatrix}$$

に従っており，解は渦のような角速度 c の回転運動である (**問題 6.7**). よって，$\operatorname{rot} \bm{v}(\bm{r})$ は回転の角速度を表していると考えられる.

11.3.2 | グリーンの公式

ベクトル場 $\bm{v}(\bm{r})$ の閉曲線 C に沿う線積分

$$I_C = \int_C \bm{v}(\bm{r}) \cdot d\bm{r}$$

を考える. ただし積分路 C は反時計回りの方向であるとする.

線積分 I_C を，**定理 11.5** を用いて計算する. そこで，$d\bm{r}$ は C の接線方向のベクトルであるから，C の外向き法線と直交していることに注意する. また $d\bm{r}$ の大きさ $|d\bm{r}|$ は，C の弧長パラメータ s の微小増分 ds に等しい. よって，$d\bm{r}$ を時計回りに $\dfrac{\pi}{2}$ だけ回転すると，(11.46) における $\bm{n}(\bm{r}(s))ds$ に一致する (**図 11.21**). そこで xy 平面の各点 $\bm{r}$ において，ベクトル $\bm{v}(\bm{r})$ を

時計回りに $\dfrac{\pi}{2}$ だけ回転したベクトルを $\boldsymbol{u}(\boldsymbol{r})$ とすると，C 上の各点において

$$\boldsymbol{v}(\boldsymbol{r}) \cdot d\boldsymbol{r} = \boldsymbol{u}(\boldsymbol{r}(s)) \cdot \boldsymbol{n}(s)ds$$

が成り立つ．

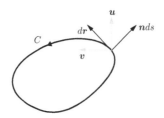

[図 11.21] $d\boldsymbol{r}$ と $\boldsymbol{v}$ を時計回りに $\dfrac{\pi}{2}$ 回転する．

したがって

$$I_C = \int_C \boldsymbol{v}(\boldsymbol{r}) \cdot d\boldsymbol{r} = \int_C \boldsymbol{u}(\boldsymbol{r}(s)) \cdot \boldsymbol{n}(\boldsymbol{r}(s))ds$$

であり，**定理 11.5** を用いると，

$$I_C = \iint_D \operatorname{div} \boldsymbol{u}(\boldsymbol{r})dxdy$$

となる．そこで $\operatorname{div} \boldsymbol{u} = \operatorname{rot} \boldsymbol{v}$ であることに注意すると，

$$I_C = \iint_D \operatorname{rot} \boldsymbol{v}(\boldsymbol{r})dxdy$$

が得られる．

以上の結果をまとめると，次のようになる．

定理 11.6

(グリーンの公式)

xy 平面上の閉曲線 C が囲む領域を D とすると，

$$\int_C \boldsymbol{v}(\boldsymbol{r}) \cdot d\boldsymbol{r} = \iint_D \operatorname{rot} \boldsymbol{v}(\boldsymbol{r})dxdy \tag{11.49}$$

が成り立つ．積分路 C は反時計回りにとる．また $\boldsymbol{v}(\boldsymbol{r})$ の偏導関数は連続であるとする．

特に rot $\boldsymbol{v} = 0$ が成り立つときには，(11.49) の右辺が 0 になるので，ベクトル場の性質 (3) から (2) が得られることになる.

例 11.12 ベクトル場 $\boldsymbol{w}(\boldsymbol{r}) = (-cy, cx)$ を考える (**図 11.19 (右)**). 閉曲線 C の媒介変数表示を

$$\boldsymbol{r} = \boldsymbol{r}(t) = (x(t), y(t)) , \quad t \in [0, T]$$

とし，$\boldsymbol{r}(t)$ は $\boldsymbol{0}$ のまわりを反時計回りに 1 周するものとする (C は円周でなくてもよい).

このとき $d\boldsymbol{r} = (dx, dy)$ と書くと

$$\boldsymbol{w}(\boldsymbol{r}) \cdot d\boldsymbol{r} = c(-ydx + xdy)$$

と表せるが，$\dfrac{1}{2}|-ydx+xdy|$ は $\boldsymbol{r} = (x, y)$ と $d\boldsymbol{r} = (dx, dy)$ を 2 辺とする (微小な) 三角形の面積であり (**図 11.22**)，$\boldsymbol{r} = (x, y)$ を $d\boldsymbol{r} = (dx, dy)$ に重ねる回転は左回りであるから，$\dfrac{1}{2}(-ydx + xdy) > 0$ である. よって，C によって囲まれる領域 D の面積を $|D|$ とすると，

$$\int_C \boldsymbol{w}(\boldsymbol{r}) \cdot d\boldsymbol{r} = 2c|D|$$

となる.

他方 rot $\boldsymbol{w}(\boldsymbol{r}) = 2c$ であるから，(11.49) が成り立つ.

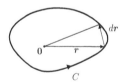

[図 11.22] $\boldsymbol{r}$ と $d\boldsymbol{r}$ を 2 辺とする (微小な) 三角形.

例 11.13 $a_1, a_2, a_{11}, a_{12}, a_{21}, a_{22}$ を定数として，ベクトル場

$$\boldsymbol{v}(x, y) = (a_1 + a_{11}x + a_{12}y, a_2 + a_{21}x + a_{22}y) \tag{11.50}$$

を考え，**例 11.12** の積分路 C に沿う線積分を求める．

例 11.6 にならって，

$$\boldsymbol{u}(x,y) = (a_1 + a_{11}x + \frac{1}{2}(a_{12} + a_{21})y, a_2 + \frac{1}{2}(a_{12} + a_{21})x + a_{22}y)$$

$$(11.51)$$

$$\boldsymbol{w}(x,y) = -\frac{1}{2}(a_{12} - a_{21})(-y, x) \qquad (11.52)$$

とおくと，$\boldsymbol{v}$ は

$$\boldsymbol{v} = \boldsymbol{u} + \boldsymbol{w}$$

のように分解できる．$\boldsymbol{u}$ はポテンシャル

$$\varphi(x,y) = a_1 x + a_2 y + \frac{a_{11}}{2}x^2 + \frac{a_{12} + a_{21}}{2}xy + \frac{a_{22}}{2}y^2$$

をもつので，

$$\int_C \boldsymbol{u}(\boldsymbol{r}) \cdot d\boldsymbol{r} = 0$$

である．また **例 11.12** の結果により，

$$\int_C \boldsymbol{w}(\boldsymbol{r}) \cdot d\boldsymbol{r} = (a_{21} - a_{12})|D|$$

である．したがって

$$\int_C \boldsymbol{v}(\boldsymbol{r}) \cdot d\boldsymbol{r} = \int_C \boldsymbol{u}(\boldsymbol{r}) \cdot d\boldsymbol{r} + \int_C \boldsymbol{w}(\boldsymbol{r}) \cdot d\boldsymbol{r}$$

$$= (a_{21} - a_{12})|D| \qquad (11.53)$$

となる．

他方 $\mathrm{rot}\, \boldsymbol{v}(\boldsymbol{r}) = a_{21} - a_{12}$ であるから，(11.49) が成り立つ．

◆◆◆ **参考 11.12** (11.49) の左辺は，閉曲線 C に沿って測ったベクトル場 $\boldsymbol{v}(\boldsymbol{r})$ の回転量を表していると考えられる．すると (11.49) から，$\mathrm{rot}\, \boldsymbol{v}(\boldsymbol{r})$ は回転渦の密度を表す量であると解釈できる．

Chapter 11 章末問題

Basic

問題 11.1 次の関数，ベクトル場の勾配，発散，回転を求めよ．

(1) 関数 $\varphi(x, y) = ax^2 + 2bxy + cy^2$ の勾配

(2) ベクトル場 $\boldsymbol{u}(x, y) = (e^x \cos y, e^x \sin y)$ の発散

(3) ベクトル場 $\boldsymbol{u}(x, y) = (e^x \cos y, e^x \sin y)$ の回転

問題 11.2 ベクトル場 $\boldsymbol{u} = (2x, 2y)$ の線積分

$$I(C) = \int_C \boldsymbol{u}(\boldsymbol{r}) \cdot d\boldsymbol{r}$$

を，次の積分路 C について求めよ．

$$(1)\, C: \ \boldsymbol{r} = (at, bt) \quad (0 \leqq t \leqq 1)$$

$$(2)\, C: \ \boldsymbol{r} = \begin{cases} (0, bt) & (0 \leqq t \leqq 1) \\ (a(t-1), b) & (1 \leqq t \leqq 2) \end{cases}$$

Standard

問題 11.3 次のベクトル場 $\boldsymbol{u}$ はポテンシャルをもつか．もつ場合には，ポテンシャルを求めよ．

(1) $\boldsymbol{u}(x, y) = (xe^{-x^2-y^2}, ye^{-x^2-y^2})$

(2) $\boldsymbol{u}(x, y) = (-ye^{-x^2-y^2}, xe^{-x^2-y^2})$

問題 11.4 次のベクトル場に対し，**定理 11.5** が成立することを直接計算により確かめよ．ただし，領域 D は円の周および内部 $x^2 + y^2 \leqq a^2$ とする．

(1) $\boldsymbol{u} = (x, -y)$

(2) $\boldsymbol{u} = (x\sqrt{x^2+y^2}, y\sqrt{x^2+y^2})$

問題 11.5 次のベクトル場に対し，**定理 11.6** が成立することを直接計算により確かめよ．ただし，領域 D は円の周および内部 $x^2 + y^2 \leqq a^2$ とする．

$$\boldsymbol{u} = \left(-y\sqrt{x^2+y^2}, x\sqrt{x^2+y^2}\right)$$

問題 11.6 ラグランジュの乗数法を用いて，条件 $x^3 + y^3 = 2$ の下で，$x^2 + y^2$ が極値をとる点 (x_0, y_0) (の候補) を求めよ．

問題 11.7 平面上の閉曲線 C が囲む領域を D とすると,

$$\iint_D \operatorname{grad} f(\boldsymbol{r})\,dxdy = \int_C f(\boldsymbol{r})\boldsymbol{n}(\boldsymbol{r})\,ds$$

が成り立つことを示せ. ただし $\boldsymbol{n}(\boldsymbol{r})$ は, C 上の点 $\boldsymbol{r}$ における C の外向き単位法線, s は C の弧長パラメータであり, $f(\boldsymbol{r})$ は D で連続な偏導関数をもつとする.

問題 11.8 (アルキメデスの原理)

浮力の法則を 2 次元の世界で考える. y 軸を鉛直上向きにとり, xy 平面上の閉曲線 C によって囲まれる領域 D が, C を通して外界から受ける圧力の合力を求める.

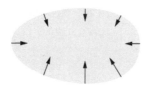

曲線 C の微小部分に外界から作用する力は $-p(\boldsymbol{r})\boldsymbol{n}(\boldsymbol{r})ds$ であり, この力の合力

$$\boldsymbol{F} = \int_C -p(\boldsymbol{r})\boldsymbol{n}(\boldsymbol{r})\,ds$$

が浮力であると考える. ただし, $p(\boldsymbol{r})$ は点 $\boldsymbol{r}$ における圧力 (単位長さあたりの力), $\boldsymbol{n}(\boldsymbol{r})$ は点 $\boldsymbol{r}$ における C の外向き単位法線ベクトル, s は C の弧長パラメータである. 領域 $y \leqq 0$ の部分に満たされた, 密度 ρ が一定である水の圧力は $p = -\rho gy$ で与えられるとして, **問題 11.7** を用いて, 水中の物体 D が受ける浮力 $\boldsymbol{F}$ を求めよ. g は重力の加速度である.

問題 11.9 ベクトル場

$$\boldsymbol{u} = \left(\frac{x}{x^2 + y^2}, \frac{y}{x^2 + y^2} \right)$$

に対し, 閉曲線 C に沿う線積分

$$I(C) = \int_C \boldsymbol{u}(\boldsymbol{r}) \cdot \boldsymbol{n}(\boldsymbol{r}) ds$$

を考える．$\boldsymbol{n}(\boldsymbol{r})$ は C 上の点 $\boldsymbol{r}$ における C の外向き単位法線ベクトル，s は C の弧長パラメータである．

(1) 円 $x^2 + y^2 = a^2$ 上を 1 周する経路 C に対して，$I(C)$ を求めよ．

(2) 原点 O のまわりを 1 周する (円とは限らない) 経路 C に対して，$I(C)$ を求めよ．

問題 11.10　ラグランジュの乗数法を 3 変数関数に対して用いることにより，条件つき極値問題

　　条件 $g(x, y, z) = 0$ のもとで，$f(x, y, z)$ の極値を求める問題

を考察する．

(1) $f(x, y, z) = x + y + z$, $g(x, y, z) = xy + yz + zx - 1$ として，極値をとる点 (x_0, y_0, z_0) (の候補) を求めよ．

(2) $f(x, y, z) = 5x + y + z$, $g(x, y, z) = xy + yz + zx - 1$ とすると，極値は存在しないことを示せ．

問 1 $\operatorname{grad} \varphi(\boldsymbol{r}(\tau)) = (0, 2b\tau^2)$, $\dfrac{d\boldsymbol{r}}{d\tau} = (2a\tau, 2b\tau)$ より，求める積分は，

$$\int_0^1 2b\tau^2 \cdot 2b\tau \ d\tau = 4b^2 \left[\frac{1}{4}\tau^4 \right]_0^1 = b^2$$

□

問 2

$$\frac{d\boldsymbol{r}}{dt} = \begin{cases} (0, \ b) & (0 \leqq t \leqq 1) \\ (a, \ 0) & (1 \leqq t \leqq 2) \end{cases}$$

より，

$$\int_0^2 \operatorname{grad} \varphi(\boldsymbol{r}(t)) \cdot \frac{d\boldsymbol{r}}{dt} dt$$
$$= \int_0^1 (0, \ 2bt) \cdot (0, \ b) dt +$$

$$\int_1^2 (0, \ 2bt) \cdot (a, \ 0) dt$$
$$= \int_0^1 2b^2 t \ dt = b^2$$

□

問 3

$$\frac{\Delta S}{\Delta t} = \int_0^{2\pi} (a_1 + a_{11}\rho\cos\theta + a_{12}\rho\sin\theta,$$
$$a_2 + a_{21}\rho\cos\theta + a_{22}\rho\sin\theta)$$
$$\cdot (\cos\theta, \sin\theta)\rho d\theta$$
$$= \int_0^{2\pi} \rho(a_1\cos\theta + a_2\sin\theta)d\theta$$
$$+ \pi\rho^2(a_{11} + a_{22})$$
$$= \pi\rho^2(a_{11} + a_{22})$$

□

問題 11.1 (1) $\operatorname{grad}\varphi = (2ax+2by, 2bx+2cy)$

(2) $\operatorname{div}\boldsymbol{u} = e^x\cos y + e^x\cos y = 2e^x\cos y$

(3) $\operatorname{rot}\boldsymbol{u} = e^x\sin y - (-e^x\sin y) = 2e^x\sin y$ □

問題 11.2 (1) $\dfrac{d\boldsymbol{r}}{dt} = (a,b)$ で,

$$I = \int_0^1 (2at, 2bt)\cdot(a,b)dt$$
$$= \int_0^1 2(a^2+b^2)t\, dt = a^2+b^2$$

(2)

$$\frac{d\boldsymbol{r}}{dt} = \begin{cases} (0,b) & (0\leqq t\leqq 1) \\ (a,0) & (1\leqq t\leqq 2) \end{cases}$$

より

$$I = \int_0^1 (0, 2bt)\cdot(0,b)dt$$
$$+ \int_1^2 (2a(t-1),0)\cdot(a,0)dt$$
$$= \int_0^1 2b^2 t\, dt + \int_1^2 2a^2(t-1)\, dt$$
$$= a^2+b^2$$ □

注意 (1) と (2) は同じベクトル場で整合条件を満たしており, 積分路はどちらも $(0,0)$ から (a,b) になっているので, 結果が一致している.

問題 11.3 (1)

$$\frac{\partial u_1}{\partial y} = \frac{\partial u_2}{\partial x} = -2xye^{-x^2-y^2}$$

よりポテンシャル $\varphi(\boldsymbol{r})$ が存在する. **問題 11.2**(1) の積分路 C に対し,

$$\int_C \boldsymbol{u}(\boldsymbol{r})d\boldsymbol{r} = \int_0^1 e^{-(a^2+b^2)t^2}\times$$

$$(a,b)\cdot(a,b)tdt$$
$$= -\frac{1}{2}e^{-(a^2+b^2)} + \frac{1}{2}$$

よって, $\varphi(x,y) = -\dfrac{1}{2}e^{-(x^2+y^2)} +$ 定数.

(2)

$$\frac{\partial u_1}{\partial y} = (2y^2-1)e^{-x^2-y^2}$$
$$\frac{\partial u_2}{\partial x} = (1-2x^2)e^{-x^2-y^2}$$

よりポテンシャルは存在しない. □

問題 11.4 円周 C を $x = a\cos\theta$, $y = a\sin\theta$, $0\leqq\theta < 2\pi$ で表すと, $s = a\theta$, $\dfrac{ds}{d\theta} = a$, $\boldsymbol{n} = (\cos\theta, \sin\theta)$ である.

(1) $\operatorname{div}\boldsymbol{u} = 0$ より $\displaystyle\iint \operatorname{div}\boldsymbol{u}dxdy = 0$.
一方,

$$\int_C \boldsymbol{u}\cdot\boldsymbol{n}ds = \int_0^{2\pi} (a\cos\theta, -a\sin\theta)\times$$
$$(\cos\theta, \sin\theta)a\, d\theta$$
$$= \int_0^{2\pi} a^2(\cos^2\theta - \sin^2\theta)d\theta$$
$$= 0$$

(2) $r = \sqrt{x^2+y^2}$ と書く.

$$\frac{\partial u_1}{\partial x} = r + \frac{x^2}{r}, \quad \frac{\partial u_2}{\partial y} = r + \frac{y^2}{r},$$

$$\operatorname{div}\boldsymbol{u} = 3r$$

$$\iint_D \operatorname{div}\boldsymbol{u}\, dxdy$$
$$= \iint_D 3r\, dxdy = \int_0^{2\pi}\int_0^a 3r^2 drd\theta$$
$$= 2\pi a^3$$

$$\int_C \boldsymbol{u} \cdot \boldsymbol{n} \, ds = \int_0^{2\pi} a^3 \, d\theta = 2\pi a^3$$

□

問題 11.5 $x = a\cos\theta,\ y = a\sin\theta,$ $0 \leqq \theta < 2\pi$ で円周 C を表すと,

$$\frac{d\boldsymbol{r}}{d\theta} = (-a\sin\theta, a\cos\theta)$$

より

$$\int_C \boldsymbol{u} \cdot d\boldsymbol{r} = \int_0^{2\pi} a^2(-\sin\theta, \cos\theta) \cdot$$
$$(-a\sin\theta, a\cos\theta) d\theta$$
$$= 2\pi a^3$$

一方,

$$\mathrm{rot}\,\boldsymbol{u} = \frac{\partial u_2}{\partial x} - \frac{\partial u_1}{\partial y} = 3r$$

よって,

$$\iint_D \mathrm{rot}\,\boldsymbol{u} \, dxdy = \int_0^{2\pi}\int_0^a 3r^2 drd\theta$$
$$= 2\pi a^3$$

□

問題 11.6 $f(x,y) = x^2 + y^2,\ g(x,y) = x^3 + y^3 - 2$ とおくと

$$\mathrm{grad}\,f(x,y) = (2x, 2y)$$
$$\mathrm{grad}\,g(x,y) = (3x^2, 3y^2)$$

よって,条件 $g = 0$ のもとで,f が極値をとる点を (x_0, y_0) とすれば,ラグランジュ乗数を λ として

$$(2x_0, 2y_0) = \lambda(3x_0^2, 3y_0^2)$$

が成り立つ.したがって

$$x_0 = y_0 = \frac{2}{3\lambda}$$

さらに $g(x_0, y_0) = 0$ を考慮すれば

$$\lambda = \frac{2}{3}, \quad x_0 = y_0 = 1$$

となる. □

問題 11.7 $\boldsymbol{u}(\boldsymbol{r}) = (f(\boldsymbol{r}), 0),\ \boldsymbol{n}(\boldsymbol{r}) = (n_1(\boldsymbol{r}), n_2(\boldsymbol{r}))$ とおくと,

$$\mathrm{div}\,(\boldsymbol{u}(\boldsymbol{r})) = \frac{\partial f}{\partial x}$$
$$\boldsymbol{u} \cdot \boldsymbol{n} = f(\boldsymbol{r})n_1(\boldsymbol{r})$$

よって,ガウスの発散定理から,

$$\iint_D \frac{\partial f}{\partial x} dxdy = \int_C f(\boldsymbol{r})n_1(\boldsymbol{r})ds$$

これは,与えられた式において,両辺の x 成分が等しいことを意味している.y 成分についても同様である. □

問題 11.8

$$\boldsymbol{F} = \iint_D \mathrm{grad}\,(-p(\boldsymbol{r}))dxdy$$
$$= \iint_D (0, \rho g) \, dxdy = (0, \rho g|D|) \quad \square$$

問題 11.9 (1) C の媒介変数表示を $\boldsymbol{r} = (a\cos\theta, a\sin\theta),\ 0 \leqq \theta < 2\pi$ とすると,$\boldsymbol{n} = (\cos\theta, \sin\theta),\ \dfrac{ds}{d\theta} = a$. これより,

$$\boldsymbol{u} \cdot \boldsymbol{n} = (\frac{\cos\theta}{a}, \frac{\sin\theta}{a}) \cdot (\cos\theta, \sin\theta) = \frac{1}{a},$$
$$I(C) = \int_0^{2\pi} \frac{1}{a} ad\theta = 2\pi$$

□

注意 $\mathrm{div}\,\boldsymbol{u} = 0$ であるから,円 C の内部を D とすると,

$$\iint_D \mathrm{div}\,\boldsymbol{u} dxdy = 0$$

となり,ガウスの発散定理が成立していないようにみえる.これは,$\boldsymbol{u}$ や $\mathrm{div}\,\boldsymbol{u}$ が原点で定義されていない(発散している)ことによる.

(2) 原点 O のまわりを 1 周する任意の経路 C に対して,C と交わらないように

円 $x^2 + y^2 = a^2$ 上を 1 周する経路 C_a を
とる．また C 上の点 P と C_a 上の点 Q を
結ぶ経路を C' とする．ただし，C, C_a, C'
は，2 点 P,Q 以外に共有点をもたないよう
にする（下図では C' を x 軸の一部にとって
いるが，そうでなくてもよい）．そこで，点
P からスタートして C 上を 1 周した後，C'
を通って点 P から点 Q に行き，C_a を逆向
きに 1 周して，C' を通って点 P に戻ると
いう経路を $\tilde{C}$ とする．すると $\tilde{C}$ の内部で
は，$\boldsymbol{u}, \operatorname{div} \boldsymbol{u}$ が定義され，$\operatorname{div} \boldsymbol{u} = 0$ であ
るから，ガウスの発散定理より，$I(\tilde{C}) = 0$
である．ここで C' 上の積分は往復で打ち消
されるので，$I(\tilde{C}) = I(C) - I(C_a)$ であ
る．よって，$I(C) = I(C_a) = 2\pi$ となる．

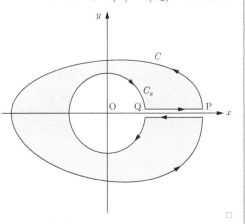

注意 ベクトル場 $\boldsymbol{u}$ は原点から流体が
湧き出す流れを表している．**12.2.2 節**の
最後の部分で，2 次元デルタ関数 $\delta(\boldsymbol{r})$ を
導入して，(12.42) を示すが，この等式は
$\operatorname{div} \boldsymbol{u} = 2\pi\delta(\boldsymbol{r})$ が成り立つことを意味し
ている．

問題 11.10　(1) $f(x, y, z) = x + y + z$，
$g(x, y, z) = xy + yz + zx - 1$ より

$$\operatorname{grad} f(x, y, z) = (1, 1, 1)$$

$$\operatorname{grad} g(x, y, z) = (y + z, x + z, x + y)$$

よって，条件 $xy + yz + zx - 1 = 0$ のもと
で，$x + y + z$ が極値をとる点を (x_0, y_0, z_0)
とすれば，ラグランジュ乗数を λ として

$$(1, 1, 1) = \lambda(y_0 + z_0, x_0 + z_0, x_0 + y_0)$$

が成り立つ．したがって

$$x_0 = y_0 = z_0 = \frac{1}{2\lambda}$$

さらに $g(x_0, y_0, z_0) = 0$ を考慮すれば

$$\lambda = \pm\frac{\sqrt{3}}{2}$$

$$x_0 = y_0 = z_0 = \pm\frac{1}{\sqrt{3}}$$

となる．

(2) $f(x, y, z) = 5x + y + z$ より，

$$\operatorname{grad} f(x, y, z) = (5, 1, 1)$$

条件 $xy + yz + zx - 1 = 0$ のもとで，
$5x + y + z$ が極値をとる点 (x_0, y_0, z_0) が
あるとすれば，ラグランジュ乗数を λ と
して

$$(5, 1, 1) = \lambda(y_0 + z_0, x_0 + z_0, x_0 + y_0)$$

が成り立つ．したがって

$$x_0 = -\frac{3}{2\lambda}, \quad y_0 = z_0 = \frac{5}{2\lambda}$$

さらに $g(x_0, y_0, z_0) = 0$ を考慮すれば

$$4\lambda^2 = -5$$

となり，これを満たす実数 λ は存在し
ない．

偏微分方程式 ♠

物理的には異なる現象が数学的には同じ形の法則に従っているという
ことがある. 実際, ある微分方程式がさまざまな物理法則を記述する
ことがある. このような微分方程式の中で, 2階偏微分を含む典型的な
「2階偏微分方程式」について, 物理的由来と数学的解法を紹介する.

12.1 | 拡散方程式

空気中の煙や水中のインクなどが拡散する現象は, 数学的にどのような法
則に従っているのだろうか. 煙やインクの分布が変化するのは, 分布に疎密
(むら) があるからである. 空間分布の疎密が引き起こす分布の時間変化を考
える.

12.1.1 | 連続の方程式

まず, 直線上の拡散現象を考える. ある物質が直線状の細い管の中に分布
しており, 時刻 t, 点 x における線密度を $\rho(t, x)$ とする. ここで **線密度** と
は, 単位長さあたりの物質の質量である. 線密度 $\rho(t, x)$ を用いると, 時刻 t
に区間 $I = [a, b]$ の中に存在する物質の質量は

$$\int_a^b \rho(t, x)dx$$

のように表せる. したがって, 区間 I の中に存在する物質の質量の増加速度は

$$\frac{d}{dt}\int_a^b \rho(t, x)dx = \int_a^b \frac{\partial}{\partial t}\rho(t, x)dx \tag{12.1}$$

で与えられる.

> **注意 12.1** (12.1) において, t に関する微分と x に関する積分の
> 順序を交換した. これは無条件に許される変形ではないが, 物質の分
> 布が緩やかな「普通の関数」で表されているとして, この変形が許さ
> れると仮定する (**定理 15.15**, 262 ページ).

次に流れの速度を考え，時刻 t に点 x にある物質粒子の移動速度を $v(t,x)$ とする．単位時間に点 x を右方向 (x が増加する方向) に通過する物質の質量 (流量) は，

$$j(t,x) = \rho(t,x)v(t,x)$$

で与えられ，単位時間に $I = [a,b]$ の外部に流出する物質の質量は，**図 11.13** (117 ページ) の見方によれば，

$$j(t,b) - j(t,a) \tag{12.2}$$

となる．

さて，物質は移動しているだけであり，生じることも消えることもないとすれば，(12.1), (12.2) より

$$\int_a^b \frac{\partial}{\partial t}\rho(t,x)dx + j(t,b) - j(t,a) = 0$$

が成り立つ．したがって，両辺を b で微分して $b = x$ とすれば，次の等式が得られる．

$$\frac{\partial}{\partial t}\rho(t,x) + \frac{\partial}{\partial x}j(t,x) = 0 \tag{12.3}$$

この等式は質量保存則を表しており，**連続の方程式** と呼ばれている．

12.1.2 | 拡散方程式の導出

次に，物質の疎密が引き起こす流れを考える．この種の現象を支配する法則は状況によってさまざまであるが，一般に物質が (まとまって流れるのではなく，微粒子がランダムに動いて) 拡散する現象においては，次の経験則が知られている．

物質の流れは，濃い部分から薄い部分に向かう方向に生じ，流量 $j(t,x)$ は，密度の負の勾配 $-\dfrac{\partial}{\partial x}\rho(t,x)$ に比例する (**図 12.1**)

この法則は，比例定数を D として

$$j(t,x) = -D\frac{\partial}{\partial x}\rho(t,x) \tag{12.4}$$

と表せる．これを **フィックの法則** という．

[図 12.1] 物質の流れは，濃い部分から薄い部分に向かう方向に生じる．

(12.3), (12.4) から $\rho(t, x)$ が従う微分方程式

$$\frac{\partial}{\partial t}\rho(t, x) = D\frac{\partial^2}{\partial x^2}\rho(t, x) \tag{12.5}$$

が得られる．これを **拡散方程式** という．

> **参考 12.2** 物質の拡散現象ばかりでなく，熱伝導による物体の温度変化についても同じ形の微分方程式が成立するので，(12.5) を **熱方程式** と呼ぶこともある．

12.1.3 | 拡散方程式の解

拡散方程式

$$\frac{\partial}{\partial t}u(t, x) = D\frac{\partial^2}{\partial x^2}u(t, x) \tag{12.6}$$

の解の例を挙げよう．

例 12.1 関数

$$u(t, x) = \exp\left(x + Dt\right) \tag{12.7}$$

は，微分方程式 (12.6) および **初期条件**

$$u(0, x) = e^x \tag{12.8}$$

を満たす．$u(t, x)$ は $u(0, x)$ を平行移動した関数である (**図 12.2**).

この解において，熱の流れは

$$j(t, x) = -D\frac{\partial}{\partial x}u(t, x) = -D\exp\left(x + Dt\right)$$

である．直線上の各点において，左方に向かう熱の流れが生じており，特に右無限遠方 ($x = \infty$) において，直線に多量の熱が流れ込むため，直線全体の温度が時間とともに上昇する．

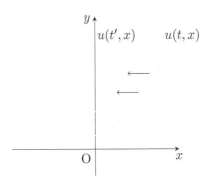

[図 12.2] 拡散方程式の解 (12.7).

問 1 関数 $u(t, x) = f(x + Dt)$ が微分方程式 (12.6) を満たすとき，$f(y) = ae^y + b$ (a, b は定数) であることを示せ.

例 12.2 関数

$$u(t, x) = e^{-k^2 Dt} \sin kx \tag{12.9}$$

は，微分方程式 (12.6) および **初期条件**

$$u(0, x) = \sin kx \tag{12.10}$$

を満たす．k は定数である (**図 12.3**).

特に $L > 0$ として，$k = \dfrac{\pi}{L}$ とおき，直線上の区間 $[0, L]$ に限定して考えると，(12.9) は

区間 $[0, L]$ において (12.6) を満たし，

端点 $x = 0, L$ において $u = 0$ を満たす ($u(t, 0) = u(t, L) = 0$).

また直線上の区間 $\left[-\dfrac{1}{2}L, \dfrac{1}{2}L\right]$ に限定して考えると，(12.9) は

区間 $\left[-\dfrac{1}{2}L, \dfrac{1}{2}L\right]$ において (12.6) を満たし，

端点 $x = \pm\dfrac{1}{2}L$ において $\dfrac{\partial}{\partial x}u = 0$ を満たす ($\dfrac{\partial}{\partial x}u(t, \pm\dfrac{1}{2}L) = 0$).

端点における関数値を 0 とする条件を **ディリクレ境界条件** といい (**図 12.4 (左)**)，端点における勾配を 0 とする条件を **ノイマン境界条件** と

いう (**図 12.4 (右)**). ノイマン条件は, 端点において熱の出入りがない状況に相当する. 実際, 区間 $\left[-\dfrac{1}{2}L, \dfrac{1}{2}L\right]$ における "熱の総量" は

$$\int_{-L/2}^{L/2} u(t,x)dx = 0$$

のようにつねに 0 であり, 時間によらない.

[図 12.3] 拡散方程式の解 (12.9).

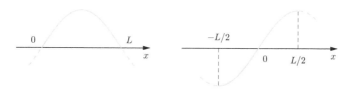

[図 12.4] ディリクレ境界条件 (左) とノイマン境界条件 (右).

問 2 関数 $u(t,x) = f(t)\sin kx$ が, 微分方程式 (12.6) および初期条件 $f(0) = 1$ を満たすように, t の関数 $f(t)$ を定めよ.

例 12.3 関数

$$E(t,x) = \frac{1}{\sqrt{4\pi Dt}} \exp\left(-\frac{x^2}{4Dt}\right) \tag{12.11}$$

は, (12.6) を満たす. ただし $t > 0$ とする. この解において, 熱の流れは

$$j(t,x) = -D\frac{\partial E}{\partial x}(t,x) = \frac{1}{\sqrt{4\pi Dt}}\frac{x}{2t}\exp\left(-\frac{x^2}{4Dt}\right)$$

で与えられ, 無限遠 $x \to \pm\infty$ において 0 であるから, 無限遠での熱の出入りはない. 実際, 直線上の "熱の総量" は

$$\int_{-\infty}^{\infty} E(t,x)dx = 1 \tag{12.12}$$

であり，時間 t によらず一定である．関数 (12.11) のグラフ (**図 12.5**) を
みると，$t \to +0$ のとき，$x = 0$ の近くに局在した分布を表すことが分か
る．すなわちこの関数は，$t = 0$ において点 $x = 0$ に集中していた熱や微
粒子が次第に拡散する様子を表している．$E(t, x)$ を **熱核** という．

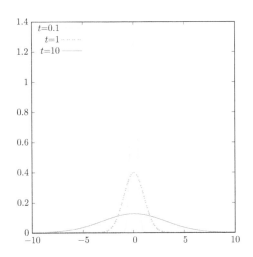

［図 12.5］関数 (12.11) のグラフ．$t = 0.1, 1, 10$ のときの様子．た
だし $D = 1/2$ とした．

問 3　(12.12) が成立することを確かめよ．

12.1.4 │ フーリエ展開の応用

例 12.2 における解 (12.9) を，区間 $[0, \pi]$ に限定して考える．

$$u_k(t, x) = e^{-k^2 Dt} \sin kx , \quad 0 \le x \le \pi \tag{12.13}$$

ただし $k = 1, 2, 3, \cdots$ とする．この関数は，微分方程式 (12.6)，初期条件

$$u_k(0, x) = \sin kx$$

およびディリクレ境界条件

$$u_k(t, 0) = u_k(t, \pi) = 0$$

を満たす．

このとき a_k を実数の定数として，$u_k(t, x)$ の線形結合

$$u(t, x) = \sum_{k=1}^{N} a_k u_k(t, x)$$

を考えると，この関数 $u(t, x)$ も (12.6) の解であり，ディリクレ境界条件 $u(t, 0) = u(t, \pi) = 0$ および初期条件

$$u(0, x) = \sum_{k=1}^{N} a_k \sin kx , \quad x \in [0, \pi]$$

を満たす．このような考え方を **重ね合わせの原理** といい，**6.2.3 節**でも用いた．

そこでさらに項数 N を無限大とし，上記の方法を拡張する．初期値 $u(0, x)$ を

$$u(0, x) = \sum_{k=1}^{\infty} a_k \sin kx , \quad x \in [0, \pi] \tag{12.14}$$

のようにフーリエ展開すれば，ディリクレ境界条件を満たす (12.6) の解を

$$u(t, x) = \sum_{k=1}^{\infty} a_k e^{-k^2 Dt} \sin kx$$

のように表すことができると考えられる．

◆参考 **12.3** 周期 2π をもつ関数 $f(x)$ を三角関数によって展開するフーリエ級数 (8.8) は，

$$f(x) = \frac{a_0}{2} + \sum_{n=1}^{\infty} (a_n \cos nx + b_n \sin nx) , \quad x \in [-\pi, \pi] \tag{12.15}$$

のように書くことができる (**8.2 節**)．

しかし (12.14) の関数 $u(0, x)$ は $[0, \pi]$ で定義された関数であるから，直接 (12.15) のような展開法を適用することはできない．そこで $u(0, x)$ を負の方向に延長して

$$u(0, x) = -u(0, -x) , \quad x \in [-\pi, 0]$$

とおく．すると $u(0, x)$ は区間 $[-\pi, \pi]$ で定義された奇関数となるので，(12.15) のような展開が可能であり，しかも奇関数の性質から $\sin nx$ だけを用いて展開できる．その結果を (12.14) のように書くのである．

12.1.5 | 基本解

重ね合わせの原理を積分形に拡張して用いると，$\mathbb{R}$ 全体での拡散方程式の解を表すこともできる．

(12.11) の関数を a だけ平行移動した関数

$$E(t, x - a) = \frac{1}{\sqrt{4\pi Dt}} \exp\left(-\frac{(x-a)^2}{4Dt}\right) \tag{12.16}$$

は微分方程式 (12.6) を満たす．これを積分的に重ね合わせて

$$u(t, x) = \int_{-\infty}^{\infty} E(t, x - y)\varphi(y)dy \tag{12.17}$$

とおく．$\varphi(y)$ は広義積分 (12.17) が定義できるような関数であるとする．さらに微分と積分の順序交換ができるとすれば

$$\begin{aligned}
\frac{\partial}{\partial t} u(t, x) &= \int_{-\infty}^{\infty} \frac{\partial}{\partial t} E(t, x - y)\varphi(y)dy \\
&= \int_{-\infty}^{\infty} D\frac{\partial^2}{\partial x^2} E(t, x - y)\varphi(y)dy \\
&= D\frac{\partial^2}{\partial x^2} \int_{-\infty}^{\infty} E(t, x - y)\varphi(y)dy \\
&= D\frac{\partial^2}{\partial x^2} u(t, x)
\end{aligned}$$

となり，$u(t, x)$ も微分方程式 (12.6) を満たす．

> ◆**注意 12.4**　微分と積分の順序交換についての厳密な議論は，**問題 15.7** で扱う．

例 12.4　$\varphi(y) = \dfrac{1}{2}y^2$ として，(12.17) の積分を計算する．$x - y = z$ として置換積分すると，

$$\begin{aligned}
u(t, x) &= \int_{-\infty}^{\infty} E(t, z)\varphi(x - z)dz \\
&= \int_{-\infty}^{\infty} E(t, z)\frac{1}{2}(x^2 - 2xz + z^2)dz
\end{aligned}$$

ここで (10.27) から得られる等式

$$\int_{-\infty}^{\infty} E(t,z)dz = 1$$

を用いると

$$\int_{-\infty}^{\infty} E(t,z)x^2 dz = x^2$$

となる．また，$E(t,z)z$ は z の奇関数であるから

$$\int_{-\infty}^{\infty} E(t,z)2xz dz = 0$$

であり，さらに (10.28) から得られる等式

$$\int_{-\infty}^{\infty} E(t,z)z^2 dz = 2Dt$$

を用いると

$$u(t,x) = \frac{1}{2}x^2 + Dt \tag{12.18}$$

となる．この結果は (12.7) と一致する．

 12.5 (12.18) において，

$$\lim_{t \to +0} u(t,x) = \frac{1}{2}x^2$$

すなわち

$$\lim_{t \to +0} \int_{-\infty}^{\infty} E(t,x-y)\varphi(y)dy = \varphi(x)$$

が成立することに注意する．これは次の **定理 12.1** の特別の場合に当たる．

定理12.1

連続関数 $\varphi(x)$ が多項式程度の増大度をもつとする．すなわち，多項式 $P(x)$ が存在して

$$|\varphi(x)| < P(x)$$

のような評価が可能であるとする．このとき，広義積分

$$u(t,x) = \int_{-\infty}^{\infty} \frac{1}{\sqrt{4\pi Dt}} \exp\left(-\frac{(x-y)^2}{4Dt}\right) \varphi(y)dy , \quad t > 0, \ x \in \mathbb{R}$$

$$(12.19)$$

は収束し，拡散方程式

$$\frac{\partial}{\partial t}u(t,x) = D\frac{\partial^2}{\partial x^2}u(t,x) , \quad t > 0, \ x \in \mathbb{R} \tag{12.20}$$

および初期条件

$$\lim_{t \to +0} u(t,x) = \varphi(x) , \quad x \in \mathbb{R} \tag{12.21}$$

を満たす．

関数

$$E(t, x-y) = \frac{1}{\sqrt{4\pi Dt}} \exp\left(-\frac{(x-y)^2}{4Dt}\right) \tag{12.22}$$

を $\mathbb{R}$ 上の拡散方程式 (12.20) の **基本解** という．

参考 **12.6**　関数 (12.22) を基本解と呼ぶのは，拡散方程式の初期値問題 (12.20), (12.21) の解が積分 (12.19) で表されるからである．実際 (12.21) を満たすことは，次のように直観的に理解することができる．図 **12.5** から分かるように，t が 0 に近いとき，関数 (12.22) の値は x と y がきわめて近いところに集中しており，積分

$$u(t,x) = \int_{-\infty}^{\infty} E(t, x-y)\varphi(y)dy$$

において，関数 $\varphi(y)$ を $\varphi(x)$ で置き換えても，積分値はほとんど変わらない．よって

$$\int_{-\infty}^{\infty} u(t, x-y)\varphi(y)dy \fallingdotseq \int_{-\infty}^{\infty} E(t, x-y)\varphi(x)dy = \varphi(x)$$

が成立する．そして $t \to 0$ の極限で，正確な等式になると考えられる．

なお (12.19), (12.21) において，lim と積分の順序を交換することはできない．実際，極限

$$\lim_{t \to +0} \frac{1}{\sqrt{4\pi Dt}} \exp\left(-\frac{x^2}{4Dt}\right) \qquad (12.23)$$

は，$x \neq 0$ なら 0 であるが，$x = 0$ のとき ∞ に発散する．

しかし図 **12.5** を手がかりにして，$x = 0$ を含めて極限 (12.23) で "定義" される仮想的な (実在しない) 関数を $\delta(x)$ と書く．この関数は 1 点 $x = 0$ を除いて 0 である．

$$\delta(x) = 0 , \quad x \neq 0$$

しかし (12.12) の性質を受け継いで，

$$\int_{-\infty}^{\infty} \delta(x)dx = 1$$

を満たす．$\delta(x)$ を **ディラックのデルタ関数** という．この仮想的な関数を用いると，(12.21) は

$$\int_{-\infty}^{\infty} \delta(x - y)\varphi(y)dy = \varphi(x)$$

と書き表せる．

12.1.6 │ 平面上の拡散方程式

12.1.1 節，**12.1.2 節** の考察を，平面上の問題に拡張することができる．まず連続の方程式 (12.3) を平面上の流れに一般化する．ある物質が平面上に分布しており，時刻 t，点 $\boldsymbol{r} = (x, y)$ における面密度を $\rho(t, \boldsymbol{r})$，流速を $\boldsymbol{v}(t, \boldsymbol{r})$ とする．ここで **面密度** とは，単位面積あたりの物質の質量である．面密度 $\rho(t, \boldsymbol{r})$ を用いると，時刻 t に領域 D の中に存在する物質の質量は

$$\iint_D \rho(t, \boldsymbol{r})dxdy$$

のように表せる．したがって，領域 D の中に存在する物質の質量の増加速度は

$$\frac{d}{dt}\iint_D \rho(t, \boldsymbol{r})dxdy = \iint_D \frac{\partial}{\partial t}\rho(t, \boldsymbol{r})dxdy \qquad (12.24)$$

で与えられる．

他方，流量 $j(t,x) = \rho(t,x)v(t,x)$ を用いると，領域 D の境界を通って単位時間に D の外部に流出する物質の質量は，**11.2.2 節**の考え方に従って，

$$\int_C \rho(t,x)v(t,r) \cdot n(r)\,ds = \int_C j(t,r) \cdot n(r)\,ds$$

のように表せる．C は D の境界であり，$n(r)$ は C 上の点 r における C の外向き単位法線ベクトル，s は C の弧長パラメータである (**図 11.16**，120 ページ)．ここでガウスの発散定理 (**定理 11.5**，123 ページ) を用いると，((11.46) における $v(t,r)$ を $j(t,r)$ として)

$$\iint_D \operatorname{div} j(t,r)dxdy = \int_C j(t,r) \cdot n(r)\,ds \tag{12.25}$$

のように変形できる．

(12.24), (12.25) を用いると，質量保存則は

$$\iint_D \frac{\partial}{\partial t}\rho(t,r)dxdy + \iint_D \operatorname{div} j(t,r)dxdy = 0$$

のように表せる．そして上式が任意の領域 D において成り立つことから，次の **連続の方程式** が得られる．

$$\frac{\partial}{\partial t}\rho(t,r) + \operatorname{div} j(t,r) = 0 \tag{12.26}$$

次に，密度のむらが引き起こす流れについて考える．1 次元の場合と同様に，次の経験則 (**フィックの法則**) が成立すると仮定する．

物質の流れは，濃い部分から薄い部分に向かう方向に生じ，流量 $j(t,r)$ は，密度の負の勾配 $-\operatorname{grad}\rho(t,r)$ に比例する (**図 12.6**)

この法則は，比例定数を D とすれば

$$j(t,r) = -D\operatorname{grad}\rho(t,r) \tag{12.27}$$

と表せる．

[図 12.6] 物質の流れは，濃い部分から薄い部分に向かう方向に生じる．

(12.26), (12.27) から

$$\frac{\partial}{\partial t}\rho(t, \boldsymbol{r}) = D \operatorname{div} \operatorname{grad} \rho(t, \boldsymbol{r}) \tag{12.28}$$

が得られる．ここで

$$\operatorname{div} \operatorname{grad} \rho(t, \boldsymbol{r}) = \frac{\partial^2}{\partial x^2}\rho(t, \boldsymbol{r}) + \frac{\partial^2}{\partial y^2}\rho(t, \boldsymbol{r})$$

$$= \triangle\rho(t, \boldsymbol{r})$$

であるから，(12.28) は

$$\frac{\partial}{\partial t}\rho(t, \boldsymbol{r}) = D\triangle\rho(t, \boldsymbol{r}) \tag{12.29}$$

のように書ける．△ は 2 次元のラプラシアン (9.14) である．微分方程式 (12.29) を 2 次元の **拡散方程式** という．

例 12.5 $\boldsymbol{r} = (x, y)$ として，関数

$$u(t, \boldsymbol{r}) = \frac{1}{4}(x^2 + y^2) + Dt$$

は，微分方程式 (12.29) を満たす．

例 12.6 関数 $u(t, x)$ が 1 次元拡散方程式 (12.6) を満たすとき，関数 $\tilde{u}(t, \boldsymbol{r}) = u(t, x)u(t, y)$ は 2 次元拡散方程式 (12.29) を満たす (**問 4**). すなわち

$$\frac{\partial}{\partial t}\tilde{u}(t,\boldsymbol{r}) = D\triangle\tilde{u}(t,\boldsymbol{r}) \tag{12.30}$$

特に，(12.9), (12.11) より

$$\tilde{u}(t,\boldsymbol{r}) = e^{-(k^2+l^2)Dt}\sin kx \sin ly$$

$$\tilde{u}(t,\boldsymbol{r}) = \frac{1}{4\pi Dt}\exp\left(-\frac{x^2+y^2}{4Dt}\right)$$

は，(12.30) を満たす．

問 4　関数 $u(t,x)$ が (12.6) を満たすとき，$\tilde{u}(t,\boldsymbol{r}) = u(t,x)u(t,y)$ は (12.30) を満たすことを示せ．

　参考 **12.7**　3 次元以上の空間における拡散現象についても，(12.29) と同形の微分方程式が成立する．

12.2 | ポアソン方程式

　2 次元平面や 3 次元空間において，関数 $f(\boldsymbol{r})$ が与えられているとき，未知関数 $\rho(\boldsymbol{r})$ が従う偏微分方程式

$$\triangle\rho(\boldsymbol{r}) = f(\boldsymbol{r}) \tag{12.31}$$

を **ポアソンの方程式** という．ただし，3 次元の **ラプラシアン** $\triangle$ は

$$\triangle = \frac{\partial^2}{\partial x^2} + \frac{\partial^2}{\partial y^2} + \frac{\partial^2}{\partial z^2} \tag{12.32}$$

で定義される．

12.2.1 | ポアソン方程式の由来

　拡散方程式 (12.29) を一般化した，次の偏微分方程式を考える．

$$\frac{\partial}{\partial t}\rho(t,\boldsymbol{r}) = D\triangle\rho(t,\boldsymbol{r}) + \sigma(t,\boldsymbol{r}) \tag{12.33}$$

(12.29) は，解の重ね合わせの原理が成り立つ斉次方程式であり，(12.33) は，(12.29) の右辺に，非斉次項 $\sigma(t,\boldsymbol{r})$ を加えた非斉次方程式である．

12.8 非斉次方程式 (12.33) は，熱伝導問題において，外部の熱源と熱をやりとりする場合や，拡散問題において，化学反応などにより物質の生成消滅を伴う場合の系の時間変化の法則を表す．このような状況では，保存則 (12.3), (12.26) が成立しないため，非斉次項が現れる．

特に $\sigma(t, \boldsymbol{r})$ が t に依存しないとして，(12.33) に従う系を考える．きわめて長い時間の後，平衡状態に達して時間変化しなくなると，

$$D\triangle\rho(\boldsymbol{r}) + \sigma(\boldsymbol{r}) = 0 \tag{12.34}$$

が成立する．

12.9 ポアソン方程式 (12.31) は，上記のような問題以外にも，たとえば万有引力のポテンシャルを求める問題や，電荷が作る電場のポテンシャルを求める問題に現れる．

12.2.2 ポアソン方程式の解

ポアソン方程式 (12.31) を 1 次元の直線上で考えると，ラプラシアン $\triangle$ は 2 階微分 $\dfrac{d^2}{dx^2}$ となる．

例 12.7 1 次元のポアソン方程式

$$\frac{d^2}{dx^2}u(x) = f(x) \tag{12.35}$$

を考える．$u(x)$ を求めるには，$f(x)$ を 2 回積分すればよいのだが，次のように考えてみる．

連続関数 $f(x)$ が与えられているとして，

$$u(x) = \int_{-\infty}^{\infty} \frac{1}{2}|x - y|f(y)dy \tag{12.36}$$

とおく (**図 12.7 (左)**)．積分区間を分けて書けば

$$u(x) = \int_{-\infty}^{x} \frac{1}{2}(x - y)f(y)dy + \int_{x}^{\infty} \frac{1}{2}(y - x)f(y)dy$$

となり，右辺の第 1 項の積分を x で 2 回微分すると，

$$\frac{d}{dx}\int_{-\infty}^{x}\frac{1}{2}(x-y)f(y)dy = \int_{-\infty}^{x}\frac{1}{2}f(y)dy$$

$$\frac{d^2}{dx^2}\int_{-\infty}^{x}\frac{1}{2}(x-y)f(y)dy = \frac{1}{2}f(x)$$

同様に，第 2 項の積分を x で 2 回微分すると

$$\frac{d^2}{dx^2}\int_{x}^{\infty}\frac{1}{2}(y-x)f(y)dy = \frac{1}{2}f(x)$$

である．よって

$$\frac{d^2}{dx^2}u(x) = f(x) \tag{12.37}$$

が成り立つ.

このようにして，(12.35) の特殊解が得られた．非斉次方程式である (12.35) の一般解は，斉次方程式

$$\frac{d^2}{dx^2}u(x) = 0$$

の一般解 (任意の 1 次関数) を加えることによって得られる.

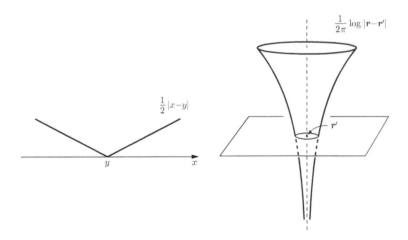

[図 12.7] 積分 (12.36), (12.39) において使われる関数.

2 次元のポアソン方程式

$$\triangle u(\boldsymbol{r}) = f(\boldsymbol{r}) \tag{12.38}$$

を考える．ただし $\boldsymbol{r} = (x, y)$, $\triangle = \dfrac{\partial^2}{\partial x^2} + \dfrac{\partial^2}{\partial y^2}$ である．

連続関数 $f(\boldsymbol{r})$ が与えられているとして，

$$u(\boldsymbol{r}) = \iint_{\mathbb{R}^2} \frac{1}{2\pi} \log |\boldsymbol{r} - \boldsymbol{r}'| f(\boldsymbol{r}') d\boldsymbol{r}' \tag{12.39}$$

とおく (**図 12.7 (右)**)．ただし，$\boldsymbol{r} = (x, y)$, $\boldsymbol{r}' = (x', y')$, $d\boldsymbol{r}' = dx'dy'$ である．$\triangle u(\boldsymbol{r})$ を計算して，(12.38) が成立することを確かめよう．

まず，微分と積分の順序が交換できるとして

$$\triangle u(\boldsymbol{r}) = \iint_{\mathbb{R}^2} \frac{1}{2\pi} \triangle \log |\boldsymbol{r} - \boldsymbol{r}'| f(\boldsymbol{r}') d\boldsymbol{r}' \tag{12.40}$$

とし，ここで (9.15) から得られる等式

$$\triangle \log |\boldsymbol{r} - \boldsymbol{r}'| = 0 , \quad \boldsymbol{r} \neq \boldsymbol{r}'$$

を用いると，$\triangle u(\boldsymbol{r}) = 0$ となるようにみえる．しかし，これは正しくない．

 注意 12.10 同じことを (12.36) に対して行ってみると，

$$\frac{d^2}{dx^2} u(x) = \int_{-\infty}^{\infty} \frac{1}{2} \frac{\partial^2}{\partial x^2} |x - y| f(y) dy$$

の右辺において

$$\frac{\partial^2}{\partial x^2} |x - y| = 0 , \quad x \neq y \tag{12.41}$$

を用いれば，$u''(x) = 0$ となるようにみえるが，(12.37) の結果と合わない．これは (12.41) の例外点 $x = y$ の扱いが適切でないからである．

$\boldsymbol{r} = \boldsymbol{r}'$ での問題を適切に扱うために $\varepsilon > 0$ に対し，

$$E_\varepsilon(\boldsymbol{r} - \boldsymbol{r}') = \frac{1}{4\pi} \log(|\boldsymbol{r} - \boldsymbol{r}'|^2 + \varepsilon^2)$$

とおく．$\varepsilon \to 0$ の極限では

$$\lim_{\varepsilon \to 0} E_\varepsilon(\boldsymbol{r} - \boldsymbol{r}') = \frac{1}{4\pi} \log |\boldsymbol{r} - \boldsymbol{r}'|^2 = \frac{1}{2\pi} \log |\boldsymbol{r} - \boldsymbol{r}'|$$

となることに注意する．また $\varepsilon > 0$ である限り，$E_\varepsilon(\boldsymbol{r} - \boldsymbol{r}')$ は $\boldsymbol{r} = \boldsymbol{r}'$ においても問題を起こさない．実際，すべての $\boldsymbol{r}$ に対して

$$\operatorname{grad} E_\varepsilon(\boldsymbol{r}) = \frac{1}{4\pi}\operatorname{grad}\log(|\boldsymbol{r}|^2 + \varepsilon^2) = \frac{1}{2\pi}\frac{\boldsymbol{r}}{|\boldsymbol{r}|^2 + \varepsilon^2}$$

$$\triangle E_\varepsilon(\boldsymbol{r}) = \frac{1}{2\pi}\operatorname{div}\frac{\boldsymbol{r}}{|\boldsymbol{r}|^2 + \varepsilon^2} = \frac{1}{\pi}\frac{\varepsilon^2}{(|\boldsymbol{r}|^2 + \varepsilon^2)^2}$$

が成立する．したがって，ε を限りなく 0 に近づけると，

$$\lim_{\varepsilon \to 0}\triangle E_\varepsilon(\boldsymbol{r}) = \begin{cases} 0\,, & \boldsymbol{r} \neq \boldsymbol{0} \\ +\infty\,, & \boldsymbol{r} = \boldsymbol{0} \end{cases}$$

となる．そこで，全平面での積分

$$I = \iint_{\mathbb{R}^2}\triangle E_\varepsilon(\boldsymbol{r})dxdy$$

を求める．まず，極座標を用いて

$$I = \int_0^\infty \int_0^{2\pi} \frac{1}{\pi}\frac{\varepsilon^2}{(r^2 + \varepsilon^2)^2}rd\theta dr = \int_0^\infty \frac{2r\varepsilon^2}{(r^2 + \varepsilon^2)^2}dr$$

とし，さらに $r = \varepsilon s$ とおけば，

$$I = \int_0^\infty \frac{2s}{(s^2 + 1)^2}ds = \left[-\frac{1}{s^2 + 1}\right]_0^\infty = 1$$

となる．

以上のことから，関数 $\triangle E_\varepsilon(\boldsymbol{r})$ は，ε を限りなく 0 に近づけると，全平面での積分値 $(= 1)$ を変えずに，$\boldsymbol{r} = \boldsymbol{0}$ の近くに値が集中することが分かる．そこで，**参考 12.6** におけるデルタ関数 $\delta(x)$ を 2 次元化して，

$$\iint_{\mathbb{R}^2}\delta(\boldsymbol{r})dxdy = 1$$

$$\delta(\boldsymbol{r}) = 0\,, \quad \boldsymbol{r} \neq \boldsymbol{0}$$

という性質をもつ仮想的な関数 $\delta(\boldsymbol{r}) = \delta(x,y)$ を考える．すると，関数 $\triangle E_\varepsilon(\boldsymbol{r})$ は，$\varepsilon \to 0$ の極限で，$\delta(\boldsymbol{r})$ になると考えられる．

$$\lim_{\varepsilon \to 0}\triangle E_\varepsilon(\boldsymbol{r}) = \delta(\boldsymbol{r})$$

言い換えれば

$$\triangle \frac{1}{2\pi}\log|\boldsymbol{r}| = \delta(\boldsymbol{r}) \tag{12.42}$$

が成り立つといえる.

そこで, 2次元デルタ関数の性質

$$\iint_{\mathbb{R}^2} \delta(\boldsymbol{r} - \boldsymbol{r}') f(\boldsymbol{r}') d\boldsymbol{r}' = f(\boldsymbol{r})$$

を用いれば, (12.40) より,

$$
\begin{aligned}
\triangle u(\boldsymbol{r}) &= \iint_{\mathbb{R}^2} \frac{1}{2\pi} \triangle \log |\boldsymbol{r} - \boldsymbol{r}'| f(\boldsymbol{r}') d\boldsymbol{r}' \\
&= \iint_{\mathbb{R}^2} \delta(\boldsymbol{r} - \boldsymbol{r}') f(\boldsymbol{r}') d\boldsymbol{r}' \\
&= f(\boldsymbol{r})
\end{aligned}
$$

が得られる. すなわち, 関数 (12.39) はポアソン方程式の解である.

> **注意 12.11**　上記の考察は "発見法的" であり, 厳密な証明にはなっていない. 関数 $f(\boldsymbol{r})$ が満たすべき条件を明確にした定理として, 次のような事実がある.

定理 12.2

$f(\boldsymbol{r})$ は $\mathbb{R}^2$ で定義され, 連続な1階偏導関数をもち, 十分遠方で0になるとする. すなわち正の数 R が存在して

$$|\boldsymbol{r}| \geqq R \text{ ならば } f(\boldsymbol{r}) = 0$$

が成り立つとする. このとき, 広義積分

$$u(\boldsymbol{r}) = \iint_{\mathbb{R}^2} \frac{1}{2\pi} \log |\boldsymbol{r} - \boldsymbol{r}'| f(\boldsymbol{r}') d\boldsymbol{r}' \qquad (12.43)$$

が収束して,

$$\triangle u(\boldsymbol{r}) = f(\boldsymbol{r})$$

が成り立つ.

Chapter 12 章末問題

問題 12.1 $u(t,x)$ を未知関数とする偏微分方程式 (1)〜(4) のそれぞれの解となるものを (a)〜(d) から選べ.

(1) $u_t + xu_x = tx$ (a) $u = t^2 + x^2$

(2) $u_t^2 + u_x^2 = 4u$ (b) $u = t + \frac{1}{2}x^2$

(3) $u_t = u_{xx}$ (c) $u = x(-1 + t + e^{-t})$

(4) $u_t + uu_x = x - t$ (d) $u = 1 + t - x$

問題 12.2 任意の $(x,y) \neq (0,0)$ に対して定義された 1 階偏微分可能な関数 $u(x,y)$ が,任意の $\lambda > 0$ に対して,

$$u(\lambda x, \lambda y) = \lambda^\alpha u(x,y) \tag{12.44}$$

を満たすとき,u を正斉次 α 次の関数という.

(1) (12.44) の両辺を λ で偏微分して,$\lambda = 1$ を代入すると,次の 1 階偏微分方程式が得られることを確認せよ.

$$xu_x + yu_y = \alpha u \tag{12.45}$$

(2) (12.45) から (12.44) を導け.

問題 12.3 拡散方程式 (12.6) の変数分離解 $u(t,x) = U(t)V(x)$ を求める.

(1) $u(t,x) = U(t)V(x)$ を (12.6) に代入し,次の関係式を導け.

$$\frac{U'(t)}{U(t)} = D\frac{V''(x)}{V(x)} \tag{12.46}$$

(2) (12.46) の左辺は t の関数,右辺は x の関数であるから,等号が成立するためには,両辺とも定数でなければならない.その定数を λ とおく.このとき,初期条件 $U(0) = 1$ を満たす常微分方程式 $\dfrac{U'(t)}{U(t)} = \lambda$ の解を求めよ.また,任意の $t \geqq 0$ に対して,$|U(t)|$ が有界である,すなわち,ある定数 $M > 0$ が存在して,任意の $t \geqq 0$ に対して,$|U(t)| \leqq M$ となるための λ の条件を求めよ.

(3) (2) の条件を満たす λ に対して,常微分方程式 $D\dfrac{V''(x)}{V(x)} = \lambda$ の一般解を求めよ.

(4) 区間 $[0, \pi]$ において， (2), (3) で得られた (12.6) の変数分離解 $u(t,x) = U(t)V(x)$ で，ディリクレ境界条件 $u(t,0) = u(t,\pi) = 0$ を満たすものを求めよ．

(5) 区間 $[0, \pi]$ において， (2), (3) で得られた (12.6) の変数分離解 $u(t,x) = U(t)V(x)$ で，ノイマン境界条件 $u_x(t,0) = u_x(t,\pi) = 0$ を満たすものを求めよ．

問題 12.4　関数 $u(t,x)$ を拡散方程式 (12.6) の解とする．λ を任意の正の定数として，$v(t,x) = u(\lambda^2 t, \lambda x)$ とおくと，$v(t,x)$ は (12.6) の解となることを確認せよ．

問題 12.5　拡散方程式 (12.6) の解 $F(t,x)$ であって，任意の正数 λ に対し，

$$F(t,x) = \lambda F(\lambda^2 t, \lambda x) \tag{12.47}$$

を満たすものを考える．

(1) (12.47) の両辺を λ で偏微分して，その結果に $\lambda = \dfrac{1}{\sqrt{t}}$ を代入し，$f(x) = F(1,x)$ とおくと，f は次の 2 階常微分方程式を満たすことを示せ．

$$2Df''(x) + xf'(x) + f(x) = 0 \tag{12.48}$$

(2) $(xf(x))' = f(x) + xf'(x)$ に注意して， (12.48) を定数変化法で解くと，次の一般解が得られることを示せ．c_1, c_2 は任意の定数である．

$$f(x) = c_1 \exp\left(-\frac{x^2}{4D}\right) + c_2 \exp\left(-\frac{x^2}{4D}\right) \int_0^x \exp\left(\frac{\xi^2}{4D}\right) d\xi \tag{12.49}$$

(3) $F(t,x)$ が x の偶関数であるとすると，$F(t,x)$ は熱核 (12.11) の定数倍であることを示せ．

問題 12.6　(バーガーズ方程式とコール–ホップ変換)
以下の各問に答えよ．

(1) 関数 $u(t,x)$ を拡散方程式 (12.6) の解としたとき，$\lambda \neq 0$ とし，$w(t,x) = -\dfrac{2D}{\lambda}\dfrac{u_x(t,x)}{u(t,x)}$ （この変換は，**コール–ホップ変換** と呼ばれ

る）で定まる関数 $w(t,x)$ は，**バーガーズ方程式**

$$w_t + \lambda w w_x = D w_{xx} \tag{12.50}$$

の解となることを示せ．

(2) 関数 $u(t,x) = 1 + \exp\left(-\dfrac{\lambda}{D}(x - \lambda t)\right)$ は拡散方程式 (12.6) の解となることを示せ．

(3) (2) の u からコール–ホップ変換を用いて，バーガーズ方程式 (12.50) の解 $w(t,x)$ を構成し，$D = \lambda = 1$ のときのグラフの概形を描け．（この w は，実軸上を一定速度 λ で伝播する進行波解と呼ばれる．）

(4) 関数 $w(t,x)$ をバーガーズ方程式 (12.50) の解としたとき，$w(t,x) = -\dfrac{2D}{\lambda}\dfrac{\varphi_x(t,x)}{\varphi(t,x)}$ を満たす関数 $\varphi(t,x)$ は，次の偏微分方程式の解となることを示せ．

$$\frac{\partial}{\partial x}\frac{\varphi_t - D\varphi_{xx}}{\varphi} = 0 \tag{12.51}$$

(5) (12.51) から，$\dfrac{\varphi_t - D\varphi_{xx}}{\varphi}$ は t のみに依存する関数で表され，それを $f(t)$ とおく．$f(t)$ の原始関数を $F(t)$ としたとき，関数 $u(t,x) = e^{-F(t)}\varphi(t,x)$ は，拡散方程式 (12.6) の解となることを示せ．

問題 12.7 （ラプラス方程式）

2 次元ラプラス方程式

$$\triangle u = u_{xx} + u_{yy} = 0 \tag{12.52}$$

の極座標表示による変数分離解を求める．

関数 $u(x,y)$ を極座標で $v(r,\theta) = u(r\cos\theta, r\sin\theta)$ のように表すと，(12.52) は **例 9.9**（22 ページ）より，

$$v_{rr} + \frac{1}{r}v_r + \frac{1}{r^2}v_{\theta\theta} = 0$$

となる．この方程式の変数分離解 $v(r,\theta) = U(r)V(\theta)$ を求める．

(1) 次の関係式を導け．

$$\frac{r^2 U''(r) + r U'(r)}{U(r)} = -\frac{V''(\theta)}{V(\theta)} \tag{12.53}$$

(2) (12.53) において，左辺は r の関数，右辺は θ の関数であるから，等号

が成立するためには，両辺とも定数でなければならない．その定数を λ とおく．このとき，$V(0) = V(2\pi)$ かつ $V'(0) = V'(2\pi)$ を満たす常微分方程式 $-\dfrac{V''(\theta)}{V(\theta)} = \lambda$ の非自明解 $V(\theta)$ と，そのときの λ の条件を求めよ．

(3) (2) の条件を満たす λ を用いて，常微分方程式 $\dfrac{r^2 U''(r) + r U'(r)}{U(r)} = \lambda$ の $r \geqq 0$ において定義された非自明解 $U(r)$ を求めよ．

問題 12.8 2 次元あるいは 3 次元におけるラプラス方程式 $\triangle u(\boldsymbol{r}) = 0$ の解 $u(\boldsymbol{r})$ で，$r = |\boldsymbol{r}|$ のみに依存するもの (回転対称解) を求めよう．下記の各々において，関数 $v(r)$ の満たす常微分方程式を導き，一般解を求めよ．

(1) 2 次元ラプラス方程式の解 $u(x, y) = v(r),\ r = \sqrt{x^2 + y^2}$

(2) 3 次元ラプラス方程式の解 $u(x, y, z) = v(r),\ r = \sqrt{x^2 + y^2 + z^2}$

問題 12.9 (ダランベールの公式)

$\varphi(x)$ を 2 階連続微分可能な関数，$\psi(x)$ を連続微分可能な関数とする．このとき，

$$u(t, x) = \frac{1}{2}(\varphi(x - ct) + \varphi(x + ct)) + \frac{1}{2c}\int_{x-ct}^{x+ct} \psi(y)\, dy \qquad (12.54)$$

は，1 次元波動方程式の初期値問題

$$\begin{cases} u_{tt} = c^2 u_{xx} & (x \in \mathbb{R},\ t \in \mathbb{R}) \\ u(0, x) = \varphi(x) & (x \in \mathbb{R}) \\ u_t(0, x) = \psi(x) & (x \in \mathbb{R}) \end{cases}$$

の解となることを示せ．(12.54) を **ダランベールの公式** という．

Chapter 12 問の解答

問 1 $u(t,x) = f(x+Dt)$ を (12.6) に代入すると，$f'(x+Dt) = f''(x+Dt)$ となる．$f'(y) = g(y)$ とおけば $g(y) = g'(y)$ であるから $g(y) = ae^y$，したがって $f(y) = ae^y + b$ となる． □

問 2 $u(t,x) = f(t)\sin kx$ を (12.6) に代入すると，$f'(t)\sin kx = -k^2 Df(t)\sin kx$ となる．これより，$f'(t) = -k^2 Df(t)$，$f(0) = 1$ を解いて，$f(t) = e^{-k^2 Dt}$ を得る． □

問 3 (10.27) において，$a = \dfrac{1}{4Dt}$ として，(12.12) を得る． □

問 4
$$\frac{\partial}{\partial t}\tilde{u}(t,\boldsymbol{r}) = \left(\frac{\partial}{\partial t}u(t,x)\right)u(t,y)$$
$$+ u(t,x)\frac{\partial}{\partial t}u(t,y)$$
$$= D\left(\frac{\partial^2}{\partial x^2}u(t,x)\right)u(t,y)$$
$$+ u(t,x)\left(D\frac{\partial^2}{\partial y^2}u(t,y)\right)$$
$$= D\triangle\tilde{u}(t,\boldsymbol{r}) \qquad\square$$

問題 12.1 (a)⇒(2), (b)⇒(3), (c)⇒(1), (d)⇒(4) となる. □

問題 12.2 (1) (12.44) の両辺を λ で偏微分すると,

$$xu_x(\lambda x, \lambda y) + yu_y(\lambda x, \lambda y)$$
$$= \alpha\lambda^{\alpha-1}u(x,y)$$

となる. これに $\lambda = 1$ を代入して, (12.45) を得る.

(2) (12.44) を

$$\lambda^{-\alpha}u(\lambda x, \lambda y) = u(x,y)$$

のように変形して, 左辺を $F(\lambda, x, y)$ とおくと, $F(1, x, y) = u(x,y)$ である. したがって, $\dfrac{\partial}{\partial\lambda}F(\lambda, x, y) = 0$ が示せれば, $F(\lambda, x, y) = F(1, x, y) = u(x,y)$ を得る.

(12.45) を満たす u について,

$$\frac{\partial}{\partial\lambda}F(\lambda, x, y)$$
$$= -\alpha\lambda^{-\alpha-1}u(\lambda x, \lambda y) + \lambda^{-\alpha}$$
$$(xu_x(\lambda x, \lambda y) + yu_y(\lambda x, \lambda y))$$
$$= -\alpha\lambda^{-\alpha-1}u(\lambda x, \lambda y) + \lambda^{-\alpha}\lambda^{-1}$$
$$(\lambda xu_x(\lambda x, \lambda y) + \lambda yu_y(\lambda x, \lambda y))$$
$$= -\alpha\lambda^{-\alpha-1}u(\lambda x, \lambda y) + \lambda^{-\alpha-1}\alpha u$$
$$(\lambda x, \lambda y) = 0$$

が分かる. ここで, (12.45) を

$$\overline{x}u_x(\overline{x}, \overline{y}) + \overline{y}u_y(\overline{x}, \overline{y}) = \alpha u(\overline{x}, \overline{y})$$

と書いて, $\overline{x} = \lambda x$, $\overline{y} = \lambda y$ として用いた. □

問題 12.3 (1) $u(t,x) = U(t)V(x)$

を (12.6) に代入して, $U'(t)V(x) = DU(t)V''(x)$ から (12.46) を得る.

(2) 初期条件を満たす解は $U(t) = e^{\lambda t}$ である. また, $|U(t)|$ が $t \geqq 0$ において有界であるための必要十分条件は, $\lambda \leqq 0$ である.

(3) $\omega = \sqrt{\dfrac{-\lambda}{D}} \geqq 0$ とおくと, V の満たす微分方程式は, $V''(x) + \omega^2 V(x) = 0$ となる. 上巻 **6.1.1 節**より, 一般解 $V(x) = a\cos\omega x + b\sin\omega x$ を得る.

(4) (2), (3) より, 変数分離解は,

$$u(t,x) = e^{-\omega^2 Dt}(a\cos\omega x + b\sin\omega x)$$
$$(12.55)$$

である. よって, $u(t,0) = e^{-\omega^2 Dt}a = 0$ より $a = 0$ と,

$$u(t,\pi) = e^{-\omega^2 Dt}b\sin\omega\pi = 0$$

が分かる. $b = 0$ の場合, 自明解 $u \equiv 0$ しか得られない. したがって, $b \neq 0$ と $\omega \geqq 0$ から, $\omega = k = 0, 1, 2, \cdots$ が分かる. また, $b\sin kx = -b\sin(-kx)$ であるから, k として負の整数をとってもよい. これより, k を整数として,

$$u(t,x) = Ce^{-k^2 Dt}\sin kx \quad (C \text{ は任意定数})$$

を得る. なお, 初期条件を (12.10) とすれば, $C = 1$ と定まる.

(5) 変数分離解 (12.55) から,

$$u_x(t,x) = \omega e^{-\omega^2 Dt}(-a\sin\omega x + b\cos\omega x)$$

である. よって, $u_x(t,0) = \omega e^{-\omega^2 Dt}b = 0$ より $b = 0$ と,

$$u_x(t, \pi) = -a\omega e^{-\omega^2 Dt} \sin\omega\pi = 0$$

が分かる．$a = 0$ の場合，自明解 $u \equiv 0$ しか得られない．したがって，$a \neq 0$ と $\omega \geq 0$ から，$\omega = k = 0, 1, 2, \cdots$ が分かる．また，$a\cos kx = a\cos(-kx)$ であるから，k として負の整数をとってもよい．これより，k を整数として，

$$u(t, x) = Ce^{-k^2 Dt}\cos kx \quad (C \text{ は任意定数})$$

を得る． $\square$

問題 12.4 $v(t, x) = u(\lambda^2 t, \lambda x)$ の両辺を t や x で偏微分すると，

$$v_t(t, x) = u_t(\lambda^2 t, \lambda x)$$
$$v_x(t, x) = u_x(\lambda^2 t, \lambda x)$$
$$v_{xx}(t, x) = u_{xx}(\lambda^2 t, \lambda x)$$

となる．u は (12.6) を満たすから，上の第 1 式と第 3 式から，v も (12.6) を満たす．

$\square$

問題 12.5 (1) $F(t, x) = \lambda F(\lambda^2 t, \lambda x)$ の両辺を λ で偏微分すると，

$$0 = F(\lambda^2 t, \lambda x) + 2\lambda^2 tF_t(\lambda^2 t, \lambda x)$$
$$+ \lambda xF_x(\lambda^2 t, \lambda x)$$

となる．$\lambda = \dfrac{1}{\sqrt{t}}$ を代入して，$\xi = \dfrac{x}{\sqrt{t}}$ とおき，(12.6) を用いると，

$$0 = F(1, \xi) + 2DF_{xx}(1, \xi) + \xi F_x(1, \xi)$$

となる．そこで $f(\xi) = F(1, \xi)$ とおくと，$f'(\xi) = F_x(1, \xi)$, $f''(\xi) = F_{xx}(1, \xi)$ であるから，変数 ξ を x に書き換えて，(12.48) を得る．

(2) (12.48) は，$2Df'' + (xf)' = 0$, すなわち $(2Df' + xf)' = 0$ と書き換えら

れるので，$2Df' + xf = C_1$ が分かる．斉次方程式 $f' = -\dfrac{x}{2D}f$ を解くと，$f(x) = C\exp\left(-\dfrac{x^2}{4D}\right)$ となるから，定数変化法を用いて，$f(x) = C(x)\exp\left(-\dfrac{x^2}{4D}\right)$ とおき，これを $2Df' + xf = C_1$ に代入すると，

$$2DC'(x)\exp\left(-\dfrac{x^2}{4D}\right) = C_1$$

したがって

$$C(x) = \dfrac{C_1}{2D}\int_0^x \exp\left(\dfrac{\xi^2}{4D}\right)d\xi + C(0)$$

が得られる．そこで $c_1 = C(0)$, $c_2 = \dfrac{C_1}{2D}$ とおけば，(12.49) となる．

(3) (12.47) において，$\lambda = 1/\sqrt{t}$ とおくと，

$$F(t, x) = \dfrac{1}{\sqrt{t}}F\left(1, \dfrac{x}{\sqrt{t}}\right) = \dfrac{1}{\sqrt{t}}f\left(\dfrac{x}{\sqrt{t}}\right)$$

となるから，$F(t, x)$ が x の偶関数なら，$f(x)$ も偶関数である．(12.49) の右辺の第 1 項は偶関数，第 2 項は奇関数であるから，

$$F(t, x) = \dfrac{c_1}{\sqrt{t}}\exp\left(-\dfrac{x^2}{4Dt}\right)$$

となる．これは，熱核 (12.11) の定数倍である． $\square$

問題 12.6 (1) バーガーズ方程式 (12.50) を変形して，

$$w_t + \dfrac{\partial}{\partial x}\left(-Dw_x + \dfrac{\lambda}{2}w^2\right) = 0 \quad (12.56)$$

を示すことを目標にする．$w = -\dfrac{2D}{\lambda}\dfrac{\partial}{\partial x}\log|u|$ と表せることから，

$$w_t = -\dfrac{2D}{\lambda}\dfrac{\partial}{\partial x}\dfrac{u_t}{u} = -\dfrac{2D^2}{\lambda}\dfrac{\partial}{\partial x}\dfrac{u_{xx}}{u}$$

となることに注意して，

$$w_t + \frac{\partial}{\partial x}\left(-Dw_x + \frac{\lambda}{2}w^2\right)$$

$$= -\frac{2D^2}{\lambda}\frac{\partial}{\partial x}\frac{u_{xx}}{u} + \frac{\partial}{\partial x}$$

$$\left(\frac{2D^2}{\lambda}\frac{u_{xx}u - u_x^2}{u^2} + \frac{\lambda}{2}\left(-\frac{2D}{\lambda}\frac{u_x}{u}\right)^2\right)$$

$$= \frac{2D^2}{\lambda}\frac{\partial}{\partial x}$$

$$\left(-\frac{u_{xx}}{u} + \frac{u_{xx}u - u_x^2}{u^2} + \frac{u_x^2}{u^2}\right) = 0$$

を得る．

(2) 関数 $u(t, x) = 1 + \exp\left(-\dfrac{\lambda}{D}(x - \lambda t)\right)$ を t や x で微分すると，

$$u_t = \frac{\lambda^2}{D}(u - 1), \quad u_{xx} = \frac{\lambda^2}{D^2}(u - 1)$$

となる．これより，u は拡散方程式 (12.6) の解となることが分かる．

(3) $u_x = -\dfrac{\lambda}{D}(u - 1)$ より，$w = 2\dfrac{u - 1}{u}$ を得る．これより，$\displaystyle\lim_{x \to -\infty} w(t, x) = 2, \lim_{x \to \infty} w(t, x) = 0$ が分かる．以下は，$D = \lambda = 1$ のときの関数 $w(t, x)$ のグラフの概形である．x 軸方向（太い矢印の方向）に形を変えない波（進行波）が進んでいる様子が分かる．

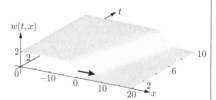

(4) (12.56) に $w = -\dfrac{2D}{\lambda}\dfrac{\varphi_x}{\varphi}$ を代入して，

$$w_t + \frac{\partial}{\partial x}\left(-Dw_x + \frac{\lambda}{2}w^2\right)$$

$$= \frac{2D}{\lambda}\frac{\partial}{\partial x}\left(-\frac{\varphi_t}{\varphi} + D\frac{\varphi_{xx}\varphi - \varphi_x^2}{\varphi^2}\right.$$

$$\left. + D\frac{\varphi_x^2}{\varphi^2}\right)$$

$$= -\frac{2D}{\lambda}\frac{\partial}{\partial x}\frac{\varphi_t - D\varphi_{xx}}{\varphi} = 0$$

より，(12.51) を得る．

(5) (12.51) より，$\dfrac{\varphi_t - D\varphi_{xx}}{\varphi}$ は t のみに依存する関数 $f(t)$ として表され，偏微分方程式

$$\varphi_t = D\varphi_{xx} + f(t)\varphi \qquad (12.57)$$

を得る．(12.57) に，$\varphi = e^{F(t)}u$，$F'(t) = f(t)$ を代入すれば，u は拡散方程式 (12.6) を満たすことが分かる． □

問題 12.7 (1) $U''(r)V(\theta) + \dfrac{1}{r}U'(r)V(\theta) + \dfrac{1}{r^2}U(r)V''(\theta) = 0$ より，(12.53) を得る．

(2) $V''(\theta) + \lambda V(\theta) = 0$ の一般解は，

$$V(\theta) = \begin{cases} a + b\theta & (\lambda = 0) \\ a\cos(\sqrt{\lambda}\theta) + b\sin(\sqrt{\lambda}\theta) & (\lambda > 0 \\ \qquad (\text{上巻 } \mathbf{6.1.1}\text{ 節}, \ (6.3))) \\ ae^{\sqrt{-\lambda}\theta} + be^{-\sqrt{-\lambda}\theta} & (\lambda < 0 \\ \qquad (\text{上巻 } \mathbf{6.1.4}\text{ 節}, \ \text{注意 } \mathbf{6.2})) \end{cases}$$

である．条件 $V(0) = V(2\pi)$ および $V'(0) = V'(2\pi)$ から，$\lambda = 0$ のとき $b = 0$ より，$V(\theta) = a$ を得る．また，$\lambda > 0$ のとき，a, b の連立一次方程式

$$a = a\cos(2\pi\sqrt{\lambda}) + b\sin(2\pi\sqrt{\lambda})$$

$$b = -a\sin(2\pi\sqrt{\lambda}) + b\cos(2\pi\sqrt{\lambda})$$

の係数行列の行列式が 0 となる条件から $\cos(2\pi\sqrt{\lambda}) = 1$ を得る．これより，$\lambda = k^2 \ (k = 1, 2, \cdots)$ が分かり，非自明解

$V(\theta) = a\cos(k\theta) + b\sin(k\theta)$ を得る.
$\lambda < 0$ のとき,a, b の連立一次方程式

$$a + b = ae^{2\pi\sqrt{-\lambda}} + be^{-2\pi\sqrt{-\lambda}}$$

$$a - b = ae^{2\pi\sqrt{-\lambda}} - be^{-2\pi\sqrt{-\lambda}}$$

の係数行列の行列式 $2(e^{\pi\sqrt{-\lambda}} - e^{-\pi\sqrt{-\lambda}})^2$ は 0 にならないので,自明解 $a = b = 0$ しか得られない.

以上をまとめて,$\lambda = k^2$ $(k = 0, 1, 2, \cdots)$ のとき,非自明解 $V(\theta) = a\cos(k\theta) + b\sin(k\theta)$ を得る.

(3) $U(r) = Cr^m$ とおいて,$r^2U''(r) + rU'(r) - k^2U(r) = 0$ に代入すると,$m = \pm k$ を得る.これより,一般解 $U(r) = Cr^k + C'r^{-k}$ を得るが,$C' \neq 0$ だと $r \to +0$ のときに発散するので,$C' = 0$ が必要で,求める非自明解は $U(r) = Cr^k$ となる. □

問題 12.8 (1) $\triangle u = v'' + \dfrac{1}{r}v' = 0$ で,一般解は $v(r) = C\log r + C'$

(2) $\triangle u = v'' + \dfrac{2}{r}v' = 0$ で,一般解は $v(r) = \dfrac{C}{r} + C'$ □

問題 12.9 まず,u の t と x に関する 1 階と 2 階の偏導関数をそれぞれ求める.

$$\begin{aligned} u_t(t, x) &= \frac{1}{2}(-c\varphi'(x - ct) + c\varphi'(x + ct)) \\ &\quad + \frac{1}{2c}(c\psi(x + ct) \\ &\quad - (-c)\psi(x - ct)) \end{aligned}$$

$$\begin{aligned} &= \frac{c}{2}(\varphi'(x + ct) - \varphi'(x - ct)) \\ &\quad + \frac{1}{2}(\psi(x + ct) + \psi(x - ct)) \end{aligned}$$

$$\begin{aligned} u_{tt}(t, x) &= \frac{c^2}{2}(\varphi''(x + ct) + \varphi''(x - ct)) \\ &\quad + \frac{c}{2}(\psi'(x + ct) - \psi'(x - ct)) \end{aligned}$$

$$\begin{aligned} u_x(t, x) &= \frac{1}{2}(\varphi'(x - ct) + \varphi'(x + ct)) \\ &\quad + \frac{1}{2c}(\psi(x + ct) - \psi(x - ct)) \end{aligned}$$

$$\begin{aligned} u_{xx}(t, x) &= \frac{1}{2}(\varphi''(x - ct) + \varphi''(x + ct)) \\ &\quad + \frac{1}{2c}(\psi'(x + ct) - \psi'(x - ct)) \end{aligned}$$

これより,u は 1 次元波動方程式 $u_{tt} = c^2u_{xx}$ を満たすことが分かる.

u が初期値を満たすことを確認する.まず,

$$\begin{aligned} u(0, x) &= \frac{1}{2}(\varphi(x) + \varphi(x)) \\ &\quad + \frac{1}{2c}\int_x^x \psi(y)\,dy \\ &= \varphi(x) \end{aligned}$$

である.また,上の 1 階偏導関数の計算から,

$$\begin{aligned} u_t(0, x) &= \frac{c}{2}(\varphi'(x) - \varphi'(x)) \\ &\quad + \frac{1}{2}(\psi(x) + \psi(x)) \\ &= \psi(x) \end{aligned}$$

が分かる. □

実数とは何か

微積分法には，具体的な問題を処理する **計算的側面** と，その計算法が厳密で信頼に足るものであることを一般的に保証する **理論的側面** がある．前章まではおおむね計算的側面をみてきたが，**13 章**以降は理論的側面に目を向ける．

微積分の計算法，たとえば，導関数を用いて 1 変数関数の増減を調べる方法は，平均値の定理 (**定理 0.5**，上巻 24 ページ) によって基礎づけることができる．また 2 変数関数の累次積分において，積分の順序交換は **定理 10.1**(69 ページ) において正当化されている．それでは，**定理 0.5** や **定理 10.1** を証明するにはどうしたらいいだろうか．

このような疑問を追求していくと，2 つの根源的な問題にたどり着く．1 つは「収束するとはどういうことか」という問であり，もう 1 つは「実数とは何か」という問である．この章では，この 2 つの問題について考える．

まず **13.1 節**で「収束」の定義を与え，それに続く節で，定義に基づいて収束を論じるための基礎的な定理を挙げ，それらの定理を証明するために，**13.7 節**で「実数とは何か」という問に答える．

13.1 │ 収束と発散

> **ガイド**
>
> 無限級数
>
> $$\sum_{k=1}^{\infty} \frac{1}{k} \tag{13.1}$$
>
> は正の無限大に発散することを示せ．
>
> 「私たちは無限そのものを見ることはできません」
> 「人は結局有限の範囲だけしか見ていないということですね」
> 「それでは，なぜ "発散する" といえるのでしょうか」

無限級数 (13.1) が発散するとは，

$$L_n = \sum_{m=1}^{n} \frac{1}{m} \tag{13.2}$$

で定義される数列 $\{L_n\}$ が $n \to \infty$ で発散するということである (上巻 **0.1.3 節**)．それでは，

　　数列が「発散する」とはどういうことか
　　数列が「収束する」とはどういうことか

これが **13.1 節** の主題である．
　無限級数 (13.1) が発散するという事実は，次のようにすればみやすい．

$$\sum_{m=1}^{\infty} \frac{1}{m} = 1 + \frac{1}{2} + \underbrace{\frac{1}{3} + \frac{1}{4}}_{2 \text{ 個}} + \underbrace{\frac{1}{5} + \cdots + \frac{1}{8}}_{2^2 \text{ 個}} + \underbrace{\frac{1}{9} + \cdots + \frac{1}{16}}_{2^3 \text{ 個}} + \cdots$$

$$> 1 + \frac{1}{2} + \underbrace{\frac{1}{4} + \frac{1}{4}}_{2 \text{ 個}} + \underbrace{\frac{1}{8} + \cdots + \frac{1}{8}}_{2^2 \text{ 個}} + \underbrace{\frac{1}{16} + \cdots + \frac{1}{16}}_{2^3 \text{ 個}} + \cdots$$

$$= 1 + \frac{1}{2} + \frac{1}{2} + \cdots = \infty$$

もう少し精密にみてみよう．部分和 (13.2) において $n = 2^k$ とすれば，

$$L_{2^k} = 1 + \frac{1}{2} + \underbrace{\frac{1}{3} + \frac{1}{4}}_{2 \text{ 個}} + \underbrace{\frac{1}{5} + \cdots + \frac{1}{8}}_{2^2 \text{ 個}} + \underbrace{\frac{1}{9} + \cdots + \frac{1}{16}}_{2^3 \text{ 個}} + \cdots$$

$$\cdots + \underbrace{\frac{1}{2^{k-1}+1} + \cdots + \frac{1}{2^k}}_{2^{k-1} \text{ 個}}$$

$$> 1 + \frac{k}{2}$$

となる．よって，

$$n \geqq 2^k \quad \Rightarrow \quad L_n > 1 + \frac{k}{2}$$

が成り立つ．このことから L_n が発散する速さ (上巻 **0.5 節**) を知ることができる．実際，どんなに大きい数 M が与えられても，

$$k \geqq 2(M-1) \tag{13.3}$$

を満たす自然数 k を選び $N = 2^k$ とおけば，

$$n \geqq N \quad \Rightarrow \quad L_n > M$$

が成り立つことが分かる．さらに枝葉を取り去っていえば，次のようになる．

　どんな数 M に対しても，ある自然数 N が存在して，

$$n \geqq N \quad \Rightarrow \quad L_n > M$$

　が成り立つ．

これは数列 L_n が無限大に発散する状況を端的に表現しているといえる．

　上記のいい方にならって，数列 $\{a_n\}$ が 0 に収束する状況を，次のように表現してみる．

　どんな数 $\varepsilon > 0$ に対しても，ある自然数 N が存在して，

$$n \geqq N \quad \Rightarrow \quad |a_n| < \varepsilon$$

　が成り立つ．

> **注意 13.1**　数列 $\left\{\dfrac{1}{n}\right\}$ は 0 に収束する．この数列の場合に，任意の $\varepsilon > 0$ に対して自然数 N を選ぶことは簡単である．すなわち
>
> $$\frac{1}{N} < \varepsilon \tag{13.4}$$
>
> を満たす N をとれば，
>
> $$n \geqq N \quad \Rightarrow \quad 0 < \frac{1}{n} \leqq \frac{1}{N} < \varepsilon$$
>
> となる．
>
> 　ここで (13.3), (13.4) を満たす自然数 k, N が存在することは，証明を要しないようにみえる．しかし **13.7 節** において，この事実にあらためて注意する．

　以上の考察に基づいて，「収束する」ということと「発散する」ということを次のように定義する．

定義13.1

どんな数 $\varepsilon > 0$ に対しても，ある自然数 N が存在して，

$$n \geqq N \quad \Rightarrow \quad |a_n - \alpha| < \varepsilon \tag{13.5}$$

が成り立つとき，数列 $\{a_n\}$ は α に **収束する** という．

どんな数 M に対しても，ある自然数 N が存在して，

$$n \geqq N \quad \Rightarrow \quad a_n > M \tag{13.6}$$

が成り立つとき，数列 $\{a_n\}$ は **正の無限大に発散する** という．

注意 13.2　収束に関する **定義 13.1** において，正の数 ε と自然数 N が与えられたとき，「(13.5) が成立するか否か決定せよ」という問題は，「yes」か「no」かどちらか一方の答えをもち，紛れがない．それに対し，「収束するとは，限りなく近づくことである」という (直観的に分かりやすい) 表現に留めてしまうと，「収束する」という判断の根拠を問われたときに，答えようがない．それは「収束」の定義が曖昧だからである．**定義 13.1** のような定義法を εN **論法** という．

問 1　数列 $\left\{ \dfrac{2n}{n+1} \right\}$ は 2 に収束することを示せ．

参考 13.3　**定義 13.1** において，(13.5) が成立するような (ε, N) の全体の集合を A とする．

$$A = \{ (\varepsilon, N) \mid \varepsilon > 0, N \in \mathbb{N}, (13.5) \text{ が成立する} \}$$

$\mathbb{N}$ は，自然数全体の集合 $\{1, 2, 3, \cdots\}$ である．数列 $\{a_n\}$ の収束についての **定義 13.1** は，集合 A の性質として述べることができる．このように εN 論法を用いると，「点が近づく」という動的な状況を，集合の概念によって静的な事実として表現することができる．

例 **13.1** 数列

$$a_n = (-1)^n \quad (n = 1, 2, \cdots)$$

はどんな数にも収束しない.

仮に $\{a_n\}$ が α に収束したとすると,どんな数 $\varepsilon > 0$ に対しても,ある自然数 N が存在して,(13.5) が成り立つはずである.しかし,たとえば $\varepsilon = 1$ としてみると (別の正の値でもよい),自然数 N が存在して,

$$n \geqq N \quad \Rightarrow \quad |a_n - \alpha| < 1$$

が成り立つことになる.特に

$$|a_N - \alpha| < 1 \ , \quad |a_{N+1} - \alpha| < 1$$

であるから,

$$2 = |a_N - a_{N+1}| \leqq |a_N - \alpha| + |a_{N+1} - \alpha| < 2$$

という不合理が生じる.よって,数列 $\{(-1)^n\}$ はどんな数にも収束しない.

注意 13.4 「数列 $\{a_n\}$ が α に収束しない」とは,ある数 $\varepsilon > 0$ が存在して,

どんな自然数 N をとっても,(13.5) が成り立たない

ということである.また「(13.5) が成り立たない」とは,

$|a_n - \alpha| \geqq \varepsilon$ となる自然数 $n \geqq N$ が存在する

ということである.

参考 13.5 数列 $\{a_n\}$ が α に収束することを次のように定義した.

任意の $\varepsilon > 0$ に対し,ある自然数 N が存在して,(任意の自然数 n に対し,)

$$n \geqq N \quad \Rightarrow \quad |a_n - \alpha| < \varepsilon$$

が成り立つ

これを，**論理記号** を用いて，

$$(\forall \varepsilon > 0)(\exists N \in \mathbb{N})(\forall n \in \mathbb{N})(n \geqq N \quad \Rightarrow \quad |a_n - \alpha| < \varepsilon)$$

のように書くと簡潔である．ただし $\mathbb{N} = \{1, 2, 3, \cdots\}$ であり，

　　　「$\forall \varepsilon > 0$」 は「任意の $\varepsilon > 0$ に対し」
　　　「$\exists N \in \mathbb{N}$」 は「ある自然数 N が存在して」
　　　「$\forall n \in \mathbb{N}$」 は「任意の自然数 n に対し」

と読む．

13.2 ｜ 極限値

> **ガイド**
>
> 「数列 $\left\{\dfrac{1}{2^n}\right\}$ は 0 に収束することを示してください」
>
> 「数列 $\left\{\dfrac{1}{n}\right\}$ が 0 に収束することを示しました」
>
> 「その証明をまねてもいいですが，結果を利用することもできます」

はさみうちの原理 (**定理 0.2**) (上巻 5 ページ) を用いると，数列 $\left\{\dfrac{1}{n}\right\}$ が 0 に収束すること (**13.1 節**) から，数列 $\left\{\dfrac{1}{2^n}\right\}$ が 0 に収束することを導くことができる．この節の主題は，収束に関する **定義 13.1** に基づいて，極限値に関する (はさみうちの原理などの) 基本的な性質を示すことである．

　13.1 節で，「ある値に収束する」ということを厳密に定義したが，$\displaystyle\lim_{n\to\infty} a_n$ という記号を導入する前に，「数列がある値に収束するなら，それ以外の値には収束しない」ということを確かめておこう．もしも数列 $\{a_n\}$ の収束先が複数あるなら，$\displaystyle\lim_{n\to\infty} a_n$ という記号がどの収束先を指すのか分からなくなる．**定義 13.1** において，「点が近づく」という直観を排除したので，「極限の一意性」という問題が浮上したといえる．

定理13.1

数列 $\{a_n\}$ が α に収束し，かつ β に収束するならば，$\alpha = \beta$ である．

収束に関する **定義 13.1** に基づいて，定理の仮定を言い換える．任意の数 $\varepsilon > 0$ に対してある自然数 N, N' が存在して，

$$n \geqq N \quad \Rightarrow \quad |a_n - \alpha| < \varepsilon$$

$$n \geqq N' \quad \Rightarrow \quad |a_n - \beta| < \varepsilon$$

が成り立つ．そこで N, N' のどちらよりも大きい自然数 n をとる．すると

$$|\alpha - \beta| \leqq |a_n - \alpha| + |a_n - \beta| < 2\varepsilon$$

が成り立つ．ε はどんなに小さい正の数でもいいので，$\alpha - \beta = 0$，すなわち $\alpha = \beta$ でなければならない (**問 2**)．

問 2　(1) 任意の正の数 ε に対して $x < \varepsilon$ が成り立つならば，$x \leqq 0$ であることを示せ．

(2) 任意の正の数 ε に対して $|x| < \varepsilon$ が成り立つならば，$x = 0$ であることを示せ．

定理 13.1 によって，数列 $\{a_n\}$ が収束するとき，その収束先はただ 1 つに定まることが保証された．そこで，数列 $\{a_n\}$ が α に収束するとき，α を数列 $\{a_n\}$ の **極限値** と呼び，

$$\alpha = \lim_{n \to \infty} a_n$$

と書く．

定理 0.2 (上巻 5 ページ) を用いて，数列 $\left\{\dfrac{1}{n}\right\}$ が 0 に収束することから，数列 $\left\{\dfrac{1}{2^n}\right\}$ が 0 に収束することを導く．$n = 1, 2, \cdots$ に対して $2^n > n$ であるから，

$$0 < \frac{1}{2^n} < \frac{1}{n}$$

が成り立つことに注意する．ここで

$$\lim_{n\to\infty} 0 = \lim_{n\to\infty} \frac{1}{n} = 0$$

であるから，**定理 0.2** を用いれば，

$$\lim_{n\to\infty} \frac{1}{2^n} = 0$$

が得られる.

問 3 $\dfrac{1}{10^n}$ は $n \to \infty$ のとき 0 に収束することを示せ.

すると問題は **定理 0.2** の証明ということになる. そこで，数列 $\{a_n\}$, $\{b_n\}$, $\{c_n\}$ について，

$$a_n \leqq c_n \leqq b_n , \quad n = 1, 2, \cdots$$

$$\lim_{n\to\infty} a_n = \lim_{n\to\infty} b_n = \alpha$$

が成り立つと仮定する. 目標は

$$\lim_{n\to\infty} c_n = \alpha$$

を示すことである.

定義 13.1 により，仮定を言い換える. 任意の数 $\varepsilon > 0$ に対してある自然数 N, N' が存在して，

$$n \geqq N \quad \Rightarrow \quad |a_n - \alpha| < \varepsilon$$

$$n \geqq N' \quad \Rightarrow \quad |b_n - \alpha| < \varepsilon$$

が成り立つ. そこで N, N' の大きい方を N'' とすると，$n \geqq N''$ なる n に対し，a_n, b_n は区間 $(\alpha - \varepsilon, \alpha + \varepsilon)$ に属するので，c_n も区間 $(\alpha - \varepsilon, \alpha + \varepsilon)$ に属する. よって

$$|c_n - \alpha| < \varepsilon$$

が成り立つ. これは c_n が α に収束することを意味する. これで **定理 0.2** が示された.

同様の方法で，**定理 0.1**(1) を示しておこう.

$\{a_n\}$, $\{b_n\}$ がそれぞれ α, β に収束するとする. $n = 1, 2, 3, \cdots$ に対し (あるいは，十分大きい n に対し)

$$a_n \leqq b_n$$

が成り立つならば，

$$\alpha \leqq \beta$$

であることを示す．

$\alpha > \beta$ であると仮定する．この仮定のもとで

$$\varepsilon = \frac{\alpha - \beta}{2}$$

とおくと，$\varepsilon > 0$ であるから，自然数 N, N' が存在して

$$n \geqq N \quad \Longrightarrow \quad |a_n - \alpha| < \varepsilon$$

$$n \geqq N' \quad \Longrightarrow \quad |b_n - \beta| < \varepsilon$$

が成り立つ．そこで N, N' の大きい方を N'' とすると，$n \geqq N''$ なる n に対し，

$$\alpha < a_n + \varepsilon$$

$$b_n < \beta + \varepsilon$$

が成り立つ．以上の等式，不等式から

$$\alpha < a_n + \varepsilon \leqq b_n + \varepsilon < \beta + 2\varepsilon = \alpha$$

となり矛盾が導かれる．したがって $\alpha \leqq \beta$ でなければならない．これで **定理 0.1** (1) が示された．

この節の最後に，次の定理を示しておく．

定理 13.2

数列 $\{a_n\}, \{b_n\}$ が収束するとき，$\displaystyle\lim_{n \to \infty} a_n = \alpha$, $\displaystyle\lim_{n \to \infty} b_n = \beta$ とすると，以下の各等式の左辺の極限値が存在して右辺に一致する．

$$\lim_{n \to \infty} (a_n \pm b_n) = \alpha \pm \beta$$

$$\lim_{n \to \infty} (a_n b_n) = \alpha \beta$$

$$\lim_{n \to \infty} \frac{1}{a_n} = \frac{1}{\alpha}$$

ただし最後の等式においては，$a_n \neq 0$, $\alpha \neq 0$ であるとする．

ε を任意の正の数とすると，自然数 N, N' が存在して

$$n \geqq N \quad \Longrightarrow \quad |a_n - \alpha| < \varepsilon$$
$$n \geqq N' \quad \Longrightarrow \quad |b_n - \beta| < \varepsilon$$

が成り立つ．そこで N, N' の大きい方を N'' とすると，$n \geqq N''$ なる n に対し，

$$|(a_n + b_n) - (\alpha + \beta)| \leqq |a_n - \alpha| + |b_n - \beta| < 2\varepsilon$$

が成り立つ．これは数列 $\{a_n + b_n\}$ が $\alpha + \beta$ に収束することを意味する．他の主張についても同様である (**問題 13.5**).

問 **4**　**定理 13.2** を用いて，定理と同じ仮定のもとで

$$\lim_{n \to \infty} Ca_n = C\alpha$$
$$\lim_{n \to \infty} \frac{b_n}{a_n} = \frac{\beta}{\alpha}$$

が成り立つことを示せ．ただし C は定数であり，第 2 式においては $a_n \neq 0$, $\alpha \neq 0$ とする．

13.3 | 有界単調列の原理

> ガイド
>
> 「εN 論法を使うと，数列 $\left\{ \left(1 + \dfrac{1}{n} \right)^n \right\}$ が e に収束することも厳密に証明できるのですか」

数列

$$e_n = \left(1 + \frac{1}{n} \right)^n \tag{13.7}$$

の極限を自然対数の底 e と定義した (上巻 **0.2.2 節**). しかし，この数列が収束することをまだ示していなかった．この節では，数列 $\{e_n\}$ が収束することを示す．

比較のために，次の数列を考える．

$$a_n = \frac{2n}{3n+1} \tag{13.8}$$

この数列は $\frac{2}{3}$ という（よく知っている）数に収束する．このことは，**定義 13.1** に即して示すことができる．しかし数列 $\{e_n\}$ は新しい数 (e) に行き着く．つまり，e という数をまだ知らない状況で，数列 $\{e_n\}$ が e に収束することを示さなければならないのである．そのために，次の **定理 13.3** を用いる．

定理 13.3

（有界単調列の収束）

上に有界な単調増加数列は収束する．すなわち，ある数 M が存在して，$n = 1, 2, \cdots$ に対して

$$a_n \leqq a_{n+1} \quad \text{（増加する）}$$
$$a_n \leqq M \quad \text{（上に有界である）}$$

が成り立つならば，数列 $\{a_n\}$ はある実数に収束する．

この定理の証明は，ここでは行わない．なぜなら，そのためには，「実数とは何か」という問に答えなければならないからである．**定理 13.3** の証明は **13.7 節** で行う．しばらくの間，**定理 13.3** が成立することを認めて，この定理から，さまざまな事実が導かれることをみよう．

定理 13.3 の応用の手始めに，数列

$$S_n = \sum_{k=0}^{n} \frac{1}{k!} \tag{13.9}$$

が $n \to \infty$ で収束することを示そう．S_n が単調増加することは明らかである．

$$S_n \leqq S_{n+1}$$

そこで，S_n が上に有界であることを示す．

$$k! = 1 \cdot 2 \cdot 3 \cdots k \geqq 2^{k-1}, \quad k = 1, 2, 3, \cdots$$

であるから，

$$\frac{1}{k!} \leqq \frac{1}{2^{k-1}}, \quad k = 1, 2, 3, \cdots$$

よって

$$S_n \leqq 1 + \sum_{k=1}^{n} \frac{1}{2^{k-1}}$$
$$= 3 - \frac{1}{2^{n-1}} < 3 \qquad (13.10)$$

となり，$S_n < 3$ が得られる．したがって **定理 13.3** により，数列 $\{S_n\}$ は収束する．

次に，数列 (13.7) について考えよう．便宜のために

$$a_{n,k} = {}_n\mathrm{C}_k \frac{1}{n^k} = \frac{1}{k!} \cdot 1 \left(1 - \frac{1}{n}\right)\left(1 - \frac{2}{n}\right)\cdots\left(1 - \frac{k-1}{n}\right)$$

とおくと (**問題 1.5**)，

$$e_n = \sum_{k=0}^{n} a_{n,k}$$

と表せる．ただし，$a_{n,0} = a_{n,1} = 1$ とする．特に $a_{n,k}$ は (k を止めると) n について増加するので，e_n は増加数列であることが分かる．また

$$a_{n,k} \leqq \frac{1}{k!}$$

であるから，(13.10) より，

$$e_n \leqq \sum_{k=0}^{n} \frac{1}{k!} = S_n < 3$$

が成り立ち，e_n は上に有界である．よって**定理 13.3** により，数列 $\{e_n\}$ は収束する．

 13.6

(1) 数列 $\{e_n\}$ の極限として，e という実数が定義される．このように，数学の新たな存在を作り出すための方法として，「極限」という道具が用いられる．

(2) 上巻 (1.11) を用いると，無限級数 (13.9) の和が e に等しいことがわかる．

問 **5**　次の無限級数は収束することを示せ.

$$\sum_{k=1}^{\infty} \frac{1}{k^2}, \quad \sum_{k=1}^{\infty} \frac{a_k}{10^k}$$

ただし, 各 a_k は $0, 1, 2, \cdots, 9$ のどれかであるとする.

問 **6**　**定理 13.3** を用いると, 単調減少する数列について, どのようなことがいえるか.

13.4 │ 区間縮小法の原理

「$\sqrt{2}$ という数は本当に存在するのでしょうか」

　直角二等辺三角形の底辺と斜辺の長さの比が有理比でないことが見出されてから, 無理数の概念に到達するまでの長い歴史を一言に縮めると, $\sqrt{2}$ という数は, 幾何的な問題を通して人知にもたらされた「新しい数」であるといえる. この数は, 直角二等辺三角形の斜辺として容易に作図できるように思われるので, この数が「実在する」ことをあえて疑う気にならないかも知れない. しかし, 作図可能性を根拠に $\sqrt{2}$ の存在を主張するには, 直角二等辺三角形を平面上に描けることを論理的に保証しなければならないが, そもそも平面だと思っている面が本当に平面かどうかを確かめることは, そう簡単ではない.

　そこで

　　$\sqrt{2}$ とは,　$x^2 = 2$ を満たす正の実数のことである

と考えてみよう. このような数は有理数の中には存在しないのだが, 実数の中に本当に存在するといえるだろうか.

　この問に答えるために, 次の定理を用いる. ただし, 定理中の「区間の長さ」とは, (閉) 区間 I を $[a, b]$ と表したとき $b - a$ のことである.

(区間縮小法の原理)

閉区間 $I_n (n = 1, 2, 3, \cdots)$ が次の条件を満たすとする.

 (1) $I_n \supset I_{n+1}$

 (2) I_n の長さは $n \to \infty$ で 0 に収束する

このとき, $I_n (n = 1, 2, 3, \cdots)$ の共通部分 I は 1 点からなる集合である.

例 13.2 I_n を閉区間 $\left[-\dfrac{1}{n}, \dfrac{1}{n} \right]$ とすると, $I_n (n = 1, 2, 3, \cdots)$ の共通部分は $\{0\}$ である.

以下において, **定理 13.4** を用いると $\sqrt{2}$ の存在を立証し得ることを示す. また **定理 13.4** を **定理 13.3** から導く.

まず $\sqrt{2}$ の存在について考えるために, 次のような観察から始める.

$$1^2 < 2 < 2^2$$
$$1.4^2 < 2 < 1.5^2$$
$$1.41^2 < 2 < 1.42^2$$
$$1.414^2 < 2 < 1.415^2$$
$$1.4142^2 < 2 < 1.4143^2$$
$$1.41421^2 < 2 < 1.41422^2$$
$$1.414213^2 < 2 < 1.414214^2$$
$$1.4142135^2 < 2 < 1.4142136^2$$
$$1.41421356^2 < 2 < 1.41421357^2$$
$$1.414213562^2 < 2 < 1.414213563^2$$

上記の各不等式は, 単純な計算によって確かめることができる. たとえば最下行では, 11 個の数

$$1.414213560^2,\ 1.414213561^2,\ 1.414213562^2,\ \cdots$$

$$\cdots,\ 1.414213568^2,\ 1.414213569^2,\ 1.414213570^2$$

を計算して，2を超える直前の数と直後の数を見出せばよい．この作業を続けると，$\sqrt{2}$ の近似値をいくらでも正確に求めることができる．そこで

$$a_0 = 1 \quad b_0 = 2$$

$$a_1 = 1.4 \quad b_1 = 1.5$$

$$a_2 = 1.41 \quad b_2 = 1.42$$

$$a_3 = 1.414 \quad b_3 = 1.415$$

$$a_4 = 1.4142 \quad b_4 = 1.4143$$

$$a_5 = 1.41421 \quad b_5 = 1.41422$$

$$a_6 = 1.414213 \quad b_6 = 1.414214$$

$$a_7 = 1.4142135 \quad b_7 = 1.4142136$$

$$a_8 = 1.41421356 \quad b_8 = 1.41421357$$

$$a_9 = 1.414213562 \quad b_9 = 1.414213563$$

$$\cdots\cdots \quad \cdots\cdots$$

のようにして，数列 $\{a_n\}, \{b_n\}$ を定め，閉区間 $I_n = [a_n, b_n]$ を考える．すると，

(1) $I_n \supset I_{n+1}$

(2) I_n の長さは 10^{-n}

である．**問 3** で確かめたように，$n \to \infty$ のとき 10^{-n} は 0 に収束するので，**定理 13.4** により，$I_n\,(n=1,2,3,\cdots)$ の共通部分は 1 点からなる集合である．この 1 点を α とする．

$\alpha^2 = 2$ が成り立つことを確かめる．a_n, b_n の定め方から，

$$0 < a_n < b_n < 2 \tag{13.11}$$

$$b_n = a_n + 10^{-n} \tag{13.12}$$

$$a_n < \alpha < b_n \tag{13.13}$$

$$a_n^2 < 2 < b_n^2 \tag{13.14}$$

が成り立つことに注意する．(13.13), (13.14) より，

$$a_n^2 - b_n^2 < \alpha^2 - 2 < b_n^2 - a_n^2$$

が導かれる．そこで (13.11), (13.12) を用いると

$$0 < b_n^2 - a_n^2 = (b_n + a_n)(b_n - a_n) < 4 \cdot 10^{-n}$$

となり，**定理 0.2** を用いると $\alpha^2 - 2 = 0$ が得られる．

> ◆**注意 13.7** $\sqrt{2}$ の存在については，連続関数の性質を用いる方法もある (**例 14.5**, 218 ページ)．どのようなアプローチをとるにせよ，証明の根拠を問うていくと，問題の本質は実数の性質にあることが明らかになる．

定理 13.4 を示そう．以下の証明では，**定理 13.3** のほかに **定理 0.1** (上巻 4 ページ) を次の形で用いる．これは **定理 0.1** において $b_n = M$(定数) の場合に当たる．

> 数列 $\{a_n\}$ が α に収束し
> 十分大きい n に対して $a_n \leqq M$ が成り立つ ($a_n \geqq M$ が成り立つ)
> ならば
> $\alpha \leqq M$ である ($\alpha \geqq M$ である)．

まず **定理 13.4** において，I が空集合でないことを示す．閉区間 I_n を $[a_n, b_n]$ とすると，**定理 13.4** の仮定 (1) は

$$a_1 \leqq a_2 \leqq a_3 \leqq \cdots \leqq b_3 \leqq b_2 \leqq b_1$$

のように表せる．$\{a_n\}$ は上に有界な単調増加数列であるから，**定理 13.3** により，極限値 $\alpha = \lim_{n \to \infty} a_n$ が存在する．また任意の m, n に対して $a_n \leqq b_m$ が成立するので，**定理 0.1**(上掲の形) より，$\alpha \leqq b_m$ である．同様に，$m \leqq n$ ならば $a_m \leqq a_n$ が成立するので，$a_m \leqq \alpha$ である．よって任意の m に対して $a_m \leqq \alpha \leqq b_m$ が成立するので，α はすべての I_m に属し，$\alpha \in I$ である．

次に I は 1 点からなることを示すために，$\alpha, \beta \in I$ と仮定する．任意の n に対し，α, β は I_n に属するので，

$$|\alpha - \beta| \leqq b_n - a_n (= I_n \text{ の長さ})$$

が成り立つ. ここで仮定 (2) を用いると, $\displaystyle\lim_{n\to\infty}(b_n - a_n) = 0$ であるから, **定理 0.1** (上掲の形) より $|\alpha - \beta| \leqq 0$ となり, $\alpha = \beta$ が得られる.

以上により, I は 1 点からなる集合である. これで **定理 13.4** が示された.

 13.8 **定理 13.4** は, 次のような形で平面上でも成立する.

座標平面上の長方形状の閉領域 $I_n\,(n = 1, 2, 3, \cdots)$ が次の条件を満たすとする.

    (1) I_n の辺は座標軸に平行である

    (2) $I_n \supset I_{n+1}$

    (3) I_n の辺の長さは縦横ともに $n \to \infty$ で 0 に収束する

このとき, $I_n\,(n = 1, 2, 3, \cdots)$ の共通部分は 1 点からなる集合である.

13.5 │ 上限, 下限, 部分列

ガイド

数列 $\{a_n\}$ は $-10 \leqq a_n \leqq 10\,(n = 1, 2, \cdots)$ を満たすとする. この数列についての以下の主張は正しいか.

    (1) $a_n\,(n = 1, 2, \cdots)$ の中に最大の項と最小の項がある

    (2) $\{a_n\}$ は収束する

「たぶんどちらも, 成立しない場合があると思います」
「たとえば, どんな場合ですか」

「でも, (1) や (2) に近いことが成立しそうです」
「たとえば, どんなことですか」

数列

$$a_n = -\frac{1}{n} \quad (n = 1, 2, \cdots) \tag{13.15}$$

は増加するので，最小の項は $a_1 = -1$ である．他方，この数列は 0 に限りなく近づくが，$a_n = 0$ となる項はないので，最大の項は存在しない．したがって，この数列は (1) の反例である．

$\sqrt{2}$ を (十進) 小数で表し，その小数第 n 位までとった値 ($n + 1$ 位以下を切り捨てた値) を b_n とする．この数列は，

$$1.4, \ 1.41, \ 1.414, \ 1.4142, \cdots \tag{13.16}$$

のように増加しつつ $\sqrt{2}$ に収束する．しかし $b_n = \sqrt{2}$ となる項はない．したがって，この数列も (1) の反例である．

数列

$$c_n = (-1)^n \tag{13.17}$$

は最大値 1，最小値 -1 をもつが，極限値をもたない．よって，この数列は (2) の反例である．

$0 < x < 1$ の範囲の既約分数を分母分子の大きさに従って

$$\frac{1}{2}, \ \frac{1}{3}, \frac{2}{3}, \ \frac{1}{4}, \frac{3}{4}, \ \frac{1}{5}, \frac{2}{5}, \frac{3}{5}, \frac{4}{5}, \ \frac{1}{6}, \frac{5}{6}, \ \frac{1}{7}, \frac{2}{7}, \frac{3}{7}, \frac{4}{7}, \frac{5}{7}, \frac{6}{7}, \ \cdots \tag{13.18}$$

のように並べた数列を $\{d_n\}$ とする．この数列には $0 < x < 1$ の範囲の有理数がすべて 1 回ずつ現れる．0 と 1 にいくらでも近い項が現れるが 0 や 1 に一致する項はない．また，この数列は極限をもたない．したがって，この数列は (1), (2) の反例である．

(1) を修正することを考える．(13.15) において，a_n は最大値をもたないが，0 は最大値の代わりになるものである．(13.16) においても，b_n は最大値をもたないが，$\sqrt{2}$ は最大値の代わりになるものである．このような値は，a_n, b_n の値がどのように分布しているかということについて，分布の限界を表す数であり，その意味で最大値の代わりになるものである．これを「上限」という．

> **定義 13.2**
>
> (空集合でない) 実数の集合 $A \subset \mathbb{R}$ に対し，

$$x \in A \quad \Rightarrow \quad x \leqq m \qquad\qquad (13.19)$$

を満たす実数 m が存在するとき，A は **上に有界** であるといい，m を A の **上界** という．また上界 m の中で最小のもの (が存在するとき，それ) を $\sup A$ と書き，A の **上限** という．特に，数列 $\{a_n\}$ の上限を $\sup_n a_n$ と書く．

また大小関係を逆にして，**下に有界，下界，下限** を定義することができる．A の下限を $\inf A$，特に数列 $\{a_n\}$ の下限を $\inf_n a_n$ と書く．

例 13.3

(1) (13.15) で定義される数列 $\{a_n\}$ を考える．$m \geqq 0$ とすると，任意の自然数 n に対して $-\dfrac{1}{n} < m$ であるから，任意の数 $m \geqq 0$ は数列 $\{a_n\}$ の上界である．また $m < 0$ とすると，$m < -\dfrac{1}{n}$ を満たす自然数 n が存在するので，どんな数 $m < 0$ も数列 $\{a_n\}$ の上界ではない．よって最小の上界は $m = 0$ であり，$\sup_n a_n = 0$ である．

(2) (13.18) で定義される数列 $\{d_n\}$ の場合，$\sup_n d_n = 1$, $\inf_n d_n = 0$ である．

 13.9 集合 $A \subset \mathbb{R}$ に対し，

$$x \in A \quad \Rightarrow \quad x \leqq m$$

を満たす $m \in A$ が存在するとき，m を A の最大値といい $\max A$ と書く．集合 $A \subset \mathbb{R}$ は $\max A$ をもつとは限らないが，もしも $\max A$ をもつなら $\max A = \sup A$ が成り立つ (**問 8**)．したがって，上限は最大値の概念を拡張したものであるといえる．

問 7 もしも集合 $A \subset \mathbb{R}$ が $\max A$ をもつなら，$\max A = \sup A$ が成り立つことを示せ．

さて重要なのは，次の定理が成立することである．

> **定理 13.5**
>
> (上下限の存在)
> 上に有界な集合 $A \subset \mathbb{R}$ に対し，$\sup A \in \mathbb{R}$ が存在する．また，下に有界な集合 $A \subset \mathbb{R}$ に対し，$\inf A \in \mathbb{R}$ が存在する．

 13.10

(1) 集合 $A \subset \mathbb{R}$ は，上に有界であるとする．このとき A は $\max A$ をもつとは限らない．しかし $\sup A$ は必ず存在するということが**定理 13.5** によって保証される．

(2) 集合 $A \subset \mathbb{R}$ の最大値 $\max A$ は，「これが A の限界である」という場所を「点」として指し示すものである．$\sup A$ は $\max A$ が存在しない場合にも，A の限界を端的に点として指し示している．

(3) 数列 (13.16) は有理数を並べたものだが，この数列の限界を有理数によって指し示すことはできない．しかし実数を用いれば，この数列の限界は $\sqrt{2}$ であるといえる．

問 8　$a_n = (-1)^n + \left(\dfrac{1}{2}\right)^n$ $(n = 1, 2, \cdots)$ とする．数列 $\{a_n\}$ の上限と下限を求めよ．

定理 13.5 の証明は後回しにして，ガイドの主張 (2) を修正することを考える．

たとえば，数列 (13.17) は収束しないが，偶数番目だけを抜き出せば $a_{2n} = 1$ となり，1 に収束する数列になる．また奇数番目だけを抜き出せば $a_{2n-1} = -1$ となり，-1 に収束する数列になる．

また数列 (13.18) は収束しないが，分子が 1 である項を抜き出すと，

$$\frac{1}{2}, \frac{1}{3}, \frac{1}{4}, \cdots, \frac{1}{n}, \cdots$$

となり，この数列は 0 に収束する．また

$$\frac{1}{3}, \frac{2}{5}, \frac{3}{7}, \cdots, \frac{n}{2n+1}, \cdots$$

のように抜き出した数列は $\dfrac{1}{2}$ に収束する．さらに，$0 \leqq x \leqq 1$ の範囲のどのような実数に対しても，x に収束するように項を抜き出すことができる．

上記のように，与えられた数列 $\{a_n\}$ から項を抜き出して作った数列を，$\{a_n\}$ の **部分列** という．重要なのは，次の定理が成立することである．

定理 13.6

(ボルツァーノ・ワイエルシュトラスの定理)
有界な数列は収束する部分列を含む．詳しくいえば，I を有界閉区間として，$x_n \in I \ (n = 1, 2, \cdots)$ とすると，数列 $\{x_n\}$ の部分列 $\{x_{n_k}\}$ であって収束するものが存在する．このとき
$$\lim_{k \to \infty} x_{n_k} \in I$$
である．

問 9　$a_n = (-1)^n + \left(\dfrac{1}{2}\right)^n \ (n = 1, 2, \cdots)$ とする．数列 $\{a_n\}$ の収束部分列の例を挙げよ．

結局，ガイド の主張 (1), (2) を，それぞれ次のように修正できる．

　　(1)′ $\{a_n\}$ は上限と下限をもつ
　　(2)′ $\{a_n\}$ は収束する部分列を含む

定理 13.4(区間縮小法の原理) を前提にすると，**定理 13.5**(上下限の存在)，**定理 13.6**(ボルツァーノ・ワイエルシュトラスの定理) は，ほとんど同じ論法で証明できる．すなわち，探しものをするときは，探す範囲を小さく区切って追い詰めていくという方法である．

定理 13.5 を示そう．(空集合でない) 集合 $A \subset \mathbb{R}$ が上に有界であり，(13.19) が成り立つとして，上限の存在を示す．そのために，数直線 (実数全体)$\mathbb{R} = (-\infty, \infty)$ を長さ 1 の区間に分割する．

$$\cdots, \ [-(n+1), -n], \ \cdots, \ [-1, 0], \ [0, 1], \ \cdots, \ [n, (n+1)], \ \cdots \quad (13.20)$$

これらの区間には，A の点を含む区間と含まない区間がある．A は上に有

界であるから，A の点を含む区間の中で「一番右側のもの」があろう．この区間を I_0 と名付ける．

次に区間 I_0 を 2 等分して 2 つの区間に分ける．具体的に書けば，$I_0 = [a_0, b_0]$ であるとして，

$$I_0^{左} = \left[a_0, \frac{1}{2}(a_0 + b_0)\right], \quad I_0^{右} = \left[\frac{1}{2}(a_0 + b_0), b_0\right]$$

である．そして，$I_0^{右}$ が A の点を含むなら $I_1 = I_0^{右}$ とし，$I_0^{右}$ が A の点を含まないなら $I_1 = I_0^{左}$ とする．数直線上で I_1 より右側には A の点は存在しない．

同様に区間 I_1 を 2 等分して，A の点を含むかどうか調べ，長さが半分の区間 I_2 を定めて，I_2 より右側には A の点は存在しないようにする．この操作を続けると，区間の列

$$I_0 \supset I_1 \supset I_2 \supset I_3 \supset \cdots$$

が定まる．このとき，I_n の長さは $\dfrac{1}{2^n}$ であるから，**定理 13.4** の仮定が満たされる．したがって，I_n $(n = 0, 1, 2, \cdots)$ の共通部分として 1 点 α が定まる．

$\alpha = \sup A$ となることを示す．そのために，次のことを示す．

(1) α は A の上界である．

(2) $\beta < \alpha$ ならば，β は A の上界ではない．

便宜のために $I_n = [a_n, b_n]$ とおく．a_n は増加しつつ α に収束し，b_n は減少しつつ α に収束する．(1) を示そう．I_n より右側には A の点が存在しないので，b_n は A の上界である．すなわち，

$$x \in A \quad \Rightarrow \quad x \leqq b_n \ (n = 0, 1, 2, \cdots)$$

が成り立つ．b_n は α に収束するので，**定理 0.1** (上巻 4 ページ) を用いれば，

$$x \in A \quad \Rightarrow \quad x \leqq \alpha$$

となり，α は A の上界であることが分かった．(2) を示そう．$\beta < \alpha$ であり，a_n は α に収束するので，十分大きい n をとれば

$$\beta < a_n \leqq \alpha$$

が成り立つ. ところが $I_n = [a_n, b_n]$ の中に A の点が存在するので, β は A の上界ではない.

以上により (1), (2) が示され, $\alpha = \sup A$ であることが分かった.

定理 **13.6** を示そう. 数列 $\{x_n\}$ が (上にも下にも) 有界であるとする. (13.20) のように, 数直線 (実数全体) $\mathbb{R} = (-\infty, \infty)$ を長さ 1 の区間に分割する. $\{x_n\}$ は有界であるから, これらの区間の中で $\{x_n\}$ の点を含むものは有限個しかない. したがって, (13.20) の区間の中に, $\{x_n\}$ の点を無限に多く含むものがある. その 1 つを I_0 とする. 次に区間 I_0 を 2 等分すると, そのうち少なくとも一方は $\{x_n\}$ の点を無限に多く含むので, それを I_1 とする. この操作を続けて区間の列 I_k ($k = 0, 1, 2, \cdots$) を作ると, 定理 **13.4** により, 1 点 α が定まる. このとき, 数列 $\{x_n\}$ は α に収束する部分列をもつ. なぜなら, 各区間 $I_k = [a_k, b_k]$ は $\{x_n\}$ の点を (無限に多く) 含むので, その 1 つを x_{n_k} とすれば

$$a_k \leqq x_{n_k} \leqq b_k$$

が成り立つ. したがって定理 **0.2** (上巻 5 ページ) により, x_{n_k} は α に収束する.

また, $\{x_n\}$ が有界閉区間 I の中の数列であるとすれば, $\{x_n\}$ の部分列 $\{x_{n_k}\}$ も I の中の数列である. I は閉区間であるから,

$$\lim_{k \to \infty} x_{n_k} \in I$$

である.

注意 **13.11**　数列 $\{x_n\}$ は有界で単調増加であるとする. すると **定理 13.5** により, $\sup_n x_n$ が存在する. このとき, 数列 $\{x_n\}$ は $\sup_n x_n$ に収束する (**問 10**).

このようにすると, **定理 13.5** (上下限の存在) から **定理 13.3** (有界単調列の収束) を導くことができる. ただし, **定理 13.5** を示すのに必要な **定理 13.4** (区間縮小法の原理) は, **定理 13.3** を用いて示されたので, **定理 13.5** から **定理 13.3** を導くことができても, これで **定理 13.3** を証明したことにはならない.

数列 $\{x_n\}$ が有界で単調増加なら，$\{x_n\}$ は $\displaystyle\sup_n x_n$ に収束することを示せ．

> ◆参考◆ **13.12** **定理 13.6** は，平面上でも成立する．すなわち，平面上の有界領域における点列は収束する部分列を含む．

13.6 | 絶対収束級数

ガイド

次の無限級数は収束することを示せ．

$$\sum_{n=0}^{\infty} \frac{c_n}{n!} \tag{13.21}$$

各 c_n は 1 か −1 であるとする．

「(13.21) は (13.9) と似ていますが，(13.21) に **定理 13.3** (有界単調列の収束) は使えませんね」
「でも (13.9) の収束と (13.21) の収束は，無縁ではありません」

(13.21) の各項の絶対値をとると (13.9) となることに注意しよう．以下において，「(13.9) が収束するから (13.21) も収束する」というストーリーを作る．このとき，「コーシー列」という概念が重要な役割を果たす．

一般に数列 $\{a_n\}$ が収束するとき，n が大きくなるにつれ $\{a_n\}$ は次第に変動しなくなる．この「次第に変動しなくなる」という性質を次のように定式化する．

定義 13.3

任意の $\varepsilon > 0$ に対して，十分大きい自然数 N を選ぶことにより，

$$n, m \geqq N \quad \Rightarrow \quad |a_n - a_m| < \varepsilon \tag{13.22}$$

が成り立つとする．このとき，数列 $\{a_n\}$ は **コーシー列** であるという．

例 13.4 数列 $\left\{\dfrac{1}{n}\right\}$ を考える. $N \leqq n \leqq m$ とすると

$$\left|\frac{1}{n} - \frac{1}{m}\right| < \frac{1}{n} \leqq \frac{1}{N}$$

となる. したがって, 任意の $\varepsilon > 0$ に対して, $\dfrac{1}{N} < \varepsilon$ となるように自然数 N を選べば, (13.22) が成り立つ. すなわち数列 $\left\{\dfrac{1}{n}\right\}$ はコーシー列である.

問 11 数列 $\left\{\dfrac{1}{2^n}\right\}$ はコーシー列であることを示せ.

数列の収束の定義とコーシー列の定義から次の定理が得られる.

定理 13.7

数列 $\{a_n\}$ が収束するならば, $\{a_n\}$ はコーシー列である.

証明は以下の通りである. 数列 $\{a_n\}$ が α に収束するとする. そこで ε を任意の正の数として, 自然数 N を選び,

$$n \geqq N \quad \Rightarrow \quad |a_n - \alpha| < \varepsilon$$

が成り立つようにする. このとき $m, n \geqq N$ とすると,

$$|a_m - a_n| \leqq |a_m - \alpha| + |\alpha - a_n| < \varepsilon + \varepsilon = 2\varepsilon$$

となる. これは, 数列 $\{a_n\}$ がコーシー列であることを意味する. これで**定理 13.7** が示された.

さて重要なのは, **定理 13.7** の逆が成り立つということである.

定理 13.8

(コーシー列の収束)

数列 $\{a_n\}$ がコーシー列ならば, $\{a_n\}$ は収束する.

証明に先だって, 応用例を挙げよう.

例 13.5　　定理 **13.8** を用いると，絶対値をつけた無限級数

$$\sum_{k=1}^{\infty} |a_k| \tag{13.23}$$

が収束するとき，絶対値を外した無限級数

$$\sum_{k=1}^{\infty} a_k \tag{13.24}$$

も収束することが分かる．

　まず，(13.24) の部分和

$$S_n = \sum_{k=1}^{n} a_k$$

はコーシー列であることを確かめる．(13.23) は収束するので，任意の正の数 ε に対し，自然数 N を選んで

$$\sum_{k=N}^{\infty} |a_k| < \varepsilon$$

が成り立つようにできる．すると $N \leqq m < n$ なる m, n に対し，

$$S_n - S_m = \sum_{k=m+1}^{n} a_k$$

は次のように評価できる．

$$|S_n - S_m| \leqq \sum_{k=m+1}^{n} |a_k| \leqq \sum_{k=N}^{\infty} |a_k| < \varepsilon$$

これは $\{S_n\}$ がコーシー列であることを意味する．

　したがって**定理 13.8** により，無限級数 (13.24) は収束する．このとき，(13.24) は **絶対収束** するという．特に，無限級数 (13.21) は絶対収束するので収束する．

定理 13.8 を示すために，次のような手順をとる．

(1) コーシー列 $\{a_n\}$ は (上下に) 有界であることを示す．

(2) **定理 13.6** を用いて，$\{a_n\}$ は収束する部分列を含むことを示し，

その極限を α とする.

(3) $\{a_n\}$ は α に収束することを示す.

手順 (1) コーシー列 $\{a_n\}$ に対し, 次のような数 M が存在することを示す.

$$|a_n| \leqq M \quad (n = 1, 2, \cdots) \tag{13.25}$$

定義 13.3 において $\varepsilon = 1$ とすると, 十分大きい N に対し,

$$m, n \geqq N \Rightarrow |a_m - a_n| < 1$$

が成り立つ. よって

$$a_N - 1 < a_n < a_N + 1 \quad (n = N, N+1, N+2, \cdots)$$

となる. したがって

$$M = \max \{|a_1|, |a_2|, \cdots, |a_{N-1}|, |a_N - 1|, |a_N + 1|\}$$

とおけば, (13.25) が成り立つ.

手順 (2) コーシー列 $\{a_n\}$ は有界であるから, **定理 13.6** を適用することができる. すると, 収束する部分列が存在するので, その極限を α とする.

手順 (3) コーシー列 $\{a_n\}$ の部分列 $\{a_{n_k}\}$ が α に収束するとして, $\{a_n\}$ も α に収束することを示す.

任意の正の数 ε をとる. $\{a_n\}$ はコーシー列であるから, 自然数 N を選んで

$$m, n \geqq N \quad \Rightarrow \quad |a_m - a_n| < \varepsilon$$

が成り立つようにできる. また, $\displaystyle\lim_{k \to \infty} a_{n_k} = \alpha$ であるから, 自然数 N_1 を選んで

$$k \geqq N_1 \quad \Rightarrow \quad |a_{n_k} - \alpha| < \varepsilon$$

が成り立つようにできる. そこで

$$k \geqq N_1 \text{ かつ } n_k \geqq N$$

が成り立つように k を選べば, $m \geqq N$ に対し,

$$|a_m - a_{n_k}| < \varepsilon \text{ かつ } |a_{n_k} - \alpha| < \varepsilon$$

よって

$$|a_m - \alpha| \leqq |a_m - a_{n_k}| + |a_{n_k} - \alpha| < 2\varepsilon$$

が成り立つ．これは数列 $\{a_m\}$ が α に収束することを意味する．

以上により，**定理 13.6** から **定理 13.8** を導くことができた．

> **注意 13.13**　上に有界な単調増加列はコーシー列である．このこと
> を確かめよう．
>
>　数列 $\{a_n\}$ が上に有界な単調増加列でありながら，コーシー列では
> なかったとする．コーシー列でないということは，数列 $\{a_n\}$ を n が
> 大きい方にどこまでたどっていっても，変動し続けるということであ
> る．特に $\{a_n\}$ が増加列であるとすると，ある一定の幅以上の増加が
> 無限回起きることになる．たとえば $a_{n+1} - a_n$ が 10^{-10} より大きいと
> いうことが無限に多くの n について起きる．これは $\{a_n\}$ が上に有界
> であることと矛盾する．よって，上に有界な単調増加列はコーシー列
> である．
>
>　このことを用いると，**定理 13.8** から **定理 13.3** を導くことができ
> る．ただし **注意 13.11** で注意したように，これで **定理 13.3** を証明し
> たことにはならない．

問12　**注意 13.13** の論法を用いて，上に有界な単調増加列はコーシー列で
あることの証明を丁寧に記せ．

13.7 ｜ 実数

ガイド

　実数とは何か．

　この節では，**定理 13.3**(有界単調列の収束) を証明するために，実数を定
義する必要があるということを主題にする．本題に入る前に，いままでの考
察を振り返りながら，いくつか注意すべき点を指摘する．

(1) まず **13.1節** で「収束する」ということを定義し，**13.2節** で極限の基本的な性質を示した．これらの節の内容は，「数」を有理数の範囲に限定しても成立するので，収束を定義し極限を論じているからといって，実数の世界で考えているとは限らないことに注意しよう．ただし数を有理数に限定すると，実数の場合に比べて，収束する数列が限られる（収束しない数列が増える）ため，**13.3節** 以降の内容が成立しなくなる．

(2) その後，実数の世界では **定理 13.3** (有界単調列の収束) が成り立つことを認めて，

> **定理 13.4** (区間縮小法の原理)
> **定理 13.5** (上下限の存在)
> **定理 13.6** (ボルツァーノ・ワイエルシュトラスの定理)
> **定理 13.8** (コーシー列の収束)

を証明しながら，数列の収束の問題を考えた．したがって残る問題は，**定理 13.3** を証明することである．

(3) **13.1節** から **13.6節** までの考察において，いたるところで，

$$\frac{1}{n} \text{ は } n \to \infty \text{ のとき } 0 \text{ に収束する}$$

という事実を用いている．そして，**注意 13.1** で注意したように，この事実を収束の定義に即して確認するには，任意の $\varepsilon > 0$ に対して，(13.4) すなわち $\frac{1}{N} < \varepsilon$ を満たす自然数 N の存在を保証する必要がある．この性質はまだ厳密には証明されていない．

　実数についてのこの性質は，次のように少し一般化して定式化することが多い．

> 任意の正の実数 a,b に対し，$b < Na$ を満たす自然数 N が存在する

この性質は極限値を論じる上で基礎となるもので，古代ギリシャ時代には重視されていたが，微積分法の発見の時代には自明な事実として，特に注目されなかった．しかし微積分の厳密化とともに，その重要性が認識され，今日では **アルキメデスの公理** と呼ばれている．

　実数を定義したら，アルキメデスの公理を証明する必要がある．

(4) いうまでもないことのようだが，実数の範囲において，大小関係と四則演算が定められている．したがって実数を定義するときには，大小関係と四則演算を併せて定義する必要がある．

結局，なすべきことを整理すると，次のようになる．

- 「実数」と，その大小関係，四則演算を定義する．
- アルキメデスの公理を導く．
- **定理 13.3** を証明する．

13.7.1 | 実数の定義

微積分法が発見された時代には，実数は数直線と同一視されていた．しかし，「実数の数直線」と「有理数の数直線」を描き分けることはできず，点が連続的に 1 列に並んでいるという素朴なイメージに頼って，有理数から実数への飛躍を根拠づけることには無理がある．

ところで，実数にはもう 1 つの素朴なイメージがある．それは「(十進) 小数」という数の記法である．たとえば，

$$\frac{1}{2} = 0.50000000000000000000\cdots\cdots \tag{13.26}$$

$$\frac{1}{3} = 0.33333333333333333333\cdots\cdots \tag{13.27}$$

$$\sqrt{2} = 1.41421356237309504880\cdots\cdots \tag{13.28}$$

のように，実数を無限に続く小数で表すことができる．

そこで，数字 $0, 1, 2, 3, 4, 5, 6, 7, 8, 9$ を "点" (小数点という) の両側に (左側には有限個，右側には無限個) 並べたものを **小数** と呼び，小数で表されるものを **実数** と定義する．

> ### ◈注意 13.14
>
> (1) 「負の実数」を表すために，冒頭につける「−」という記号も必要である．また $0123.456\cdots$ のような冒頭の 0 は適宜省くことにする．
>
> (2) 小数はあくまで文字を並べただけであり，「数」に名前をつけたに過ぎない (長い名前ではあるが)．あとで小数を無限級数とみる

立場に触れるが (**注意 13.18** (4))，今の段階では，小数は実数の名前であり，無限級数を表すわけではないので，混同しないように．

(3) 小数は数の名前であるが，名前によって実体を区別できるとすると，$0.999999\cdots$ と $1.000000\cdots$ は異なる数ということになる．しかしこれらを異なる数としておくといろいろ支障をきたす (**注意 13.15**)．そこでこれらは同じ数を表すと約束する．

$$0.999999\cdots = 1.000000\cdots \tag{13.29}$$

つまり，1 つの数が 2 つの名前をもつということである．
　同様に，$0.12345999999\cdots$ と $0.1234600000\cdots$ なども同じ数を表すと約束する．しかし $0.33333333\cdots$ などは，これ以外の名前をもたない．

(4) 10 進法の小数ではなく，2 進法の小数を用いてもよい．このとき，数字は 0 と 1 だけになる．また

$$0.111111\cdots = 1.000000\cdots$$

と約束するなど，無限に続く 1 についての付則を設ける．

　結局，小数をもって実数の定義とするのだが，無限に続く 9 についての付則 ((13.29) など) を実数の定義に含める．
　実数の **大小関係** は，その名前 (小数表示) に従って自然に定める．このとき，上位の桁から順に (左から右に向かって) 比較する．たとえば

$$3.14159265358979\cdots < 3.14160000000000\cdots$$

のように，初めて異なる数字 (5 と 6) が現れたところで，その数字の大小 (5 < 6) に従って，実数の大小を定める．これを **辞書式順序** という．(正の) 実数の大小関係は辞書式順序に従って定める．すべての桁が一致していたら同じ数を表すが，(13.29) のように，無限に続く 9 についての付則を例外とする．このとき，実数 x, y に対して，$x < y$, $x = y$, $x > y$ のどれか 1 つが成り立つ．

13.7.2 | 実数の演算

実数の四則演算について，手短かに説明する．

実数の和 は，桁ごとの和によって定義する．たとえば

$$0.50000000000 \cdots + 0.33333333333 \cdots = 0.83333333333 \cdots$$

ただしある桁において数字の和が 9 を超えたら，「繰り上がりの規則」に従う．たとえば

$$
\begin{array}{r}
1.414213562 \cdots \\
+ \quad 1.732050807 \cdots \\
\hline
3.146264369 \cdots
\end{array}
\qquad
\begin{array}{r}
0.142857142857 \cdots \\
+ \quad 0.428571428571 \cdots \\
\hline
0.571428571428 \cdots
\end{array}
$$

和の計算において繰り上がりが生じる場合，低位の桁から高位の桁へ (右から左へ) 見ていければよいのだが，実数の無限小数表記において右端というものはない．そこで左から右に見ていくことにする．

「左から右に見ていく」というのは，次のような意味である．たとえば

$$1.41421356 \cdots + 1.7320508 \cdots$$

の場合，有限桁で切り捨てて和を計算すると，

$$1.4 + 1.7 = 3.1$$
$$1.41 + 1.73 = 3.14$$
$$1.414 + 1.732 = 3.146$$
$$1.4142 + 1.7320 = 3.1462$$
$$1.41421 + 1.73205 = 3.14626$$
$$1.414213 + 1.732050 = 3.146263$$
$$1.4142135 + 1.7320508 = 3.1462643$$

のように，各桁の数字が順次確定していく．ただし，最後の行のように繰り上がりが生じると，左隣の桁を (4 のように) 修正しなければならず，その修正によって新たな繰り上がりが生じるということもあり得る．したがって，各桁の数字が本当に順次確定するかどうか確かめる必要がある (**注意 13.17**)．

実数の積 も同様である．たとえば

$$1.41421356\cdots \times 1.41421356\cdots$$

の場合，有限桁で切り捨てて積を計算すると，

$$1.4 \times 1.4 = 1.96$$

$$1.41 \times 1.41 = 1.9881$$

$$1.414 \times 1.414 = 1.999396$$

$$1.4142 \times 1.4142 = 1.99996164$$

$$1.41421 \times 1.41421 = 1.9999899241$$

$$1.414213 \times 1.414213 = 1.999998409369$$

$$1.4142135 \times 1.4142135 = 1.99999982358225$$

のように，各桁の数字が順次確定していく．積の計算においても，各桁の数字が本当に順次確定するかどうか確かめる必要がある (**注意 13.17**)．

また **実数の差** は，和の逆として定義する．すなわち，実数 a, b に対し，

$$x + a = b \tag{13.30}$$

を満たす実数 x を $b - a$ と書く．同様に，商は積の逆として定義し，

$$a \times y = b \tag{13.31}$$

を満たす実数 y を b/a と書く．ただし $a \neq 0.000\cdots$ とする．

注意 13.15 任意の実数 a, b に対して (13.30) を満たす実数がただ 1 つ存在することは，「あたりまえ」ではない．というのは，もしも無限に続く 9 についての付則 ((13.29) など) を設けない立場で考えてしまうと，

$$x + 0.999999\cdots = 1.000000\cdots$$

を満たす実数 x は存在しないし ($x = 0.000\cdots$ は解ではない)，また

$$y + 0.999999\cdots = 1.999999\cdots$$

を満たす実数 y は 2 個ある ($1.000000\cdots$ と $0.999999\cdots$) からである．
無限に続く 9 についての付則のもとで，(13.30),(13.31) を満たす x, y がただ 1 つ存在することは厳密に示せるが，ここでは省略する．

13.7.3 | アルキメデスの公理

実数の定義に基づいて，「整数」「有理数」を定める．

実数 a の小数点以下がすべて 0 (またはすべて 9) であるとき，a を **整数** という．見やすくするために，整数 $1.00000\cdots$ を 1，整数 $1000.00000\cdots$ を 1000 などと略記する．また実数 x に対して，ある整数 a が存在して ax が整数になるとき，x を **有理数** という．たとえば

$$1000 \times 0.0010000\cdots = 1$$

であるから，

$$0.00100000\cdots = 1/1000$$

は有理数である．

この記法を用いれば，たとえば $\varepsilon = 0.0012345\cdots$ に対し，$N = 1000$ とすれば $\varepsilon > 1/N$ が成り立つといえる．これを一般化して，次の事実を示すことは容易であろう．

定理 13.9

(アルキメデスの公理)
任意の正の数 a, b に対し，$b < Na$ を満たす自然数 N が存在する．

 13.16

定理 **13.9** により，(13.3) を満たす自然数 k，(13.4) を満たす自然数 N の存在が保証される．

13.7.4 | 有界単調列の収束

実数の定義に基づいて，**定理 13.3** (有界単調列の収束) を証明する．

有界な単調増加数列 $\{a_n\}$ の各項を十進小数で表現する．

$$a_1 = A^{(1)}.a_1^{(1)}a_2^{(1)}a_3^{(1)}a_4^{(1)}a_5^{(1)}a_6^{(1)}\cdots$$
$$a_2 = A^{(2)}.a_1^{(2)}a_2^{(2)}a_3^{(2)}a_4^{(2)}a_5^{(2)}a_6^{(2)}\cdots$$

$$a_3 = A^{(3)}.a_1^{(3)} a_2^{(3)} a_3^{(3)} a_4^{(3)} a_5^{(3)} a_6^{(3)} \cdots$$

$$a_4 = A^{(4)}.a_1^{(4)} a_2^{(4)} a_3^{(4)} a_4^{(4)} a_5^{(4)} a_6^{(4)} \cdots$$

$$\cdots \cdots$$

ここで $A^{(1)}, A^{(2)}, A^{(3)}, A^{(4)}, \cdots$ はそれぞれ $a_1, a_2, a_3, a_4, \cdots$ の整数部分である. その後に小数部分が続く様子が書かれている. ただし混乱を避けるために, 無限に続く 9 についての付則 ((13.29) など) が関係する数の場合は, 0 が無限に続く表記の方を採用することにする.

数列 $\{a_n\}$ が上に有界な単調増加列であることから, 整数列 $\{A^{(n)}\}$ はいつか最大値に達し, そこから先は一定である. そこで, 上の一覧の n_0 番目 (A^{n_0}) で最大値に達するとしよう. さらに, n_0 番目以降に並ぶ数において小数第 1 位の数 $a_1^{(n)}$ に注目すると, $a_1^{(n)}$ は 0 から 9 までのどれかであり, 単調増加であるから, あるところで最大値をとる. これを n_1 番目 ($a_1^{(n_1)}$) としよう. 同様にして n_1 番目以降に並ぶ数において小数第 2 位の数 $a_2^{(n)}$ はあるところで最大となるので, これを n_2 番目 ($a_2^{(n_2)}$) とする. 以下同様にして $n_3, n_4, \cdots$ を定め, 実数 α を

$$\alpha = A^{(n_0)}.a_1^{(n_1)} a_2^{(n_2)} a_3^{(n_3)} a_4^{(n_4)} \cdots$$

によって定める.

この α は数列 $\{a_n\}$ の収束極限であることを示す. 実際, $n \geqq n_0$ なる n に対して, a_n と α の整数部分は一致している. また $n \geqq n_1$ なる n に対して, a_n と α は小数第 1 位まで一致している. 同様に, $n \geqq n_m$ なる n に対して, a_n と α が小数第 m 位まで一致している. このとき $|a_n - \alpha| \leqq \dfrac{1}{10^m}$ が成立する.

注意 13.17 数列 $a_1, a_2, a_3, \cdots$ の各位の数字は, 高位の桁から順次決まっていく. 特に, 実数の和や積の計算 (**13.7.2 節**) において, 高位の桁から順に数字が決まっていくといえる.

また上記の議論により, 直観的には, α は数列 $\{a_n\}$ の収束極限であると考えられる. 以下において, 収束の定義に基づいて, 数列 $\{a_n\}$ が α に収束することを確かめる.

そこで, 任意に選ばれた $\varepsilon > 0$ に対して, 整数 m を $\varepsilon > 1/10^m$ となる

ように選ぶ．たとえば $\varepsilon = 0.0012345\cdots$ ならば，$m = 3$ とすればよいし（$m = 4$ としてもよい），$\varepsilon = 0.00100\cdots$ ならば，$m = 4$ とすればよい．結局，一般に，その小数 k 桁目にはじめて 0 でない数字が現れたら，$m = k+1$ としておけば問題ない．すると，$n \geqq n_m$ なる n に対して，

$$|a_n - \alpha| \leqq \frac{1}{10^m} < \varepsilon$$

が成り立つ．これは，a_n が α に収束することを意味する．

 13.18

(1) **定理 13.3** が示されたので，**定理 13.4**，**定理 13.5**，**定理 13.6**，**定理 13.8** がすべて証明を得たことになる．

(2) 「数」を有理数に限定すると，(**定理 13.3** などの定理が成立しないため) 微積分法を自由に展開することができない．言い換えれば，有理数だけでは数が足りないので，不足している数を追加して実数を作ったのである．

(3) **定理 13.9** (アルキメデスの公理) が成り立たない状況，すなわち，(13.4) を満たす自然数 N が存在しない状況について考える．このとき，

どんな正の有理数よりも小さい正の数 ε が存在する

ということになるが，この ε とは **無限小** のことである．言い換えれば，アルキメデスの公理は，無限小の存在を否定しているのである．微積分法においては有理数だけでは数が足りないので，不足している数を補って実数を作るのだが，このとき無限小を数として追加してしまうと，アルキメデスの公理が成立しなくなる．

(4) 実数を定義し，収束を定義したところで，あらためて「無限に続く小数」(13.26), (13.27), (13.28) をみると，これらを無限級数として捉え直せることに気づく．実際

$$0.a_1 a_2 a_3 a_4 \cdots = \sum_{n=1}^{\infty} \frac{a_n}{10^n} \tag{13.32}$$

という等式を証明することができる．左辺は 1 つの実数を指して

おり，右辺は収束極限を表している (**問5**).

問13 (13.32) を示せ.

Chapter 13 章末問題

Basic

問題 13.1 次の各命題は真か偽か.

(1) ある自然数 n が存在して, $n > 2$ を満たす.

(2) すべての自然数 n に対して, $n > 2$ が成り立つ.

(3) すべての自然数 n に対して, ある自然数 k が存在して, $n < k$ が成り立つ.

(4) ある自然数 k が存在して, すべての自然数 n に対して, $n < k$ を満たす.

(5) ある自然数 k が存在して, すべての自然数 $n \geqq k$ に対して, $\sqrt{n} > 10$ を満たす.

(6) ある自然数 k が存在して, すべての自然数 $n \geqq k$ に対して, $(-2)^n > 0$ を満たす.

問題 13.2 $a_n = \dfrac{1}{n}$ とする.

(1) 「ある自然数 k が存在して, $|a_k| < \dfrac{1}{10}$ を満たす」は真の命題である. そのような k を 1 つ挙げよ.

(2) 「ある自然数 k が存在して, すべての自然数 $n \geqq k$ に対して, $|a_n| < \dfrac{1}{100}$ を満たす」は真の命題である. そのような k を 1 つ挙げよ.

(3) 「任意の $\varepsilon > 0$ に対して, ある自然数 k が存在して, すべての自然数 $n \geqq k$ に対して, $|a_n| < \varepsilon$ を満たす」は真の命題である. k はどのような値であればよいか.

問題 13.3 数列 $\left\{ \dfrac{n}{2n+1} \right\}$ が $\dfrac{1}{2}$ に収束することを示す.

$\dfrac{n}{2n+1} = \dfrac{1}{2 + \frac{1}{n}}$ などと変形することにより, この数列の極限値は $\dfrac{1}{2}$ であると予想できる. そこで, $\varepsilon > 0$ を固定して, 不等式

$$\left| \frac{n}{2n+1} - \frac{1}{2} \right| < \varepsilon \tag{13.33}$$

を n について解くと, $n > \boxed{}$ となる. したがって, 「$n \geqq N$ を満たすすべての自然数 n に対して, (13.33) が成立する」ような自然数 N が存在す

るといえる．たとえば，$\varepsilon = \dfrac{1}{100}$ であれば，$N = \boxed{}$ などとすればよい．これは数列 $\left\{ \dfrac{n}{2n+1} \right\}$ が $\dfrac{1}{2}$ に収束することを意味する．

Standard

問題 13.4 数列の収束の定義に基づいて，収束する数列は有界であることを示せ．

問題 13.5 数列 $\{a_n\}$, $\{b_n\}$ について，$\displaystyle\lim_{n\to\infty} a_n = \alpha$, $\displaystyle\lim_{n\to\infty} b_n = \beta$ であるとする．

(1) $\displaystyle\lim_{n\to\infty} (a_n b_n) = \alpha\beta$ が成り立つことを示せ．

(2) さらに $a_n \neq 0$, $\alpha \neq 0$ として，$\displaystyle\lim_{n\to\infty} \dfrac{1}{a_n} = \dfrac{1}{\alpha}$ が成り立つことを示せ．

問題 13.6 数列 $\{a_n\}$, $\{b_n\}$ の間に，十分大きな自然数 n については $a_n \leqq b_n$ が成り立つとする．このとき，$\displaystyle\lim_{n\to\infty} a_n$ と $\displaystyle\lim_{n\to\infty} b_n$ が存在すれば，$\displaystyle\lim_{n\to\infty} a_n \leqq \displaystyle\lim_{n\to\infty} b_n$ であることを示せ．

問題 13.7 数列 $\{a_n\}$ に対し，

$$\sum_{n=1}^{\infty} |a_{n+1} - a_n| = C$$

となる実数 C が存在するとする．このとき，$\{a_n\}$ はコーシー列であることを示せ．

問題 13.8 a を無理数とする．a のいくらでも近くに，有理数が存在することを示せ．

問題 13.9 a を有理数とする．a のいくらでも近くに，無理数が存在することを示せ．

Advanced

問題 13.10 $\displaystyle\lim_{n\to\infty} a_n = \alpha$ のとき，$\displaystyle\lim_{n\to\infty} \dfrac{a_1 + a_2 + \cdots + a_n}{n} = \alpha$ を示せ．

証明の発想．n を大きくとれば，$|a_n - \alpha|$ は小さくなる．このとき，

$$\left| \dfrac{a_1 + a_2 + \cdots + a_n}{n} - \alpha \right| \leqq \dfrac{|a_1 - \alpha| + |a_2 - \alpha| + \cdots + |a_n - \alpha|}{n}$$

が小さいことを示そう．$|a_n - \alpha|$ が小さいとしても，$|a_1 - \alpha|$ や $|a_2 - \alpha|$ な

どが小さいとはいえない．しかし大きな n で割れば小さくなる．小さい理由が2種類あることに注意して，証明を書こう．

問題 13.11　$\sup\{x \mid x^2 < 3\} = \sqrt{3}$ であることを，$\sup$ の定義に基づいて示せ．

問題 13.12

(1) 任意の数列は単調な (単調増加する，または単調減少する) 部分列をもつことを示せ．

(2) **定理 13.6**(ボルツァーノ・ワイエルシュトラスの定理) を，**定理 13.3**(有界単調列の収束) を使って示せ．

問題 13.13

　数列 $\{a_n\}$ は単調減少し，0 に収束するとする．$T_n = \displaystyle\sum_{k=0}^{n} (-1)^k a_k$ とおく．

(1) T_{2m+1} は m とともに増加し，T_{2m} は m とともに減少することを示せ．

(2) T_n は収束することを示せ．

問 1 ε を任意の正の数として, $N \geqq \dfrac{2}{\varepsilon}$ を満たす自然数 N をとる. (たとえば $N = \left[\dfrac{2}{\varepsilon}\right] + 1$ とする. $[\,\cdot\,]$ はガウス記号である.) このとき, $n \geqq N$ を満たす任意の自然数 n に対し,

$$\left| \frac{2n}{n+1} - 2 \right| = \frac{2}{n+1} < \varepsilon$$

となる. □

問 2 (1) 実数 x に対し, $x = 0, x > 0,$ $x < 0$ のどれか 1 つが成立することに注意しよう. $x > 0$ であれば, ε として x をとることができ, $x < \varepsilon$ より $x < x$ となり矛盾. よって $x \leqq 0$ である.

(2) (1) により $|x| \leqq 0$. よって $|x| = 0$ すなわち $x = 0$ である. □

問 3 $n = 1, 2, \cdots$ に対して, $10^n > n$ であるから, $0 < \dfrac{1}{10^n} < \dfrac{1}{n}$. $\displaystyle\lim_{n \to \infty} 0 = \displaystyle\lim_{n \to \infty} \dfrac{1}{n} = 0$ なので, はさみうちの原理より, $\displaystyle\lim_{n \to \infty} \dfrac{1}{10^n} = 0$. □

問 4 数列 $\{b_n\}$ を $b_n = C$ により定義すると, $\displaystyle\lim_{n \to \infty} b_n = C$ であり,

$$\lim_{n \to \infty} C a_n = \lim_{n \to \infty} a_n b_n = C\alpha.$$

また,

$$\lim_{n \to \infty} \frac{b_n}{a_n} = \lim_{n \to \infty} b_n \cdot \frac{1}{a_n} = \beta \cdot \frac{1}{\alpha} = \frac{\beta}{\alpha}.$$

□

問 5 $b_n = \displaystyle\sum_{k=1}^{n} \dfrac{1}{k^2}$ とおく. 数列 $\{b_n\}$ は単調増加する. また, $n \geqq 2$ のとき,

$$b_n < 1 + \sum_{k=2}^{n} \frac{1}{k(k-1)}$$

$$= 1 + \sum_{k=2}^{n} \left(\frac{1}{k-1} - \frac{1}{k} \right)$$

$$= 1 + 1 - \frac{1}{n} < 2$$

なので, $\{b_n\}$ は上に有界である. 単調列の原理から, 数列 $\{b_n\}$ は収束する.

$c_n = \displaystyle\sum_{k=1}^{n} \dfrac{a_k}{10^k}$ とおく. $\{c_n\}$ は単調増加する. また,

$$c_n \leqq \sum_{k=1}^{n} \frac{9}{10^k} < \frac{9}{10} \cdot \frac{1}{1 - \frac{1}{10}} = 1$$

より, $\{c_n\}$ は上に有界である. 単調列の原理から, 数列 $\{c_n\}$ は収束する. □

問 6 $\{a_n\}$ を下に有界な単調減少列とする. $b_n = -a_n$ とおけば, $\{b_n\}$ は上に有界な単調増加列であり, 収束する. よって, $\{a_n\}$ も収束する. □

問 7 空でない集合 $A \subset \mathbb{R}$ に対して, $\sup A$ が存在するなら $\sup A$ は一意に定まることに注意しよう. そこで, $\max A$ が上限の定義を満たすことを示す.

$\max A$ は A の上界である. なぜなら, $\max A$ の定義から, 「$x \in A \Rightarrow x \leqq \max A$」が成立するからである.

$\max A$ は A の上界の中で最小のものであることを示そう. m を任意の A の上界とすると, 「$x \in A \Rightarrow x \leqq m$」が成立する. ここで, $\max A \in A$ であるから, $\max A \leqq m$. すなわち $\max A$ は A のどんな上界よりも小さい (か等しい).

以上より, $\max A = \sup A$. □

問 8 偶数番目の項は $a_{2m} = \dfrac{1}{2^{2m}} + 1 > 0$ であり, m とともに減少する. 奇数番目の項は $a_{2m+1} = \dfrac{1}{2^{2m+1}} - 1 < 0$ であり,

m とともに減少して，-1 に収束する．よって，$\sup a_n = \max a_n = a_2 = \dfrac{5}{4}$，$\inf a_n = -1$. □

問 9　$n_k = 2k$ とすれば，$a_{n_k} = 1 + 2^{-2k}$ となり，1 に収束する．また $n_k = 2k-1$ とすれば，$a_{n_k} = -1 + 2^{-2k+1}$ となり，-1 に収束する．$n_k = 4k$ などとしてもよい． □

問 10　$\{x_n\}$ は有界なので，$\sup x_n$ は存在する．$\alpha = \sup x_n$ とおく．$\varepsilon > 0$ を任意にとって固定する．このとき，ある $N \in \mathbb{N}$ が存在して $x_N > \alpha - \varepsilon$ となる．（もしも $x_N > \alpha - \varepsilon$ を満たす自然数 N が存在しないなら，すべての自然数 n に対して $x_n \leqq \alpha - \varepsilon$ となる．これは $\alpha - \varepsilon$ が α よりも小さい上界であることを意味し，$\alpha = \sup x_n$ に反する．）この $N \in \mathbb{N}$ に対し，$n \geqq N$ ならば $x_n \geqq x_N > \alpha - \varepsilon$ となる．また，すべての $n \in \mathbb{N}$ に対し $x_n \leqq \alpha$ であるから，$n \geqq N$ ならば $|x_n - \alpha| < \varepsilon$ である．ε は任意であったから，$\{x_n\}$ は α に収束する． □

問 11　任意の $\varepsilon > 0$ に対し，$N > -\log_2 \varepsilon$ となるように $N \in \mathbb{N}$ をとれば，$N \leqq n \leqq m$ のとき，
$$\left| \frac{1}{2^n} - \frac{1}{2^m} \right| < 2^{-n} \leqq 2^{-N} < \varepsilon.$$
よって，$\left\{ \dfrac{1}{2^n} \right\}$ はコーシー列である． □

問 12　$\{a_n\}$ を上に有界な単調増加列とする．$\{a_n\}$ はコーシー列でないとしよう．このとき，ある $\varepsilon > 0$ が存在して，すべての $N \in \mathbb{N}$ に対して，「$n, m \geqq N$ でありながら $|a_n - a_m| \geqq \varepsilon$ となる」自然数 $n, m \in \mathbb{N}$ が存在する．N として $N_1 = 1$ を考えて，$N_1 \leqq n \leqq m$ かつ $a_m \geqq a_n + \varepsilon \geqq a_{N_1} + \varepsilon$ となる $m > N_1$ が存在する．この m を N_2 とせよ．次に N として N_2 を考えると，やはり $a_m \geqq a_{N_2} + \varepsilon$ となる $m > N_2$ が存在する．この m を N_3 とする．以下同様に繰り返せば，$a_{N_{k+1}} \geqq a_{N_k} + \varepsilon$ を満たす数列 $\{N_k\}$ が作れる．これより，$a_{N_k} \geqq a_1 + \varepsilon(k-1)$ となるが，これは $\{a_n\}$ が上に有界であることに矛盾する． □

問 13　$\varepsilon > 0$ を固定する．すると，ある $N \in \mathbb{N}$ が存在して $10^{-N} < \varepsilon$ を満たす．このとき，
$$\sum_{n=1}^{N} \frac{a_n}{10^n} = 0.a_1 a_2 a_3 \cdots a_N 00000 \cdots$$
であることに注意すると，$k \geqq N$ ならば，
$$\left| \sum_{n=1}^{k} \frac{a_n}{10^n} - 0.a_1 a_2 a_3 a_4 \cdots \right|$$
$$= 0.0 \cdots 0 a_{k+1} a_{k+2} \cdots < 10^{-N}$$
$$< \varepsilon.$$
すなわち，(13.32) の右辺の級数は収束して，左辺に一致する． □

問題 13.1 真, 偽, 真, 偽, 真, 偽 □

問題 13.2 (1) 11 以上の自然数であれば何でもよい. たとえば, 11.

(2) 101 以上の自然数であれば何でもよい. たとえば, 101.

(3) $k > \dfrac{1}{\varepsilon}$ □

問題 13.3 $\dfrac{1}{4\varepsilon} - \dfrac{1}{2}$, 25 □

問題 13.4 $\{a_n\}$ を収束する数列とする. $\alpha = \lim\limits_{n \to \infty} a_n$ とすれば, ある $N \in \mathbb{N}$ が存在して, $n \geqq N$ のとき, $|a_n - \alpha| < 1$ となる. よって, $M = \max\{a_i \mid 1 \leqq i < N\}$, $m = \min\{a_i \mid 1 \leqq i < N\}$ とおくと, すべての $n \in \mathbb{N}$ について, $\min\{m, \alpha - 1\} \leqq a_n \leqq \max\{M, \alpha + 1\}$. すなわち有界である. □

問題 13.5 (1) $\{b_n\}$ は収束するので, 有界であり, $|b_n| \leqq C$ となる $C > 0$ が存在する. 任意の $\varepsilon > 0$ に対して, ある自然数 N, M が存在して, $n \geqq N$ のとき $|a_n - \alpha| < \varepsilon$, $n \geqq M$ のとき $|b_n - \beta| < \varepsilon$ が成り立つ. すると, $n \geqq \max\{N, M\}$ のとき,

$$|a_n b_n - \alpha\beta| = |a_n b_n - \alpha b_n + \alpha b_n - \alpha\beta|$$
$$\leqq |a_n - \alpha||b_n| + |b_n - \beta||\alpha|$$
$$\leqq (C + |\alpha|)\varepsilon$$

ε は任意の正の数であるから, これは $\lim\limits_{n \to \infty} a_n b_n = \alpha\beta$ を意味するといえる. (ε' を任意の正の数として, $\varepsilon = \dfrac{\varepsilon'}{C + |\alpha|}$ とすればよい.)

(2) 任意の $\varepsilon > 0$ に対して, ある自然数 N が存在して, $n \geqq N$ のとき $|a_n - \alpha| < \varepsilon$

が成り立つ. 特に $0 < \varepsilon < \dfrac{1}{2}|\alpha|$ なる ε をとれば,

$$|a_n| \geqq |\alpha| - |a_n - \alpha| > |\alpha| - \varepsilon > \frac{1}{2}|\alpha|$$

よって,

$$\left|\frac{1}{a_n} - \frac{1}{\alpha}\right| = \frac{|\alpha - a_n|}{|\alpha||a_n|} < \frac{2\varepsilon}{|\alpha|^2}$$

となり, $\dfrac{1}{a_n}$ は $\dfrac{1}{\alpha}$ に収束することが分かる. □

問題 13.6 $\alpha = \lim\limits_{n \to \infty} a_n$, $\beta = \lim\limits_{n \to \infty} b_n$ とおく. $\alpha > \beta$ であったとする. $\varepsilon = \dfrac{1}{2}(\alpha - \beta)$ とおくと, $\varepsilon > 0$ である. そして, ある $N, M \in \mathbb{N}$ が存在して, $n \geqq N$ ならば $|a_n - \alpha| < \varepsilon$, $n \geqq M$ ならば $|b_n - \alpha| < \varepsilon$ が成立する. よって, $n \geqq \max\{N, M\}$ ならば,

$$\alpha - \varepsilon < a_n \leqq b_n < \beta + \varepsilon = \alpha - \varepsilon.$$

これは矛盾. よって $\alpha \leqq \beta$ である. □

問題 13.7 任意の $\varepsilon > 0$ に対し, ある自然数 N が存在して,

$$\sum_{n=N}^{\infty} |a_{n+1} - a_n| < \varepsilon$$

となる. このとき, $N \leqq n < m$ ならば,

$$|a_m - a_n| \leqq \sum_{k=n}^{m-1} |a_{k+1} - a_k| < \varepsilon$$

よって, $\{a_n\}$ はコーシー列である. □

問題 13.8 無理数 a を十進小数

$$a = A.a_1 a_2 a_3 a_4 \cdots = A + \sum_{k=1}^{\infty} \frac{a_k}{10^k}$$

で表す. A は整数, a_k は 0 から 9 まで
の整数である. このとき, $n = 1, 2, 3, \cdots$
に対し,

$$x_n = A.a_1 a_2 a_3 a_4 \cdots a_n$$
$$= A + \sum_{k=1}^{n} \frac{a_k}{10^k}$$

とおくと, x_n は有理数であり, また,
$|a - x_n| \leqq 10^{-n}$ であるから, $\lim_{n \to \infty} x_n = a$ である. よって a のいくらでも近くに有
理数が存在する.

問題 13.9 有理数 a に対し,

$$x_n = a + \frac{\sqrt{2}}{n}$$

とおくと, x_n は無理数であり,
$\lim_{n \to \infty} x_n = a$ である. よって a のいく
らでも近くに無理数が存在する. □

問題 13.10 $\varepsilon > 0$ を固定する. $\lim_{n \to \infty} a_n = \alpha$ より, 自然数 N が存在して,

$$n > N \Rightarrow |a_n - \alpha| < \frac{\varepsilon}{2}$$

さらにこの N に対して, 自然数 $M > 0$ が
存在して, $n > M$ ならば

$$\frac{|a_1 - \alpha| + |a_2 - \alpha| + \cdots + |a_N - \alpha|}{n}$$
$$< \frac{\varepsilon}{2}$$

よって, $n > \max\{N, M\}$ のとき,

$$\left| \frac{a_1 + a_2 + \cdots + a_n}{n} - \alpha \right|$$
$$= \left| \frac{1}{n} \sum_{k=1}^{n} (a_k - \alpha) \right|$$
$$\leqq \frac{1}{n} \sum_{k=1}^{n} |a_k - \alpha|$$
$$= \frac{1}{n} \sum_{k=1}^{N} |a_k - \alpha| + \frac{1}{n} \sum_{k=N+1}^{n} |a_k - \alpha|$$

$$< \frac{\varepsilon}{2} + \frac{\varepsilon}{2} \cdot \frac{n-N}{n} < \varepsilon. \qquad \square$$

問題 13.11 $1^2 < 3$ より $A = \{x \mid x^2 < 3\}$
は空ではない. また, $x^2 < 3$ であれば
$x < 2$ なので, A は上に有界である. よっ
て, $\alpha = \sup A$ は存在する. $\alpha^2 = 3$,
$\alpha^2 < 3$, $\alpha^2 > 3$ のどれかが成り立つ. ま
た, $\alpha \leqq 0$ であれば A の上界にはなりえな
いので, $\alpha > 0$ であることに注意しよう.

もし $\alpha^2 < 3$ ならば, 十分小さな $\varepsilon > 0$
に対しても $(\alpha + \varepsilon)^2 < 3$ で, $\alpha + \varepsilon \in A$.
α は A の上界なので, $\alpha + \varepsilon \leqq \alpha$. これは
矛盾.

もし $\alpha^2 > 3$ ならば, 十分小さな $\varepsilon > 0$
に対しても $\alpha - \varepsilon > 0$ かつ $(\alpha - \varepsilon)^2 > 3$ で
ある. $x \in A$ ならば $x^2 < 3 < (\alpha - \varepsilon)^2$ よ
り $x < \alpha - \varepsilon$. これは $\alpha - \varepsilon$ が A の上界で
あることを意味している. しかし, それは
α が A の上界の最小値であることに矛盾す
る. よって $\alpha^2 = 3$, したがって $\alpha = \sqrt{3}$
である. □

問題 13.12 数列 $\{a_n\}$ に対して考察する.

(1) 自然数 n についての条件「$n < m$
ならば $a_n > a_m$」を考え, この条件を A
と書く. もし無限に多くの n が条件 A を
満たすならば, そのような n を順番に n_k
とおけば, $\{a_{n_k}\}$ は単調減少数列となる.
そこで条件 A を満たす n が有限個しかな
いとする. そのような n の中で最大のもの
を N とし, $n_1 = N + 1$ とおく. n_1 は
条件 A を満たさないので, $m > n_1$ かつ
$x_{n_1} \leqq x_m$ となる自然数 m が存在する.
そのような m の中で最小のものを n_2 とす
る. n_2 は条件 A を満たさない. このよう
にして, $n_3, n_4, \cdots$ をとることができる.

このとき，$\{a_{n_k}\}$ は単調増加数列となる.

(2) 有界な数列はその単調部分列が収束する. □

問題 13.13 (1)

$$T_{2m+1} = \sum_{j=0}^{m} (a_{2j} - a_{2j+1})$$

$$T_{2m} = a_0 + \sum_{j=1}^{m} (a_{2j} - a_{2j-1})$$

であるから，T_{2m+1} は m とともに増加し，T_{2m} は m とともに減少する.

(2) $T_{2m} - T_{2m+1} = a_{2m+1} > 0$ であるから，閉区間 $I_m = [T_{2m+1}, T_{2m}]$ に **定理 13.4** (区間縮小法の原理) を適用すると，T_n はある数に収束することが分かる.

□

Chapter 14 関数の連続性とその応用

一見自明にもみえる中間値の定理 (定理 0.4, 上巻 24 ページ) は, ボルツァーノによる結果 (1817 年) である. 原論文のタイトルは『反対の符号の結果を与える任意の 2 つの変数の間には方程式の実根が少なくとも 1 つ存在するという定理の純粋に解析的な証明』という非常に長いものである. その論文は, 一見自明な事実を, "図と運動の直観"に頼らず, 関数の連続性についての厳密な定義に基づいて証明したところに意義がある.

　この章では, 中間値の定理や平均値の定理を, 関数の連続性についての厳密な定義に基づいて証明する.

14.1 関数の極限と連続性

ガイド

「**14 章**の主題は, 連続関数の性質ですね」

「そのためにまず, 関数の連続性を定義しましょう」

「$f(x)$ が $x = a$ で連続であるというのは, $\lim_{x \to a} f(x) = f(a)$ が成り立つことですよね」

「それでは $\lim_{x \to a} f(x)$ の定義は何でしょうか」

数列 $\{a_n\}$ は無限に多くの項があるので, n を限りなく大きくしたときの a_n の極限を問題にした. 関数 $f(x)$ においては, 数直線上で点 a のいくらでも近くに別の点が存在するので, x を a に限りなく近づけたときの $f(x)$ の極限を問題にする.

14.1.1 関数の極限

　関数の極限の定義は, 関数の連続性や微分可能性を定義するための基盤である. 関数の連続性は, 上巻 **0.6.2 節** で次のように定義した. $f(x)$ が $x = a$

において連続であるとは，

$$\lim_{x \to a} f(x) = f(a) \tag{14.1}$$

が成り立つことである．それでは，(14.1) の左辺の定義は何か．

　数列の極限の場合 (**定義 13.1**) と同様の考え方に従って，関数の極限の定義を次のように厳密化する．

定義 14.1

どんな数 $\varepsilon > 0$ に対しても，ある数 $\delta > 0$ が存在して，

$$0 < |x - a| < \delta \quad \Rightarrow \quad |f(x) - \alpha| < \varepsilon \tag{14.2}$$

が成り立つとき，関数 $f(x)$ は $x \to a$ のとき α に **収束する** といい，

$$\lim_{x \to a} f(x) = \alpha \tag{14.3}$$

と書く．

 14.1

(1) **定義 14.1** のような定義法を **$\varepsilon\delta$ 論法** という．

(2) (14.2) の意味を直観的に言い直せば，「x の動く範囲を a のきわめて近くに限ると，$f(x)$ は α にきわめて近い値しかとらない」ということである．

　　ここで，(14.2) において，x の動く範囲は $0 < |x - a| < \delta$ であり，点 $x = a$ を除外していることに注意しておこう．「$x \to a$ のときの $f(x)$ の極限」は，$x = a$ の近くでの $f(x)$ の振る舞いを表しているのであり，点 $x = a$ における $f(x)$ の値 $f(a)$ をみる必要はない．数列 $\{a_n\}$ の場合は，「$n = \infty$ における a_n の値」というものがないので，このような問題は起きなかった．

(3) (14.3) のように書くためには，極限値が (存在するなら) ただ 1 つに定まることを確かめておく必要がある．数列の場合は，**定理 13.1** (172 ページ) として確認したが，関数の場合も証明は同様である．

　　また，数列についての **定理 13.2** (174 ページ) や，**定理 0.2** (上巻 5 ページ) を **13.2 節** で証明したが，関数の場合の証明も同様で

ある.

(4) 極限の定義を，左極限と右極限に分けることもある.

どんな数 $\varepsilon > 0$ に対しても，ある $\delta > 0$ が存在して，

$$a < x < a + \delta \quad \Rightarrow \quad |f(x) - \alpha| < \varepsilon \qquad (14.4)$$

が成り立つとき，α を **右極限** といい，

$$\lim_{x \to a+0} f(x) = \alpha \qquad (14.5)$$

と書く．また，どんな数 $\varepsilon > 0$ に対しても，ある $\delta > 0$ が存在して，

$$a - \delta < x < a \quad \Rightarrow \quad |f(x) - \alpha| < \varepsilon \qquad (14.6)$$

が成り立つとき，α を **左極限** といい，

$$\lim_{x \to a-0} f(x) = \alpha \qquad (14.7)$$

と書く．そして，(14.5), (14.7) がともに成り立つとき，(14.3) のように書く．ただし関数の定義域の端点では，左右の極限の一方のみ考える.

問 1 　実数全体で定義された関数 $f(x)$ に対し，極限 $\displaystyle\lim_{x \to +\infty} f(x),\ \lim_{x \to -\infty} f(x)$ を定義せよ.

例 14.1 　関数 $f(x) = x \sin \dfrac{1}{x}$ $(x \neq 0)$ に対し，

$$\lim_{x \to 0} f(x) = 0 \qquad (14.8)$$

を示す.

$x \neq 0$ に対して

$$|f(x)| = \left| x \sin \frac{1}{x} \right| \leqq |x|$$

であるから，

$$|x| < \varepsilon \quad \Rightarrow \quad |f(x)| < \varepsilon$$

が成り立つ. これは, 条件 (14.2) が $\alpha = 0, \delta = \varepsilon$ として満たされるということだから, (14.8) が成り立つ.

14.1.2 | 関数の極限についての定理

関数の極限値を調べるとき, 数列の極限値について **13 章** で得たさまざまな収束定理を使えるようにしておくとよい. 数列の極限の定義と関数の極限の定義から, 次の定理を示すのは難しくない.

定理 14.1

関数 $f(x)$ について

$$\lim_{x \to a} f(x) = \alpha$$

が成り立つとする. このとき, $f(x)$ の定義域に含まれる数列 $\{x_n\}$ が a に収束し, かつ $x_n \neq a \ (n = 1, 2, \cdots)$ であるならば,

$$\lim_{n \to \infty} f(x_n) = \alpha \tag{14.9}$$

が成り立つ.

問 2 **定理 14.1** を示せ.

例 14.2 関数 $f(x) = \sin \dfrac{1}{x} \ (x \neq 0)$ の場合, $x_n = \dfrac{2}{n\pi} \ (n = 1, 2, \cdots)$ とおくと, 数列 $\{f(x_n)\}$ は $1, 0, -1, 0, 1, 0, -1, 0, \cdots$ のようになり, どのような数にも収束しない. したがって **定理 14.1** により, $\lim_{x \to 0} f(x)$ は存在しない.

数列に関する **定理 13.3** (176 ページ) は, 関数の場合にも成立する. 次の定理は, **注意 3.10** (上巻 105 ページ) で用いられている.

定理 14.2

関数 $f(x)$ が区間 (a, b) で上に有界で単調増加ならば, 左極限 $\lim_{x \to b-0} f(x)$ が存在する. また, 関数 $f(x)$ が区間 (a, b) で上に有界

で単調減少ならば，右極限 $\lim\limits_{x \to a+0} f(x)$ が存在する．

この定理は，**定理 13.5** (185 ページ) を用いて証明することができる．数列の場合は，**注意 13.11** (188 ページ) に類似の議論がある．証明の方針は次の通りである．区間 (a,b) で関数 $f(x)$ が上に有界で単調増加するとして，x が (a,b) を動くときの $f(x)$ の値域を A とする．

$$A = \{ f(x) \mid x \in (a,b) \}$$

A は上に有界であるから，$\sup A$ が存在するが，この値が左極限 $\lim\limits_{x \to b-0} f(x)$ になる．

問 3　実数全体で定義された関数 $f(x)$ の極限 $\lim\limits_{x \to +\infty} f(x)$, $\lim\limits_{x \to -\infty} f(x)$ について，**定理 14.2** に相当する事実を述べよ．

14.1.3 │ 関数の連続性

関数の連続性の定義について考える．$f(x)$ が $x = a$ において **連続である**とは，(14.1) が成り立つことであり，区間 I の各点で連続であるとき，**区間 I で連続である** という．

収束の定義と連続性の定義を連結してあらためて定式化すると，次のようになる．「区間 I で連続である」とは，任意の点 $a \in I$ と任意の数 $\varepsilon > 0$ に対して，ある $\delta > 0$ が存在して，

$$|x - a| < \delta \text{ かつ } x \in I \quad \Rightarrow \quad |f(x) - f(a)| < \varepsilon \tag{14.10}$$

が成り立つことである．

> **注意 14.2**
> (1) (14.10) では (14.2) と異なり，x の動く範囲に $x = a$ が含まれている．これは $x = a$ のとき $|f(x) - f(a)| = 0 < \varepsilon$ となり，(14.10) は (14.2) と同値になるからである．
> (2) $f(x), g(x)$ が連続ならば，α, β を定数として，$\alpha f(x) + \beta g(x)$

や $f(x)g(x)$ も連続である．さらに $g(x) \neq 0$ ならば，$f(x)/g(x)$ も連続である．

(3) 関数 $f(x)$ が区間 I で連続であることの定義を論理記号を用いて書けば，

$$(\forall a \in I)(\forall \varepsilon > 0)(\exists \delta > 0)(\forall x \in I)(|x - a| < \delta$$
$$\Rightarrow \quad |f(x) - f(a)| < \varepsilon \tag{14.11}$$

のようになる．

例 14.3 関数 $f(x) = \sin x$ が実数全体で連続であること，すなわち，任意の実数 a に対し，

$$\lim_{x \to a} \sin x = \sin a \tag{14.12}$$

が成り立つことを示す．実数 x, a に対し，

$$|\sin x - \sin a| = 2\left|\sin\frac{x-a}{2}\right|\left|\cos\frac{x+a}{2}\right| \leqq 2\left|\sin\frac{x-a}{2}\right|$$
$$\leqq |x - a|$$

のように評価できる．したがって，任意の正の数 ε に対して，

$$|x - a| < \varepsilon \quad \Rightarrow \quad |\sin x - \sin a| < \varepsilon \tag{14.13}$$

が成り立つ．すなわち $\delta = \varepsilon$ として，(14.10) が成り立ち，したがって (14.12) が成り立つ．

例 14.4 関数 $f(x) = \sqrt{x}$ が $x \geqq 0$ で連続であること，すなわち任意の $a \geqq 0$ に対し，

$$\lim_{x \to a} \sqrt{x} = \sqrt{a} \tag{14.14}$$

が成り立つことを示す．ただし，$a = 0$ のとき左辺は右極限とする．
$x, a \geqq 0$ に対して

$$|\sqrt{x} - \sqrt{a}| \leqq \sqrt{|x - a|} \tag{14.15}$$

であるから，任意の正の数 ε に対して，

$$|x - a| < \varepsilon^2 \ \text{かつ} \ x \geqq 0 \quad \Rightarrow \quad |\sqrt{x} - \sqrt{a}| < \varepsilon \qquad (14.16)$$

が成り立つ．すなわち $\delta = \varepsilon^2$ として，(14.10) が成り立つ．

問 **4**　$f(x)$ と $g(x)$ が実数全体で連続ならば，$f(x) + g(x)$ は連続であることを示せ．

連続性を仮定すると，**定理 14.1** と同様にして，次の定理を示すことができる．

定理 14.3

関数 $f(x)$ が $x = a$ で連続であるとすると，$f(x)$ の定義域に含まれ，a に収束する数列 $\{x_n\}$ に対し，

$$\lim_{n \to \infty} f(x_n) = f(a) \qquad (14.17)$$

が成り立つ．

14.2 ｜ 中間値の定理

ガイド

「$f(x) = 0$ を満たす実数 x をみつけてください」
「$f(x)$ はどういう関数ですか」
「x の値を入力すると，$f(x)$ の値がディスプレイに表示されます」
「それだけですか」
「$f(x)$ は連続関数であると言い添えましょう」

関数の連続性の定義に基づいて，**定理 0.4**（上巻 24 ページ）を示す．次の定理は，見掛け上 **定理 0.4** の特別の場合に当たるが，一般性を失っていない．

定理 14.4

(中間値の定理)
関数 $f(x)$ は閉区間 $[a, b]$ で連続で，$f(a) < 0 < f(b)$ とする．このとき，$f(c) = 0$ を満たす実数 $c \in (a, b)$ が存在する．

例 14.5 関数 $f(x) = x^2 - 2$ は区間 $[1, 2]$ で連続であり，$f(1) < 0 < f(2)$ を満たす．よって，$f(c) = 0$ を満たす実数 $c \in (1, 2)$ が存在する．しかし，$f(c) = 0$ を満たす有理数 $c \in (1, 2)$ は存在しない．

注意 14.3 図 **14.1** をみれば，中間値の定理は直観的に明らかであるが，もしも $y = f(x)$ のグラフが x 軸を飛び越すならば，定理の結論は成立しない．関数 $f(x)$ が連続であることを仮定するのは，「$y = f(x)$ のグラフが x 軸を飛び越さない」ことを保証するためであるが，そもそも「実数には "すき間" がない」という事実が重要である．この性質を利用するために，**定理 13.4**(区間縮小法の原理，179 ページ) を用いる．

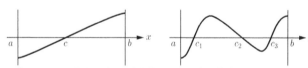

[図 14.1] $f(c) = 0$ となる点 c が区間 (a, b) の中に存在する．そのような c は複数あるかもしれない．

　定理 14.4 を証明する．証明方針を直観的にいえば，区間 $[a, b]$ を細かく分けて，$f(c) = 0$ となる点 c を追い詰めていくのである．議論を厳密化するために，**定理 13.4** を用いる．

　以下のように閉区間 $I_n = [a_n, b_n]$ $(n = 0, 1, 2, \cdots)$ をとる．まず

$$[a_0, b_0] = [a, b]$$

とする．次に

$$c_0 = \frac{a_0 + b_0}{2}$$

として,

$$f(c_0) > 0 \quad \text{ならば} \quad [a_1, b_1] = [a_0, c_0]$$
$$f(c_0) < 0 \quad \text{ならば} \quad [a_1, b_1] = [c_0, b_0]$$

とする (**図 14.2**). もしも $f(c_0) = 0$ ならば, 証明が完了する. 以下同様に,

$$c_n = \frac{a_n + b_n}{2}$$

として,

$$f(c_n) > 0 \quad \text{ならば} \quad [a_{n+1}, b_{n+1}] = [a_n, c_n]$$
$$f(c_n) < 0 \quad \text{ならば} \quad [a_{n+1}, b_{n+1}] = [c_n, b_n]$$

とする. もしも $f(c_n) = 0$ ならば, 証明が完了する.

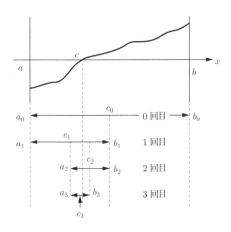

[図 14.2] 区間 $I_n = [a_n, b_n]$ の定め方.

証明が完了しないまま上記の手続きが限りなく続いたとすると, 閉区間の列 $I_n = [a_n, b_n]$ $(n = 0, 1, 2, \cdots)$ が定まり,

$$f(a_n) < 0 < f(b_n) \tag{14.18}$$

が成り立つ. また a_n は増加し b_n は減少するから,

$$I_0 \supset I_1 \supset \cdots \supset I_n \supset I_{n+1} \supset \cdots$$

であり，I_n の幅 $|I_n|$ は

$$|I_n| = \frac{b-a}{2^n} \quad (n = 0, 1, 2, \cdots)$$

のようになる．

したがって **定理 13.4** から，これらの区間の共通部分は 1 点となるので，この点を c とすると，

$$\lim_{n \to \infty} a_n = \lim_{n \to \infty} b_n = c$$

が成り立つ．

$f(x)$ は区間 $[a, b]$ のすべての点で連続であるから，**定理 14.3** により，

$$\lim_{n \to \infty} f(a_n) = \lim_{n \to \infty} f(b_n) = f(c)$$

が成り立つ．したがって，(14.18) において $n \to \infty$ とすれば $f(c) \leqq 0 \leqq f(c)$ となり，$f(c) = 0$ を得る．また仮定により $f(a) < 0 < f(b)$ であったから，$c \in (a, b)$ である．

以上により，**定理 14.4** が示された．

> **注意 14.4** 中間値の定理は解の存在を保証する定理であり，解がどこにあるか，解がいくつあるかということについての情報を与えない．このような定理を **存在定理** という．
>
> 上記の証明において，a_n, b_n は c に収束するので，n が十分大きいとき，a_n, b_n は c の近似解を与える．**図 14.2** のようにして方程式の近似解を得る方法を **2 分法** という．存在定理である **定理 14.4** は，近似解法の考え方を用いて証明されたということになる．

問 5 $x^3 = 2$ を満たす実数 x が存在することを示せ．

14.3 | 最大値の定理

ガイド

三角形の面積に関する **問題 9.11** について考える．

頂点 B,C を固定して，AB+AC が一定になるように頂点 A を動かすと，A は B,C を焦点とする楕円の上を動くので，AB=AC のとき面積が最大になる．他の頂点についても同じことがいえるので，周の長さが一定の三角形の中で，面積が最大であるものは正三角形である．

さて，これで厳密に結論が導かれているといえるだろうか．

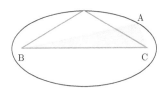

関数の最大値や最小値を求める問題は，数学のいたるところに現れるが，最大値や最小値が存在することがあらかじめ分かっていると，議論が簡潔にすむことがある．三角形の面積に関する上掲の最大値問題はその一例である．

この節では，連続性の仮定のもとで，最大 (小) 値の存在定理を示す．またその応用として，平均値の定理 (**定理 0.5**，上巻 24 ページ) を証明する．

14.3.1 | 最大値の定理

まず 1 変数関数について，最大 (小) 値の存在定理を示す．多変数関数についても，証明の原理は同じである．

定理 14.5

(最大値の定理)
関数 $f(x)$ は閉区間 $[a,b]$ で連続とする．このとき，$f(x)$ は $[a,b]$ において最大値および最小値をとる．

注意 14.5

(1) **定理 14.5** は，最大値や最小値についての具体的な情報を与えるものではなく，**定理 14.4** (中間値の定理) と同様に「存在定理」である．

(2) 有界閉区間で連続な関数のグラフを描くと，たとえば **図 14.3(左)**

のように，どうしても最大値や最小値をもつ形になる．**図14.3(右)** は，半開区間 $(a, b]$ で連続な関数のグラフの例だが，左端で発散しており最大値は存在しない．また左端での値 $f(a)$ をどのように定めても，$x = a$ で不連続になる．

最大値 ┄┄┄┄→

←┄┄┄┄ 最小値

最小値 ┄┄┄┄

［図 14.3］最大値と最小値をもつ関数 (左) と最大値をもたない関数 (右).

定理の証明方針は次の通りである．たとえば区間 $[0, 1]$ で連続な関数 $f(x)$ を考える．このとき区間 $[0, 1]$ を 1000 等分する分点を

$$x_k = \frac{k}{1000} \quad (k = 0, 1, 2, \cdots, 1000)$$

として，$f(x_k)$ の中で最大となるものを選ぶ．その値は本当の最大値ではないだろうが，それに近いだろう．それならば，分点を次第に密にとっていくことによって，真の最大値に迫っていけるのではないか．

> **注意 14.6** しかし，関数 $f(x) = x^3 - x$ を $0 \leqq x \leqq 1$ の範囲の有理数 x に限定すると，最小値をもたない．**定理 14.4** (中間値の定理) と同様に，**定理 14.5** でも「実数にはすき間がない」という性質が重要であり，この実数の性質を利用するために，**定理 13.6** (186 ページ) を用いる．

それでは上記の方針に従って，**定理 14.5** を証明しよう．

n を自然数とし，閉区間 $[a, b]$ を n 等分する．両端点 a, b を含む $n + 1$ 個の分点のうち，$f(x)$ の値を最大にするものを a_n とする．複数の点で最大となるときは，その中のどれでもよい．このようにして，数列 $\{a_n\}$ が定まる．この数列は区間 $[a, b]$ に含まれており，有界であるから，**定理 13.6** (186 ページ) により，収束部分列 $\{a_{n_k}\}$ をもつ．その極限を c とすると，**定理 14.3** により，

$$\lim_{k\to\infty} f(a_{n_k}) = f(c) \tag{14.19}$$

が成り立つ.

$f(c)$ は $f(x)$ の最大値であることを示す. そのために点 $x \in [a, b]$ を任意に 1 つ選び,

$$f(x) \leqq f(c) \tag{14.20}$$

が成り立つことを示す.

x に最も近い n 等分点 (2 つあったら小さい方) を ξ_n とおく. このとき,

$$|x - \xi_n| \leqq \frac{b-a}{2n}$$

を満たすから, ξ_n は x に収束する. そこで, $\{a_n\}$ の収束部分列 $\{a_{n_k}\}$ と同じ番号をもつ部分列 $\{\xi_{n_k}\}$ を考える. ξ_{n_k} も x に収束するので, **定理 14.3** により,

$$\lim_{k\to\infty} f(\xi_{n_k}) = f(x) \tag{14.21}$$

が成り立つ. ここで $\{a_{n_k}\}$ のとり方に注意すると,

$$f(\xi_{n_k}) \leqq f(a_{n_k})$$

であるから, (14.19), (14.21) から (14.20) が得られる.

これで $f(c)$ は $f(x)$ の最大値であることが分かった. 最小値の存在についても同様に示すことができる (**問 6**). これで **定理 14.5** が示された.

注意 14.7

(1) **定理 14.5** は 2 変数関数についても成立する.

> 有界閉集合 D (たとえば長方形 $[a,b] \times [c,d]$) で定義され
> た連続な 2 変数関数 $f(x,y)$ は, 最大値と最小値をもつ

この事実は, **定理 14.5** と同様にして示すことができる. 有界閉集合 D 上に, その全体にわたって密に分布した点列を考える. このような点列を用いて, $f(x,y)$ の最大値に迫っていく. 詳細は省くが, このとき **参考 13.12** (189 ページ) を用いる.

(2) ガイド の問題 (三角形の面積の最大値) の場合, 3 辺の長さを

a, b, c として, $a+b+c = 2s$(一定) とすると, 三角形の面積 S は a, b の関数となる (**問題 9.11**). この関数 $S = S(a, b)$ の定義域を

$$0 \leqq a \leqq s, \quad 0 \leqq b \leqq s, \quad s \leqq a + b$$

とし, 等号が成り立つときは $S = 0$ とすると, 上記 (1) の事実から, S は最大値をもつといえる.

問 6　**定理 14.5** において, 最小値が存在することを示せ.

14.3.2 | 平均値の定理

平均値の定理 (**定理 0.5**, 上巻 24 ページ) において, 特に $f(a) = f(b)$ とすると, 次のようになる.

定理 14.6

(ロルの定理)
関数 $f(x)$ を閉区間 $[a, b]$ で連続, 開区間 (a, b) で微分可能とする. このとき, $f(a) = f(b)$ ならば, $f'(c) = 0$ を満たす点 $c \in (a, b)$ が存在する.

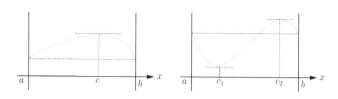

[図 14.4] ロルの定理.

定理 14.6 の証明方針は, 次の通りである. 関数 $f(x)$ は有界閉区間 $[a, b]$ で連続であるから, 最大値と最小値をもつ. すると図 **14.4** のように, 最大値をとる点または最小値をとる点で $f'(x) = 0$ となるだろう.

まず $f(x)$ が定数関数の場合は, すべての $x \in (a, b)$ において $f'(x) = 0$ で

あるから，定理は成立する．

$f(x)$ は定数関数でないとする．このとき **定理 14.5** から，最大値 M と最小値 m が存在し，

$$m \leqq f(a) = f(b) \leqq M$$

を満たす．$f(x)$ は定数関数でないから $m < M$ であり，

(1) $m \leqq f(a) = f(b) < M$

(2) $m < f(a) = f(b) \leqq M$

の少なくとも一方が成り立つ．いま (1) が成り立つとし，$M = f(c)$ とすると，$c \in (a, b)$ である．このとき，

$$\frac{f(x) - f(c)}{x - c} \geqq 0 \quad (a \leqq x < c)$$

$$\frac{f(x) - f(c)}{x - c} \leqq 0 \quad (c < x \leqq b)$$

となる．$f(x)$ は $c \in (a, b)$ において微分可能であるから，

$$\lim_{x \to c-0} \frac{f(x) - f(c)}{x - c} = f'(c) \geqq 0$$

$$\lim_{x \to c+0} \frac{f(x) - f(c)}{x - c} = f'(c) \leqq 0$$

よって

$$f'(c) = 0$$

を得る．

(2) の場合は，最小値をとる点 c において $f'(c) = 0$ となる．いずれにせよ，$f'(c) = 0$ を満たす点 $c \in (a, b)$ が存在する．これで **定理 14.6** が示された．

問 7 ロルの定理 (**定理 14.6**) から平均値の定理 (**定理 0.5**，上巻 24 ページ) を導くことを考える．関数 $f(x)$ は閉区間 $[a, b]$ で連続，開区間 (a, b) で微分可能とする．曲線 $y = f(x) (a \leqq x \leqq b)$ の両端点を結ぶ直線の方程式を $y = f_0(x)$ として，$g(x) = f(x) - f_0(x) (a \leqq x \leqq b)$ にロルの定理を適用せよ．

Basic

問題 14.1 $a > 0$ とする. $f(x) = \dfrac{1}{x}$ は $x = a$ で連続であることを示そう. 任意の正の数 ε をとる. ただし $\varepsilon < \dfrac{1}{a}$ であるとする. このとき, $|f(x) - f(a)| < \varepsilon$ を満たす x の範囲は $\boxed{} < x < \boxed{}$ であるから, $\boxed{} < x - a < \boxed{}$ が成り立つ. したがって, 正の数 δ を十分小さくとれば, 「$|x - a| < \delta$ ならば $|f(x) - f(a)| < \varepsilon$ が成り立つ」といえる. たとえば, $\delta = \boxed{}$ とすればよい.

問題 14.2 閉区間 $[a, b]$ で定義されている (連続でない) 関数 $f(x)$ で, $[a, b]$ において最大値も最小値ももたない例を挙げよ.

Standard

問題 14.3

(1) 多項式 $f(x)$ は連続関数であることを示せ.

(2) 奇数次の多項式 $f(x)$ に対し, 方程式 $f(x) = 0$ は少なくとも 1 つの実数解をもつことを示せ.

問題 14.4 連続関数 $f : [0, 1] \to [0, 1]$ に対し, $f(x) = x$ を満たす点 (不動点) が存在することを示せ.

Advanced

問題 14.5 0 でない有理数 x が既約分数 $\dfrac{p}{q}$ で表されるとき (ただし q は自然数), $f(x) = \dfrac{1}{q}$ と定め, x が 0 または無理数のとき, $f(x) = 0$ と定める. 関数 f の連続性を調べよ.

問題 14.6 e を自然対数の底として, $a_n = \cos(n e \pi)$ $(n \in \mathbb{N})$ とする.

(1) 任意の自然数 k に対して,

$$e = 1 + \frac{1}{1!} + \frac{1}{2!} + \cdots + \frac{1}{(4k)!} + \frac{e^\theta}{(4k+1)!}$$

となる θ が $0 < \theta < 1$ に存在することを用いて, e は無理数であることを示せ.

(2) $a_n = 1$ となる n は存在しないことを示せ.

(3) $\sup_n a_n = 1$ を示せ.

問題 14.7　実数全体で定義された連続関数 $f(x)$ で, すべての実数 x, y について $f(x+y) = f(x) + f(y)$ が成り立つものを求めたい. ただし $f(1) = a$ とする.

(1) x が整数のときの $f(x)$ を求めよ.

(2) x が有理数のときの $f(x)$ を求めよ.

(3) x が実数のときの $f(x)$ を求めよ.

問題 14.8　実数全体で定義された関数 $f(x)$ が次の条件を満たしていたとする.

(1) 実数 x, y について $f(x+y) = f(x) + f(y)$ が成り立つ.

(2) $f(x)$ は $[0, 1]$ で有界である.

このとき, f は連続であることを示せ.

問題 14.9　xy の平面上の閉曲線 C が囲む閉領域を D とする. 関数 $f(x, y)$ は, D で連続, D の内部で 1 回偏微分可能とする. もしも C 上で $f(x, y) = 0$ ならば, $\operatorname{grad} f(a, b) = \mathbf{0}$ となる点 (a, b) が D の内部に存在することを示せ.

問 1 どんな $\varepsilon > 0$ に対しても，$r \in \mathbb{R}$ が存在して，

$$x > r \Rightarrow |f(x) - \alpha| < \varepsilon$$

が成り立つとき，$\displaystyle \lim_{x \to +\infty} f(x) = \alpha$ と書く．どんな $\varepsilon > 0$ に対しても，$r \in \mathbb{R}$ が存在して，

$$x < r \Rightarrow |f(x) - \alpha| < \varepsilon$$

が成り立つとき，$\displaystyle \lim_{x \to -\infty} f(x) = \alpha$ と書く． □

問 2 $\varepsilon > 0$ を固定する．$\displaystyle \lim_{x \to a} f(x) = \alpha$ より，ある $\delta > 0$ が存在して，「$0 < |x - a| < \delta$ ならば $|f(x) - \alpha| < \varepsilon$」が成り立つ．$\{x_n\}$ が a に収束することから，この $\delta > 0$ に対し，ある $N \in \mathbb{N}$ が存在して，「$n \geqq N$ ならば $|x_n - a| < \delta$」が成り立つ．また，$x_n \neq a$ であるから，$|x_n - a| > 0$．よって「$n \geqq N$ ならば $|f(x_n) - \alpha| < \varepsilon$」が成り立つ．以上により，$\displaystyle \lim_{n \to \infty} f(x_n) = \alpha$ である． □

問 3 $f(x)$ が (a, ∞) で上に有界かつ単調増加ならば，左極限 $\displaystyle \lim_{x \to +\infty} f(x)$ が存在する．$f(x)$ が $(-\infty, b)$ で上に有界かつ単調減少ならば，右極限 $\displaystyle \lim_{x \to -\infty} f(x)$ が存在する．

前半の証明．$A = \{f(x) \mid x \in (a, \infty)\}$ とおくと，A は空でなく上に有界なので，$\alpha = \sup A$ が存在する．この α に対し，$\displaystyle \lim_{x \to +\infty} f(x) = \alpha$ となることを示そう．$\varepsilon > 0$ を固定する．すると，ある $r \in (a, \infty)$ に対して，$f(r) > \alpha - \varepsilon$ となる．もしそうでなければ，$\alpha - \varepsilon$ が上界となり，α が上限であることに矛盾す

るからである．よって，$x > r$ のとき $f(x) \geqq f(r) > \alpha - \varepsilon$．また，$\alpha$ が A の上界であることから，$x \in (a, \infty)$ のとき $f(x) \leqq \alpha$．以上から，$x > r$ のとき $|f(x) - \alpha| < \varepsilon$．$\varepsilon$ は任意であったから，$\displaystyle \lim_{x \to +\infty} f(x)$ が存在する． □

問 4 $f(x), g(x)$ は $x = a$ で連続であるとする．任意の正の数 ε をとる．$f(x)$ の連続性から，ある $\delta > 0$ が存在して，$|x - a| < \delta$ ならば $|f(x) - f(a)| < \dfrac{\varepsilon}{2}$．$g(x)$ の連続性から，ある $\gamma > 0$ が存在して，$|x - a| < \gamma$ ならば $|g(x) - g(a)| < \dfrac{\varepsilon}{2}$．よって，$|x - a| < \min\{\delta, \gamma\}$ ならば

$$|(f(x) + g(x)) - (f(a) + g(a))|$$
$$\leqq |f(x) - f(a)| + |g(x) - g(a)| < \varepsilon.$$

□

問 5 関数 $f(x) = x^3 - 2$ は連続であり（**問題 14.3**(1)），$f(1) = -1 < 0$，$f(2) = 6 > 0$ であるから，中間値の定理により，$f(x) = 0$ を満たす $x \in (1, 2)$ が存在する． □

問 6 $f(x)$ は閉区間 $[a, b]$ で連続とする．$g(x) = -f(x)$ とおけば，$g(x)$ は閉区間 $[a, b]$ で連続であり，$g(x)$ はある点 $c \in [a, b]$ において最大値をとる．よって，任意の $x \in [a, b]$ に対し $g(x) \leqq g(c)$，したがって $f(c) \leqq f(x)$ が成り立つ．すなわち，$f(x)$ は $x = c$ で最小値をとる． □

問 7 $g(x)$ は $[a, b]$ で連続，(a, b) で微分可能である．さらに，$g(a) = f(a) - f_0(a) = 0$，$g(b) = f(b) - f_0(b) = 0$ よ

り，$g'(c) = 0$ を満たす点 $c \in (a, b)$ が存在する．このとき，

$$f'(c) = f_0'(c) = \frac{f(b) - f(a)}{b - a}. \qquad \square$$

問題 14.1
$$\frac{a}{1+\varepsilon a}, \quad \frac{a}{1-\varepsilon a}, \quad -\frac{\varepsilon a^2}{1+\varepsilon a},$$
$$\frac{\varepsilon a^2}{1-\varepsilon a}, \quad \frac{\varepsilon a^2}{1+\varepsilon a} \qquad \square$$

問題 14.2

$$f(x) = \begin{cases} \dfrac{1}{2x-a-b} & \left(x \neq \dfrac{a+b}{2},\right. \\ & \left. x \in [a,b]\right) \\ 0 & \left(x = \dfrac{a+b}{2}\right) \end{cases}$$

$\square$

問題 14.3 (1) $f(x) = x$ は連続である. 連続関数の積は連続であるから (**注意 14.2**(2)), 自然数 n に対し, $f(x) = x^n$ は連続である. したがって, 多項式は連続である (**注意 14.2**(2)).

(2) 奇数次の多項式 $f(x) = x^n + a_{n-1}x^{n-1} + \cdots + a_1 x + a_0$ を考える ($f(x)$ 全体を x^n の係数で割って, 最高次の係数を 1 にしておいた).

$$g(x) = \frac{f(x)}{x^n} = 1 + a_{n-1}\frac{1}{x} + a_{n-2}\frac{1}{x^2} + \cdots + a_1\frac{1}{x^{n-1}} + a_0\frac{1}{x^n}$$

とおくと,

$$\lim_{x \to \infty} g(x) = \lim_{x \to -\infty} g(x) = 1$$

が成り立つ. よって, 十分大きい正の数 M をとれば, $g(\pm M) \geqq \dfrac{1}{2}$ となる. また $f(x) = x^n g(x)$ であるから, $f(M) > 0 > f(-M)$ が成り立つ. 多項式は連続であるから, 中間値の定理より $f(x) = 0$, $-M < x < M$ を満たす実数 x が存在する. $\square$

問題 14.4 $g(x) = f(x) - x$ とおく.

$g(0) = f(0) \geqq 0$, $g(1) = f(1) - 1 \leqq 0$ である. もしも $g(0) = 0$ または $g(1) = 0$ であれば, それぞれ $x = 0$ または $x = 1$ が不動点である. $g(0) > 0, g(1) < 0$ の場合, g は連続関数なので, 中間値の定理より, $g(x) = 0, 0 < x < 1$ を満たす実数 x が存在する. この点が不動点となる. $\square$

問題 14.5 $f(x)$ の $x = a$ における連続性を調べる.

$a = 0$ とする. $\varepsilon > 0$ を固定する. $\dfrac{1}{r} < \varepsilon$ を満たす $r \in \mathbb{N}$ をとる. $\delta = \dfrac{1}{r}$ として, $0 < |x| < \delta$ を満たす x について考える. x が無理数ならば, $|f(x) - f(a)| = 0 < \varepsilon$ である. x が有理数で $x = \dfrac{p}{q}$ と既約分数で表されるとする. $x \neq 0$ であることに注意しておく. $0 < \left|\dfrac{p}{q}\right| < \dfrac{1}{r}$ であることから, $q > r$ である. なので,

$$|f(x) - f(a)| = \frac{1}{q} < \frac{1}{r} < \varepsilon.$$

すなわち, $x = 0$ では連続である.

a を無理数とする. $\varepsilon > 0$ を固定し, $\dfrac{1}{r} < \varepsilon$ を満たす $r \in \mathbb{N}$ をとる. a の近くに (たとえば区間 $[a-1, a+1]$ に), 分母が r 以下の既約分数は有限個しか存在しない. そのような分数と a との距離の中で最小のものを δ とする. a は無理数なので, $\delta > 0$ である. さて, $0 < |x - a| < \delta$ となる x を考える. x が無理数または 0 ならば, $|f(x) - f(a)| = 0 < \varepsilon$ である. また x が 0 でない有理数で, 既約分数 $\dfrac{p}{q}$ で表されるとする (ただし q は自然数). δ の

定義から，$q > r$ であるから，

$$|f(x) - f(a)| = \frac{1}{q} < \frac{1}{r} < \varepsilon.$$

すなわち，$x = a$ で連続である．

a を 0 でない有理数とし，$a = \frac{p}{q}$ と既約分数で表されているとする．$\varepsilon = \frac{1}{2q}$ を考えると，どんな $\delta > 0$ をとったとしても，$0 < |x - a| < \delta$ を満たす無理数 x が存在し（**問題 13.8**(2)），$|f(x) - f(a)| = \frac{1}{q} > \varepsilon$.すなわち，$x = a$ では連続ではない． $\square$

問題 14.6 (1) もしも e が有理数ならば，十分大きい自然数 k に対して $e(4k)!$ は整数となる．しかし，$e(4k)! = 整数 + \frac{e^\theta}{4k+1}$ であり，$1 < e^\theta < e$ であるから，k を大きくとれば $0 < \frac{e^\theta}{4k+1} < 1$ となる．これは，$e(4k)!$ が整数であることと矛盾する．

(2) $a_n = 1$ ならば，$ne\pi = 2m\pi$ となる自然数 m が存在する．これは e が無理数であることと矛盾する．

(3) $n = 2(4k)!$ とすると，(1) と同様に，$a_n = \cos\frac{2\pi e^\theta}{4k+1}$ となる．$\cos x$ の連続性から，任意の $\varepsilon > 0$ に対して，$\delta > 0$ が存在して，$|x| < \delta$ ならば $|\cos x - 1| < \varepsilon$ が成り立つ．k を十分大きくとれば，$0 < \frac{2\pi e^\theta}{4k+1} < \delta$ となるので，

$$|a_n - 1| = |\cos(ne\pi) - 1| < \varepsilon.$$

すなわち，1 より真に小さな値は $\{a_n\}$ の上界とはならない．1 が $\{a_n\}$ の上界となることは明らかなので，$\sup_n a_n = 1$ である．

与えられた等式を示すには，$f(x) = e^x$ にテイラーの定理（**定理 2.4**，上巻 66 ページ）を適用すればよい．(2), (3) は，e 以外の任意の無理数についても成立する．上

記の (2) の証明は，そのまま任意の無理数に一般化できるが，(3) の一般化は自明ではない． $\square$

問題 14.7 $f(x) = ax$ となることを順に示す．

(1) $x = y = 0$ とすると，$f(0) = f(0) + f(0)$ より $f(0) = 0$.

すべての自然数 n で $f(n) = an$ が成立することを帰納法で示そう．$n = 1$ の場合には，仮定より成立する．$n = k$ の場合に成立しているとすると，$x = k, y = 1$ とすれば，

$$f(k+1) = f(x) + f(y) = ak + a = a(k+1)$$

より，$n = k+1$ のときにも成立する．

また $n \in \mathbb{N}$ として $x = -n, y = n$ とおくと，

$$0 = f(0) = f(x+y) = f(x) + f(y)$$
$$= f(-n) + an$$

より，$f(-n) = -an$.

(2) (1) と同様に，整数 n に対し，$f(nx) = nf(x)$ が成り立つ．そこで，x は有理数で $x = \frac{p}{q}$ と既約分数で表せたとすると，

$$qf(\frac{p}{q}) = f(p) = ap$$

したがって，$f(x) = f\left(\frac{p}{q}\right) = \frac{p}{q}a = ax.$

(3) x を無理数として，$\lim_{n\to\infty} x_n = x$ となる有理数の数列 $\{x_n\}$ を考えると，f は連続であるから，

$$f(x) = \lim_{n\to\infty} f(x_n) = \lim_{n\to\infty} ax_n = ax$$

となる． $\square$

問題 14.8 $\lim_{x \to +0} f(x) = 0$ であることが分かれば,

$$\lim_{y \to +0} f(x+y) = \lim_{y \to +0} (f(x)+f(y)) = f(x)$$

と

$$\lim_{y \to -0} f(x+y) = \lim_{y \to -0} (f(x) - f(-y))$$
$$= \lim_{y \to +0} (f(x) - f(y)) = f(x)$$

から,題意を示すに十分である.

もし $\lim_{x \to 0} f(x) = 0$ でないとしよう.ある $\varepsilon > 0$ が存在して,すべての $\delta > 0$ に対して,「$0 < y_\delta < \delta$ であるが,$|f(y_\delta)| \geqq \varepsilon$ である」ような y_δ が存在する.$\sup_{x \in [0,1]} |f(x)| = M$ とおき,$n > M/\varepsilon$ となるように n をとり,$\delta < 1/n$ となるように δ をとると,$0 < ny_\delta < 1$ であるが,

$$|f(ny_\delta)| = n|f(y_\delta)| \geqq n\varepsilon > M$$

となり,矛盾する. □

問題 14.9 $f(x,y)$ は有界閉集合 D で連続なので,最大値 M と最小値 m をもつ.C 上では $f(x,y) = 0$ であることに注意する.もし,$M = m = 0$ であれば,$f(x,y)$ は D 上すべての点で 0 なので,D の内部のすべての点 (a,b) で $\operatorname{grad} f(a,b) = \mathbf{0}$.

$M > 0$ であるとする.$f(x,y)$ が最大値をとる点の 1 つを (a,b) とする.C 上では $f(x,y) = 0$ であることから,(a,b) は D の内部に存在する.$(a+h,b) \in D$ であれば $f(a+h,b) - f(a,b) \leqq 0$ なので,

$$\lim_{h \to +0} \frac{f(a+h,b) - f(a,b)}{h} \leqq 0$$
$$\lim_{h \to -0} \frac{f(a+h,b) - f(a,b)}{h} \geqq 0$$

f は (a,b) で 1 回偏微分可能であることから,

$$f_x(a,b) = \lim_{h \to 0} \frac{f(a+h,b) - f(a,b)}{h} = 0.$$

同様にして,$f_y(a,b) = 0$.すなわち,$\operatorname{grad} f(a,b) = \mathbf{0}$.

$m < 0$ の場合も同様である. □

一様収束の概念と その応用 ♠

2 つの添字をもつ「二重数列」$\{a_{mn}\}$ について，2 つの極限 $\lim\limits_{m \to \infty}$，$\lim\limits_{n \to \infty}$ を続けてとる操作を「二重極限」という．このとき，2 つの極限の順序交換

$$\lim_{m \to \infty} \lim_{n \to \infty} a_{mn} = \lim_{n \to \infty} \lim_{m \to \infty} a_{mn}$$

はつねに許されるわけではない (問題 **15.1**).

二重極限の問題は，微積分法においてさまざまな形で現れる．この章では，二重極限の交換可能性に関する問題をいくつか取り挙げ，「一様収束」と呼ばれる性質が重要であることを示す．

15.1 連続関数列

ガイド

連続関数 $g_k(x)$ の無限和

$$f(x) = \sum_{k=0}^{\infty} g_k(x)$$

が，もしも収束するなら，$f(x)$ は連続関数になるといってよいだろうか．**1 章** の「テイラー展開」や，**8.2 節** の「フーリエ級数」の例を参考にするとよい．

「でも，それが二重極限とどう関係するのですか」

番号づけられた関数 $f_n(x)$ $(n = 1, 2, \dots)$ の列 $\{f_n(x)\}$ を **関数列** という．n を限りなく大きくしたとき，関数 $f_n(x)$ がある関数 $f(x)$ に近づいていく状況を考える．

このような関数列の極限の例は，無限級数

$$f(x) = \sum_{k=0}^{\infty} g_k(x) = \lim_{n \to \infty} \sum_{k=0}^{n} g_k(x)$$

という形で，**1章**の「テイラー展開」や，**8.2節**の「フーリエ級数」とし
て，すでに数多く現れている．そのほとんどにおいて，$g_k(x)$ も $f(x)$ も連
続関数になっているが，**例8.4**(上巻230ページ) のように，連続関数の無限
和が (収束して) 不連続関数になることもある．以下において，連続関数の列
が収束するとき，その極限が連続関数になることを保証する条件について考
える．

この問題は，二重極限の問題として捉えることができる．まず関数 $f_n(x)$
が $f(x)$ に収束するとは，x を固定したとき，

$$\lim_{n \to \infty} f_n(x) = f(x)$$

が成り立つということであり，$f_n(x)$ が $x = a$ で連続であるとは，n を固定
したとき，

$$\lim_{x \to a} f_n(x) = f_n(a)$$

が成り立つということである．この状況で，

$$\lim_{x \to a} f(x) = \lim_{x \to a} \lim_{n \to \infty} f_n(x) \tag{15.1}$$

$$f(a) = \lim_{n \to \infty} \lim_{x \to a} f_n(x) \tag{15.2}$$

であるが，$f(x)$ が $x = a$ で連続であるとは，(15.1) の左辺と (15.2) の左辺
が一致することであるから，

$$\lim_{x \to a} \lim_{n \to \infty} f_n(x) = \lim_{n \to \infty} \lim_{x \to a} f_n(x) \tag{15.3}$$

が成り立つことであり，二重極限の交換可能性を意味するといえる．

$$\begin{array}{ccc}
f_n(x) & \xrightarrow{x \to a} & f_n(a) \\
n \to \infty \downarrow & & \downarrow n \to \infty \\
f(x) & \xrightarrow[x \to a]{} & f(a)
\end{array}$$

連続関数列の極限が連続になる条件を見出すために，連続関数列の極限が
不連続になる簡単な例をみる．

例 15.1 区間 $[0, \infty)$ で定義された関数列

$$f_n(x) = \frac{1}{nx+1} \quad (n = 1, 2, \cdots) \tag{15.4}$$

の $n \to \infty$ の極限は,

$$f(x) = \begin{cases} 1 & (x = 0) \\ 0 & (x > 0) \end{cases} \tag{15.5}$$

のように不連続関数である (図 **15.1**). $x > 0$ ならば $f_n(x)$ は 0 に近づくのに, $x = 0$ での $f_n(x)$ の値は 1 に固定されているので, n が大きくなるにつれて, グラフが引っ張られて極限でちぎれるため, $x = 0$ で不連続になると考えられる.

そこで, x が 0 に近いときに起きていることを調べるために, $x > 0$ を固定して, n を大きくしたときの $f_n(x)$ の大きさをみる. 任意の正の数 $\varepsilon\,(<1)$ に対して, 自然数 N を

$$N > \frac{1}{x}\left(\frac{1}{\varepsilon} - 1\right) \tag{15.6}$$

を満たすようにとれば,

$$n \geqq N \quad \Rightarrow \quad |f_n(x)| < \varepsilon$$

が成り立つ. したがって, $x > 0$ のとき (15.5) が成り立つということだが, 問題は, (15.6) において x が 0 に近いとき, N を大変大きくしなければならないというところにある. つまり, x が 0 に近ければ近いほど, $f_n(x)$ の 0 への収束が遅くなるということが起きているといえる.

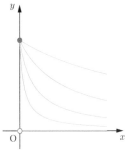

[図 15.1] 関数 (15.4) とその極限 (15.5).

関数列 $\{f_n(x)\}$ が $f(x)$ に収束するとは,

　任意の $\varepsilon > 0$ と任意の $x \in I$ に対して,ある自然数 N が存在して,

$$n \geqq N \quad \Rightarrow \quad |f_n(x) - f(x)| < \varepsilon \tag{15.7}$$

　が成り立つ

ということである.そこで,関数列 $\{f_n(x)\}$ が極限関数 $f(x)$ に収束する速さが,どの点 x でも (あまり) 変わらないという状況,すなわち,上記の N が x に依存しないように選べるという状況を考える.

定義 15.1

区間 I で定義された関数列 $\{f_n(x)\}$ と関数 $f(x)$ が,次の条件を満たすとする.

　任意の $\varepsilon > 0$ に対して,ある自然数 N が存在して,

$$x \in I \text{ かつ } n \geqq N \quad \Rightarrow \quad |f_n(x) - f(x)| < \varepsilon \tag{15.8}$$

　が成り立つ

このとき,$\{f_n(x)\}$ は $f(x)$ に I で **一様収束** するという.

 15.1

(1) 条件 (15.7) によって規定される通常の収束を,**各点収束** という.一様収束するなら各点収束するが,逆は一般に成立しない (**例 15.1**).

(2) 関数列 $\{f_n(x)\}$ が区間 I で各点収束するための必要十分条件は,x を固定した数列 $\{f_n(x)\}$ がコーシー列 (**定義 13.3**,189 ページ) をなすことである (**定理 13.7**,**定理 13.8**,190 ページ).すなわち,

　(∗) 任意の $\varepsilon > 0$ と任意の $x \in I$ に対して,ある自然数 N が存在して,

$$n, m \geqq N \quad \Rightarrow \quad |f_n(x) - f_m(x)| < \varepsilon_1 \qquad (15.9)$$

が成り立つ

(3) これに対し，関数列 $\{f_n(x)\}$ が区間 I で一様収束するための必要十分条件は，上記の条件 $(*)$ を強めた次の形に表される.

$(**)$ 任意の $\varepsilon_1 > 0$ に対して，ある自然数 N が存在して，

$$x \in I \text{ かつ } n, m \geqq N \quad \Rightarrow \quad |f_n(x) - f_m(x)| < \varepsilon_1$$
$$(15.10)$$

が成り立つ

実際，条件 $(**)$ が成り立つとき，条件 $(*)$ も成り立つので，関数列 $\{f_n(x)\}$ が区間 I で，ある関数 $f(x)$ に各点収束する．よって (15.10) から $x \in I$ かつ $n \geqq N \Rightarrow |f_n(x) - f(x)| \leqq \varepsilon_1$ が成り立つので，$\varepsilon_1 = \dfrac{\varepsilon}{2}$ とすれば，(15.8) が得られる.

例 15.2　**例 14.3** により，$y = \sin x$ は実数全体で連続であるから，**定理 14.1** により，関数列

$$f_n(x) = \sin\left(x + \frac{1}{n}\right) \quad (n = 1, 2, \cdots)$$

は，$n \to \infty$ のとき，$f(x) = \sin x$ に各点収束する．さらに $\varepsilon > 0$ を任意にとり，(14.13) を用いると，

$$\frac{1}{n} < \varepsilon \quad \Rightarrow \quad |f_n(x) - f(x)| < \varepsilon$$

となる．したがって，$N \geqq \dfrac{1}{\varepsilon}$ を満たす整数 N をとれば，

$$x \in \mathbb{R}, \, n \geqq N \quad \Rightarrow \quad |f_n(x) - f(x)| < \varepsilon$$

が成り立つ．N は x に依存しないように選べるので，$f_n(x)$ は $f(x)$ に実数全体 $\mathbb{R}$ で一様収束する.

関数列

$$f_n(x) = \cos\left(x + \frac{1}{n}\right) \quad (n = 1, 2, \cdots)$$

は，$n \to \infty$ のとき，$f(x) = \cos x$ に一様収束することを示せ．

> **15.2** 論理記号を使って書けば，各点収束の定義は
>
> $$(\forall \varepsilon > 0)(\forall x \in I)(\exists N \in \mathbb{N})(\forall n \in \mathbb{N})(n \geqq N$$
> $$\Rightarrow \quad |f_n(x) - f(x)| < \varepsilon)$$
>
> 一様収束の定義は
>
> $$(\forall \varepsilon > 0)(\exists N \in \mathbb{N})(\forall x \in I)(\forall n \in \mathbb{N})(n \geqq N$$
> $$\Rightarrow \quad |f_n(x) - f(x)| < \varepsilon)$$
>
> となる．

一様収束性の仮定のもとで，次の定理が成立する．

定理 15.1

関数列 $\{f_n(x)\}$ が $f(x)$ に区間 I で一様収束するとする．

(1) $a \in I$ に対し，次式が成立する．

$$\lim_{x \to a} \lim_{n \to \infty} f_n(x) = \lim_{n \to \infty} \lim_{x \to a} f_n(x) \qquad (15.11)$$

すなわち，右辺の二重極限が存在するなら，左辺の二重極限も存在し，一致する．

(2) 関数 $f_n(x)$ が I で連続なら，$f(x)$ も I で連続である．

---

(1) において，(15.11) の右辺の 2 重極限が存在するとして，

$$\lim_{x \to a} f_n(x) = \alpha_n \qquad (15.12)$$

$$\lim_{n \to \infty} \alpha_n = \alpha \qquad (15.13)$$

とおき，

$$\lim_{x \to a} f(x) = \alpha \qquad\qquad (15.14)$$

を示す.

$$
\begin{array}{ccc}
f_n(x) & \xrightarrow{\;x \to a\;} & \alpha_n \\
{\scriptstyle n \to \infty}\downarrow & & \downarrow{\scriptstyle n \to \infty} \\
f(x) & \xrightarrow[x \to a]{} & \alpha
\end{array}
$$

任意の $\varepsilon > 0$ をとって固定する. まず一様収束性から, ある自然数 N_1 が存在して,

$$x \in I \text{ かつ } n \geqq N_1 \quad \Rightarrow \quad |f_n(x) - f(x)| < \varepsilon$$

が成立する. ここで N_1 は x によらない番号として選べることに注意しよう. これが収束の一様性である.

次に (15.13) から, ある自然数 N_2 が存在して,

$$n \geqq N_2 \quad \Rightarrow \quad |\alpha_n - \alpha| < \varepsilon$$

が成立する.

そこで, $N = \max\{N_1, N_2\}$ とおくと, $n = N$ に対する (15.12) から, ある $\delta > 0$ が存在して,

$$x \in I \text{ かつ } |x - a| < \delta \quad \Rightarrow \quad |f_N(x) - \alpha_N| < \varepsilon$$

が成立する.

このとき, $x \in I$ かつ $|x - a| < \delta$ ならば,

$$|f(x) - \alpha| \leqq |f(x) - f_N(x)| + |f_N(x) - \alpha_N| + |\alpha_N - \alpha| < 3\varepsilon$$

となり, (15.14) が成り立つことが分かる.

(2) については, 定理の仮定のもとで, (15.11) が

$$\lim_{x \to a} f(x) = f(a)$$

となることに注意すればよい. これは, $x = a$ での $f(x)$ の連続性を意味する.

15.2 | 関数列の積分と微分

ガイド

「関数列 $\{f_n(x)\}$ について，積分と極限の順序を変えてはいけないのですか」

「次式が成立することは，何らかの仮定をおいて，証明しなければなりません」

$$\lim_{n \to \infty} \int_0^1 f_n(x)dx = \int_0^1 \lim_{n \to \infty} f_n(x)dx$$

「順序交換できることよりも，できないことの方が不思議です」

関数列 $\{f_n(x)\}$ の積分と微分について，等式

$$\lim_{n \to \infty} \int_a^b f_n(x)dx = \int_a^b \lim_{n \to \infty} f_n(x)dx \tag{15.15}$$

$$\lim_{n \to \infty} \frac{d}{dx} f_n(x) = \frac{d}{dx} \lim_{n \to \infty} f_n(x) \tag{15.16}$$

が成立することをなるべく一般的に保証したい．微分・積分は極限として定義される演算であるから，(15.15), (15.16) は二重極限の問題であるといえる．

例 15.3 $n = 1, 2, \cdots$ として，区間 $[0, 1]$ で定義された関数 (図 **15.2**)

$$f_n(x) = \begin{cases} n^2 x(1 - nx) & \left(0 \leqq x < \dfrac{1}{n}\right) \\ 0 & \left(\dfrac{1}{n} \leqq x \leqq 1\right) \end{cases} \tag{15.17}$$

に対し，極限関数は

$$\lim_{n \to \infty} f_n(x) = 0 , \quad x \in [0, 1] \tag{15.18}$$

である．このとき積分は

$$I = \lim_{n \to \infty} \int_0^1 f_n(x)dx = \frac{1}{6}$$

$$J = \int_0^1 \lim_{n \to \infty} f_n(x)dx = 0$$

となり，(15.15) は成立しない．この例では，極限関数への収束 (15.18) が各点収束であり，一様収束になっていないことに注意しよう．**図 15.2** をみると，$x = 0$ の近くの "山" が n とともにどこまでも細く高く伸びていくのだが，"各点収束の目" でみると，この山は極限において消える．しかし積分の極限 I は消えない．この種の関数列の振る舞いをみる "目" として，"積分の目" は "各点収束の目" よりも "一様収束の目" に近いといえる．

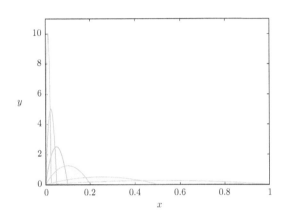

[図 15.2] 一様収束しない関数列 (15.17) のグラフ．

定理15.2

区間 $[a, b]$ で定義された連続関数の列 $f_n(x)\,(n = 1, 2, \cdots)$ が $n \to \infty$ で関数 $f(x)$ に一様収束するとする．このとき，

$$\lim_{n \to \infty} \int_a^b f_n(x)dx = \int_a^b f(x)dx \qquad (15.19)$$

が成り立つ．

定理 15.2 の証明について考える．まず，定理の仮定のもとで，**定理 15.1** により $f(x)$ は連続であることに注意しよう．そして，積分値の差

$$\int_a^b f_n(x)dx - \int_a^b f(x)dx = \int_a^b (f_n(x) - f(x))dx$$

について，次のような評価が成り立つ．

$$\left| \int_a^b f_n(x)dx - \int_a^b f(x)dx \right| \leqq \int_a^b |f_n(x) - f(x)|dx \tag{15.20}$$

さて $n \to \infty$ のとき，$f_n(x)$ は $f(x)$ に $I = [a, b]$ で一様収束するから，(15.8) において，N は x によらない番号として選べることに注意しよう．から，

$$n \geqq N \quad \Rightarrow \quad \int_a^b |f_n(x) - f(x)|dx < \varepsilon(b - a) \tag{15.21}$$

が得られ，これが任意の $\varepsilon > 0$ に対して N が存在することから，(15.19) が得られる．

注意 15.3 区分的連続関数 $f_n(x)$ が区分的連続関数 (または連続関数) $f(x)$ に一様収束するという状況でも，上記の証明は正しい．

問 2 関数列 $f_n(x) = e^{-\frac{x}{n}} \ (n = 1, 2, \cdots)$ は，区間 $[0, 1]$ で一様収束することを示し，その極限 $f(x)$ を求めよ．また，(15.19) の両辺が一致することを確かめよ．

微分と極限の交換 (15.16) においても，一様収束性が重要である．

定理 15.3

$n = 1, 2, \cdots$ に対し，関数 $f_n(x)$ とその導関数 $f_n'(x)$ は区間 I で連続であり，

$$f(x) = \lim_{n \to \infty} f_n(x) \quad (I \text{ で各点収束})$$
$$h(x) = \lim_{n \to \infty} f_n'(x) \quad (I \text{ で一様収束})$$

であるとする．このとき，$f(x)$ は I で微分可能であり，

$$f'(x) = h(x) \tag{15.22}$$

すなわち，(15.16) が成り立つ．

定理 15.2 を用いて **定理 15.3** を示す．**定理 15.3** の仮定のもとで，**定理 15.1**

により，関数 $h(x)$ は I で連続であることに注意する． $x_1, x_2 \in I$ に対し，

$$f(x_2) - f(x_1) = \int_{x_1}^{x_2} h(x)dx \tag{15.23}$$

が成り立つことを示す．

(15.23) の右辺

$$\int_{x_1}^{x_2} h(x)dx = \int_{x_1}^{x_2} \lim_{n \to \infty} f_n'(x)dx$$

に **定理 15.2** を適用して，積分と極限の順序を交換すると，

$$\int_{x_1}^{x_2} h(x)dx = \lim_{n \to \infty} \int_{x_1}^{x_2} f_n'(x)dx$$
$$= \lim_{n \to \infty} (f_n(x_2) - f_n(x_1))$$
$$= f(x_2) - f(x_1)$$

となり，(15.23) が得られる．よって，(15.22) が成り立つ．

15.3 | 無限級数の積分と微分

ガイド

「$|x| < 1$ として，等比数列の和の公式

$$\sum_{k=0}^{\infty} x^k = \frac{1}{1-x} \tag{15.24}$$

の両辺を微分すると，

$$\sum_{k=1}^{\infty} kx^{k-1} = \frac{1}{(1-x)^2} \tag{15.25}$$

となります」

「(15.24) の左辺を，項ごとに微分したのですね」

「こういう計算は許されるのでしょうか」

「結論としては，間違いではありません」

(15.24) の左辺の各項 x^k を x で微分する計算法を **項別微分** という．
(15.24), (15.25) の左辺が無限級数でなく有限和であれば，項別微分に何

も問題はない．しかし無限級数は有限和の極限であるから，無限級数における項別微分には，極限をとることと微分することの順序交換が許されるかどうかという問題，つまり二重極限の問題がある．そこで **定理 15.3** を用いることを考える．

問題を一般的に定式化しておく． **15.1 節**， **15.2 節**の結果を，連続関数 $g_k(x)$ $(k = 1, 2, \cdots)$ の和

$$f_n(x) = \sum_{k=1}^{n} g_k(x) \quad (n = 1, 2, \cdots) \tag{15.26}$$

に適用して，無限級数の項別積分・項別微分の定理を導くことを考える．

まず，無限級数

$$f(x) = \sum_{k=1}^{\infty} g_k(x) \tag{15.27}$$

が一様収束するとは，部分和 (15.26) が $n \to \infty$ で一様収束することであると定義する．この定義のもとで，**定理 15.1** から次の定理が得られる．

定理 15.4

関数 $g_k(x)$ $(k = 1, 2, \cdots)$ が区間 I で連続であり，無限級数 (15.27) が I で一様収束するならば， $f(x)$ は I で連続である．

定理 15.2 から，項別積分に関する次の定理が得られる．

定理 15.5

関数 $g_k(x)$ $(k = 1, 2, \cdots)$ が区間 I で連続であり，無限級数 (15.27) が I で一様収束するならば，

$$\int_a^b f(x)dx = \sum_{k=1}^{\infty} \int_a^b g_k(x)dx \tag{15.28}$$

が成り立つ．

定理 15.3 から，項別微分に関する次の定理が得られる．

定理 15.6

$k = 1, 2, \cdots$ に対し，関数 $g_k(x)$ とその導関数 $g_k'(x)$ は区間 I で連続であり，

$$f(x) = \sum_{k=1}^{\infty} g_k(x) \quad (I \text{ で各点収束})$$

$$h(x) = \sum_{k=1}^{\infty} g_k'(x) \quad (I \text{ で一様収束})$$

であるとする．このとき，$f(x)$ は I で微分可能であり，

$$f'(x) = h(x) \tag{15.29}$$

が成り立つ．

問 3 関数

$$f(x) = \sum_{n=0}^{\infty} \frac{1}{3^n} \sin(2^n x)$$

は実数全体で定義され，微分可能であることを示せ．

定理 **15.6** を，べき級数

$$f(x) = \sum_{k=0}^{\infty} a_k x^k \tag{15.30}$$

に適用する．まず，(15.30) が一様収束する条件を考える．

定理 15.7

ある正の数 r が存在して，

$$\sum_{k=0}^{\infty} |a_k| r^k < \infty \tag{15.31}$$

を満たすとする．このとき (15.30) は区間 $[-r, r]$ で一様収束し，連続関数を定める．

定理 **15.7** を証明する．条件 (15.31) のもとで，$|x| \leqq r$ のとき (15.30) の

右辺は収束する (**例 13.5**, 191 ページ). この収束は一様収束であることを示す. (15.31) の左辺は収束するから, 任意の $\varepsilon > 0$ に対し,

$$\sum_{k=N}^{\infty} |a_k| r^k < \varepsilon$$

となるような自然数 N が存在する. このとき, 任意の $n \geqq N$ と任意の $x \in [-r, r]$ に対し,

$$\left| \sum_{k=n}^{\infty} a_k x^k \right| \leqq \sum_{k=n}^{\infty} |a_k| |r^k| \leqq \sum_{k=N}^{\infty} |a_k| |r^k| < \varepsilon$$

が成り立つ. よって, (15.30) は区間 $[-r, r]$ で一様収束する. これで **定理 15.7** が示された.

次に, (15.30) で定まる関数 $f(x)$ の微分可能性について調べる. **定理 15.6** を用いるためには, 項別微分した級数

$$\sum_{k=1}^{\infty} k a_k x^{k-1} \tag{15.32}$$

が一様収束していなければならない. ここでふたたび **定理 15.7** を用いると, 条件

$$\sum_{k=1}^{\infty} k |a_k| r^{k-1} < \infty \tag{15.33}$$

を仮定すればよいことが分かる. この条件のもとで, (15.32) は $[-r, r]$ で一様収束し, $f'(x)$ は (15.32) で与えられる.

例 15.4

(1) 数列 $\{a_k\}$ に対し,

$$|a_k| < \frac{CM^k}{k!} \quad (k = 0, 1, 2, \cdots) \tag{15.34}$$

を満たす定数 $C, M > 0$ が存在するならば, 任意の $r > 0$ に対して (15.31), (15.33) が成り立つ. (15.33) を確かめるには,

$$\sum_{k=0}^{\infty} k |a_k| r^{k-1} < \sum_{k=1}^{\infty} k \frac{CM^k}{k!} r^{k-1}$$

$$= CM \sum_{k=1}^{\infty} \frac{(Mr)^{k-1}}{(k-1)!} = CMe^{Mr} < \infty$$

のようにすればよい．(15.31) についても同様である．したがって，(15.30) により関数 $f(x)$ が実数全体で定義され，微分可能である．

(2) 数列 $\{a_k\}$ に対し，

$$|a_k| < CM^k \quad (k = 0, 1, 2, \cdots) \tag{15.35}$$

を満たす定数 $C, M > 0$ が存在するならば，$0 < r < 1/M$ なる r に対して (15.31), (15.33) が成り立つ．(15.33) を確かめるには，

$$k(rM)^{k/2} < C' \quad (k = 0, 1, 2, \cdots)$$

を満たす定数 C' が存在することを用いて，

$$\sum_{k=0}^{\infty} |a_k| r^k < \sum_{k=0}^{\infty} Ck(rM)^k \quad < \sum_{k=0}^{\infty} CC'(rM)^{k/2} = \frac{CC'}{1 - \sqrt{rM}} < \infty$$

のようにすればよい．(15.31) についても同様である．したがって，(15.30) により関数 $f(x)$ が区間 $(-1/M, 1/M)$ で定義され，微分可能である．特に (15.24) の場合は，$M = 1$ として (15.35) が成り立つ．

問 4 (15.30) で与えられる $f(x)$ は，条件 (15.34) のもとで，実数全体で 2 回微分可能であることを示せ．また，条件 (15.35) のもとで，$f(x)$ は区間 $\left(-\dfrac{1}{M}, \dfrac{1}{M} \right)$ で 2 回微分可能であることを示せ．

注意 **15.4** べき級数は，**1 章**と **2 章**において，「テイラー展開」として現れているが，そこでは，与えられた関数をテイラー展開するという方向であった．それに対し，**15.3 節**の議論では，べき級数によって "新しい関数を作る" という方向を想定しており，作られた関数の連続性や微分可能性を調べるために，**定理 15.4** などを用いることを考えた．

15.4 │ 区分求積法

ガイド

「**定理 15.2** の応用例は，**15.3 節** 以外にも，いろいろありそうです」
「区分求積法の原理も，その 1 つとみることができます」

区間 $[a,b]$ で定義された連続関数 $f(x)$ の定積分

$$\int_a^b f(x)dx \tag{15.36}$$

についての区分求積法 (**0.6.5 節**) を，若干一般化して次のように定式化する．

区間 $[a,b]$ の分割

$$\Delta : a = x_0 < x_1 < x_2 < \cdots < x_N = b \tag{15.37}$$

に基づいて，次のような和を考える．

$$S_\Delta = \sum_{j=0}^{N-1} f(\xi_j)(x_{j+1} - x_j) \tag{15.38}$$

ξ_j は，小区間 $[x_j, x_{j+1}]$ の中の点であればどこにとってもよいものとする．
また分割 Δ は等分割に限らない任意の分割とし，小区間の幅の最大値を $|\Delta|$
と書く．

$$|\Delta| = \max_{0 \leqq j \leqq N-1} (x_{j+1} - x_j)$$

(15.38) の S_Δ を **リーマン和** という．そして，N を限りなく大きくし，$|\Delta|$
を限りなく小さくするとき，S_Δ は定積分 (15.36) に収束することを示す．

証明の要点は次の通りである．

(1) リーマン和 S_Δ を，ある (区分的に連続な) 関数 $f_\Delta(x)$ の定積分として
書く．

(2) $|\Delta|$ を限りなく小さくするとき，$f_\Delta(x)$ は $f(x)$ に一様収束することを
確かめる．

(3) 上記の 2 点を確認した上で，$f_\Delta(x)$ とその一様収束極限 $f(x)$ に **定理 15.2**
を適用し，S_Δ が定積分 (15.36) に収束することを示す．

(1) 単関数近似

関数 $f_\Delta(x)$ を次のように定める.

$$f_\Delta(x) = \sum_{j=0}^{N-1} f(\xi_j)\chi_j(x) \tag{15.39}$$

$\chi_j(x)$ は，区間 $[x_j, x_{j+1})$ の**定義関数**

$$\chi_j(x) = \begin{cases} 1, & x \in [x_j, x_{j+1}) \\ 0, & x \notin [x_j, x_{j+1}) \end{cases} \quad (j = 0, 1, 2, \cdots, N-2) \tag{15.40}$$

である．ただし，$\chi_{N-1}(x)$ は閉区間 $[x_{N-1}, b]$ の定義関数とする．言い換えれば，

$$x \in [x_j, x_{j+1}) \quad \Rightarrow \quad f_\Delta(x) = f(\xi_j) \tag{15.41}$$

である．この関数を用いると，リーマン和は

$$S_\Delta = \int_a^b f_\Delta(x)dx \tag{15.42}$$

のように表せる (図 **15.3**).

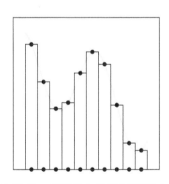

[図 15.3] リーマン和 S_Δ. 代表点 ξ_j を各小区間の中点にとっている.

注意 15.5

(1) $f_\Delta(x)$ は，分割 Δ のとり方ばかりでなく，代表点 ξ_j の選び方にも依存している．しかし，$f_{\Delta,\xi_0,\xi_1,\cdots,\xi_{N-1}}(x)$ などと書くのは煩

わしいので，$f_\Delta(x)$ のように略記する．

(2) $f_\Delta(x)$ のように，区間ごとに定数である関数を **単関数** といい，$f_\Delta(x)$ を $f(x)$ の **単関数近似** という．単関数は区分的に連続であり，その積分は **3.1.2 節** の方法で定義できる．

問5 　区間 $[0,1]$ を n 等分して，分点を $x_j = \dfrac{j}{n}\ (j = 0, 1, 2, \cdots, n)$ とし，代表点として $\xi_j = x_j$ をとる．このとき単関数近似 $f_\Delta(x)$ の積分 (15.42) を数列の和として表せ．また代表点を $\xi_j = x_{j+1}$ にするとどうか．

(2) $f_\Delta(x)$ の一様収束

　関数 $f_\Delta(x)$ は，分割 Δ(と代表点 ξ_j) によって定まる関数である．$|\Delta|$ が限りなく小さくなるとき，関数 $f_\Delta(x)$ が $f(x)$ に区間 $[a, b]$ で一様収束するということを，**定義 15.1** を少し修正して，次のように定義する．

　任意の $\varepsilon > 0$ に対して，ある $\delta > 0$ が存在して，$|\Delta| < \delta$ を満たす $[a, b]$ の分割 Δ と代表点 $\xi_j \in [x_j, x_{j+1}]$ をどのように選んでも，

$$x \in [a, b] \quad \Rightarrow \quad |f_\Delta(x) - f(x)| < \varepsilon \tag{15.43}$$

が成り立つ．

δ が ε だけで定められるところに注意したい．上記の一様収束性が示されれば，**注意 15.3** (242 ページ) に留意して **定理 15.2** (241 ページ) の証明の筋道をたどることにより，リーマン和 S_Δ は定積分 (15.36) に収束するといえる．

(3) 一様連続性

　単関数近似 $f_\Delta(x)$ が $f(x)$ に区間 $[a, b]$ で一様収束することを示すには，$f(x)$ の連続性を強化する必要がある．$f(x)$ が以下の性質をもつとき，$f(x)$ は区間 I で **一様連続** であるという．

　任意の $\varepsilon > 0$ に対して，ある $\delta > 0$ が存在して，

$$|\xi - \eta| < \delta \text{ かつ } \xi, \eta \in I \quad \Rightarrow \quad |f(\xi) - f(\eta)| < \varepsilon \tag{15.44}$$

が成り立つ．

この性質は一見 $f(x)$ の連続性そのもののようだが，δ は ε に応じて定まる数であり，ξ,η の位置によらないように選べることが要求されている．

例 15.5

(1) 関数 $f(x) = \sqrt{x}\ (x \geqq 0)$ の場合，(14.16) において，δ は $\delta = \varepsilon^2$ のように ε だけで定まるので，一様連続である．

(2) 関数 $f(x) = \dfrac{1}{x}\ (x > 0)$ は連続だが，一様連続ではない．実際，$x_n = \dfrac{1}{n}\ (n = 1, 2, \cdots)$ とすると，$n \to \infty$ のとき $x_{n+1} - x_n$ は 0 に収束するが，$f(x_{n+1}) - f(x_n) = 1$ であり，0 に収束しない．これは $\varepsilon = 1$ に対してどのように $\delta > 0$ をとっても，(15.44) が成立しないことを意味する．よって $f(x)$ は一様連続ではない．

一般に一様連続ならば連続だが，逆は成立しない．しかし，有界閉区間では逆が成立する．

定理 15.8

有界閉区間で連続な関数は一様連続である．

定理 15.8 を証明しておこう．関数 $f(x)$ は $[a,b]$ で連続であるが一様連続でないとすると，ある $\varepsilon > 0$ が存在して，$n = 1, 2, \cdots$ に対して，次のような点 $x_n, y_n \in [a,b]$ をとることができる．

$$|x_n - y_n| < \frac{1}{n} \tag{15.45}$$

$$|f(x_n) - f(y_n)| \geqq \varepsilon \tag{15.46}$$

数列 $\{x_n\}$ は有界だから，**定理 13.6** (186 ページ) より，収束部分列 $\{x_{n_k}\}$ をもつ．その極限を

$$c = \lim_{k \to \infty} x_{n_k} \in [a,b] \tag{15.47}$$

とする．このとき，y_{n_k} も c に収束することを示す．

$$|y_{n_k} - c| \leqq |y_{n_k} - x_{n_k}| + |x_{n_k} - c|$$

であるが，(15.45), (15.47) より，

$$\lim_{k \to \infty} |y_{n_k} - x_{n_k}| = 0$$

$$\lim_{k \to \infty} |x_{n_k} - c| = 0$$

であるから，

$$\lim_{k \to \infty} |y_{n_k} - c| = 0$$

したがって

$$\lim_{k \to \infty} y_{n_k} = c \qquad\qquad (15.48)$$

である．

そこで $f(x)$ が $x = c$ で連続であることを用いると，(15.47), (15.48) より，

$$\lim_{k \to \infty} (f(x_{n_k}) - f(y_{n_k})) = f(c) - f(c) = 0$$

となるが，これは (15.46) に矛盾する．これで **定理 15.8** が示された．

さて，閉区間 $I = [a, b]$ で一様連続な関数 $f(x)$ の単関数近似 $f_\Delta(x)$ を考える．任意の $\varepsilon > 0$ をとる．一様連続性の仮定により，ある $\delta > 0$ が存在して，(15.44) が成り立つ．$|\Delta| < \delta$ となるように区間 I を分割すると，代表点 $\xi_j \in [x_j, x_{j+1}]$ をどのように選んでも，

$$x \in [x_j, x_{j+1}] \quad \Rightarrow \quad |\xi_j - x| < \delta$$

となり，(15.43) が成り立つ．よって，単関数近似 $f_\Delta(x)$ は，区間 I で $f(x)$ に一様収束する．

特に，閉区間 $I = [a, b]$ で連続な関数 $f(x)$ は，この区間で一様連続であるから，$f_\Delta(x)$ は $f(x)$ に一様収束することが分かる．後の便宜のために，この結果を定理としてまとめておく．

定理 15.9

関数 $f(x)$ は閉区間 $[a, b]$ で連続であるとする．任意の $\varepsilon > 0$ に対して，ある $\delta > 0$ が存在して，$|\Delta| < \delta$ ならば，代表点 $\{\xi_j\}$ をどのように選んでも，(15.39) で定義される単関数近似 $f_\Delta(x)$ は，

$$x \in [a, b] \quad \Rightarrow \quad |f_\Delta(x) - f(x)| < \varepsilon$$

を満たす．すなわち，$f_\Delta(x)$ は $f(x)$ に $[a, b]$ で一様収束する．

以上により，次の定理が示された．

定理 15.10

(区分求積法の原理)

区間 $[a, b]$ で連続な関数 $f(x)$ に対し，(15.38) で定義されるリーマン和 S_Δ は，$|\Delta|$ を限りなく小さくするとき，定積分 (15.36) に収束する．

15.5 | 原始関数の存在

ガイド

「区分求積法 (**定理 15.10**) は何の役に立つのですか」

「原始関数の存在を示すのに使います」

「でも，**定理 15.2** や **定理 15.10** は，原始関数の存在を前提にしています」

「論理が循環しないように，コーシー列の収束 (**定理 13.8**, 190 ページ) を使いましょう」

0.3 節では，関数 $f(x)$ に対し，$F'(x) = f(x)$ を満たす関数 $F(x)$ を **原始関数** と呼び，その端点値の差 $F(b) - F(a)$ を $f(x)$ の積分と称して

$$\int_a^b f(x)dx = F(b) - F(a) \tag{15.49}$$

と書いた．定積分を実際に計算するという立場では，「積分は微分の逆である」とみて，(15.49) を用いるのが実際的である．しかしこの実際的な立場に留まっていると，原始関数をみつけて来ない限り原始関数が存在するかどうか分からないということになる．

たとえば $f(x) = e^{-x^2}$ という関数は，**12.1 節**でみた通り，拡散現象の記述において大変重要な役割を果たすのだが，その原始関数は指数関数や三角関数などを用いて表現することができない．このような関数に微積分法を適用するには，原始関数を計算するのではなく，原始関数が存在することを示せばよい．しかし，計算せずにどうして存在することが分かるのだろうか．

一般に，連続関数はすべて原始関数をもつという事実がある (**定理 0.7**, 上

巻 26 ページ). この事実は, 連続関数に積分法を適用できることを保証する
という意味で, 理論的に大変重要である. この節では, **定理 0.7** の証明につ
いて考える.

そのために,

- 区分求積法を用いて, (15.49) の左辺を直接構成する.
- 積分の上端 b を x として,

$$F(x) = \int_a^x f(t)dt \tag{15.50}$$

とおき, $F'(x) = f(x)$ が成り立つことを示す. この作業を順を追って進め
ていく.

15.5.1 | 単関数の積分

閉区間 $I = [a, b]$ の分割 Δ を (15.37) で定め, 単関数 (区間ごとに定数で
ある関数)

$$g(x) = \sum_{j=0}^{N-1} \alpha_j \chi_j(x)$$

を考える. ただし α_j は実数の定数, $\chi_j(x)$ は区間 $[x_j, x_{j+1})$ の定義関数
(15.40) で, 最後の $\chi_{N-1}(x)$ は閉区間 $[x_{N-1}, b]$ の定義関数とする. この単
関数に対し, その積分を

$$\int_a^b g(x)dx = \sum_{j=0}^{N-1} \alpha_j(x_{j+1} - x_j) \tag{15.51}$$

で定義する. このとき

$$\left| \int_a^b g(x)dx \right| \leqq \max_{x \in [a,b]} |g(x)|(b - a) \tag{15.52}$$

が成り立つ.

◆**注意 15.6** **0.3 節** では, $f(x)$ の原始関数 $F(x)$ を用いて, $F(b) - F(a) = \int_a^b f(x)\,dx$ と書いたのだった. しかし一般の連続関数が原始
関数をもつことはいま示そうとしていることなので, (15.51) のよう
に定積分の記号を用いるのは早過ぎるのだが, 単関数については, 結
果を先取りする形で, このように書いておく.

15.5.2 | リーマン和

特に $I = [a, b]$ で連続な関数 $f(x)$ に対し，(15.39) で定義される単関数 $f_\Delta(x)$ の場合，(15.51) で定義される積分は，(15.38) のリーマン和 S_Δ に等しい.

$$\int_a^b f_\Delta(x)dx = S_\Delta$$

ε を任意の正の数として，**定理 15.9** における $\delta > 0$ をとる. そして 2 個の分割 Δ, Δ' を考え，$|\Delta|, |\Delta'| < \delta$ を満たすとする. このとき，代表点 $\{\xi_j\}, \{\xi_j'\}$ をそれぞれ選んで，(15.39) で定義される単関数近似 $f_\Delta(x), f_{\Delta'}(x)$ を作り，リーマン和の差 $S_\Delta - S_{\Delta'}$ を考える. このとき，単関数の差 $f_\Delta(x) - f_{\Delta'}(x)$ も単関数であり，

$$\begin{aligned} x \in I \quad \Rightarrow \quad &|f_\Delta(x) - f_{\Delta'}(x)| \\ &\leqq |f_\Delta(x) - f(x)| + |f_{\Delta'}(x) - f(x)| < 2\varepsilon \end{aligned} \tag{15.53}$$

が成り立つ. そこで (15.52) を用いれば，

$$\left| \int_a^b f_\Delta(x)dx - \int_a^b f_{\Delta'}(x)dx \right| \leqq \max_{x \in [a,b]} |f_\Delta(x) - f_{\Delta'}(x)|(b-a) < 2\varepsilon(b-a)$$

となるが，$f_\Delta(x), f_{\Delta'}(x)$ の積分はそれぞれリーマン和 $S_\Delta, S_{\Delta'}$ に等しいので，

$$|S_\Delta - S_{\Delta'}| < 2\varepsilon(b-a) \tag{15.54}$$

が得られる. 念のために繰り返せば，任意の $\varepsilon > 0$ に対して，ある $\delta > 0$ が存在して，分割 Δ, Δ' が $|\Delta|, |\Delta'| < \delta$ を満たすなら，代表点 $\{\xi_j\}, \{\xi_j'\}$ をどのように選んでも，(15.54) が成立する.

15.5.3 | リーマン和の収束

「数列 $\{a_n\}$ がコーシー列である」とは，「n が十分大きいとき，$\{a_n\}$ はほとんど変動しない」という意味であるが，(15.54) は，分割 Δ が十分細

かいとき，「S_Δ はほとんど変動しない」こと，すなわちリーマン和の全体 $\{S_\Delta\}$ がコーシー列をなすことを意味する．しかし，リーマン和の全体 $\{S_\Delta\}$ は，番号づけられた数列ではないので，**定義 13.3** (189 ページ) を拡張解釈する必要がある．詳細は省くが，**定義 13.3** を拡張しておくと，(15.54) の評価に基づいて，**定理 13.8** の証明の道筋をたどることにより，次の定理を示すことができる．

定理 15.11

関数 $f(x)$ は区間 $I = [a, b]$ で連続であるとする．$|\Delta|$ を限りなく小さくするとき，リーマン和 S_Δ はある値 S に収束する．詳しくいえば，任意の $\varepsilon > 0$ に対して，ある $\delta > 0$ が存在して，I の分割 Δ が $|\Delta| < \delta$ を満たすならば，どのように代表点 $\{\xi_j\}$ を選んでも，

$$|S_\Delta - S| < \varepsilon$$

が成り立つ．

定理 15.11 における値 S を，定積分の記号を用いて，

$$S = \int_a^b f(x)dx \tag{15.55}$$

と書く．

> **注意 15.7** (15.55) のように定積分の記号を用いるのは早過ぎるのだが，連続関数に対して結果を先取りする形で，このように書いておく (**注意 15.6**)．

15.5.4 │ 原始関数の存在

連続関数 $f(x)$ に対して，(15.55) のように，定積分の記号を用いる．次の定理により，$F(x) = \displaystyle\int_a^x f(t)dt$ は $f(x)$ の原始関数であることが分かる．したがって，連続関数は原始関数をもつといえる．

(微分積分学の基本定理)

区間 $[a, b]$ で連続な関数 $f(x)$ に対し,

$$\frac{d}{dx} \int_a^x f(t)dt = f(x) , \quad a < x < b \tag{15.56}$$

が成り立つ.

定理 15.12 の証明に入る前に, 次の事実に注意しておく.

$$\int_\alpha^\gamma f(t)dt = \int_\alpha^\beta f(t)dt + \int_\beta^\gamma f(t)dt \tag{15.57}$$

$$\int_\alpha^\beta (af(t) + bg(t))dt = a \int_\alpha^\beta f(t)dt + b \int_\alpha^\beta g(t)dt \tag{15.58}$$

$$\left| \int_\alpha^\beta f(t)dt \right| \leqq \int_\alpha^\beta |f(t)|dt \tag{15.59}$$

ただし $\alpha < \beta < \gamma$ とする. 詳細は省くが, これらの公式は, **定理 15.11** に基づいて厳密に示すことができる.

(15.56) の左辺を微分の定義に戻って書けば,

$$\frac{d}{dx} \int_a^x f(t)dt = \lim_{h \to 0} \frac{1}{h} \left(\int_a^{x+h} f(t)dt - \int_a^x f(t)dt \right)$$

となる. ここで右極限 $h \to +0$ と左極限 $h \to -0$ に分けて考えて, (15.57) を用いると, 目標は

$$\lim_{h \to +0} \frac{1}{h} \int_x^{x+h} f(t)dt = f(x) \tag{15.60}$$

$$\lim_{h \to -0} \frac{1}{-h} \int_{x+h}^x f(t)dt = f(x) \tag{15.61}$$

のように表現できる. どちらの場合も議論の道筋は同じなので, 右極限の等式 (15.60) を示すことにする.

(15.60) が成り立つ根拠は, 短い区間 $[x, x+h]$ において, 連続関数 $f(t)$ の値があまり変化せず, ほとんど $f(x)$ に等しいことである. 実際, 区間 $[x, x+h]$ における $f(t)$ の最大値を $\overline{f}$, 最小値を $\underline{f}$ とすると,

$$\underline{f} \leqq f(t) \leqq \overline{f} \quad (x \leqq t \leqq x+h) \tag{15.62}$$

$$\lim_{h \to +0} \overline{f} = \lim_{h \to +0} \underline{f} = f(x) \tag{15.63}$$

が成り立つ. すると, (15.62) により, 区間 $[x, x+h]$ のどのような分割 Δ (と代表点 $\{\xi\}$) に対しても,

$$\underline{f}h \leqq S_\Delta \leqq \overline{f}h$$

を満たすので, 細分極限において次の評価が成立する.

$$\underline{f}h \leqq \int_x^{x+h} f(t)dt \leqq \overline{f}h$$

よって (15.63) により (15.60) が得られる.

問7 (15.61) を示せ.

> 注意 **15.8** **定理 15.10** と **定理 15.11** は, どちらも「リーマン和は定積分に収束する」という内容をもつ. しかし前者においては, 定積分が (原始関数を用いて) 定義されている状況で, リーマン和が定積分 (という既知の値) に収束することを主張しているのに対し, 後者においては, 定積分がまだ定義されていない状況で, リーマン和が (ある未知の値に) 収束することを主張している. **定理 15.10** は **定理 15.11** の帰結として導けるのだが, 原始関数の存在証明 (後者) は, 区分求積法の原理 (前者) に関する考察を深化させた形になっている.

15.6 | 2 変数関数の積分

> ガイド
>
> 「2 変数の連続関数について, 累次積分と重積分を厳密に定義しましょう」
> 「重積分の定義は難しそうです」
> 「**15.5 節**の論法をよくみてください」
> 「まずは, 2 変数関数の連続性の定義からですね」

2 変数関数について, 累次積分を **10.1.1 節** で, 重積分を **10.1.3 節** で導入

した．積分を計算するという立場では累次積分が便利だが，積分の順序交換ができることの保証が必要である (**定理 10.1**, 69 ページ)．また積分の変数変換を正当化するには，重積分が要になる．特に，重積分と累次積分が同じ積分値を与えることの保証は重要である (**定理 10.2**, 74 ページ)．

15.6.1 │ 累次積分の定義

累次積分は 1 変数関数の積分を続けて行うだけだが，2 回の積分が連続関数の積分の範囲で遂行できることを確認しよう．まず **9.6.1 節** における 2 変数関数の連続性の定義を次のように厳密化する．

> 「2 変数関数 $f(x,y)$ が xy 平面上の点 A で **連続** である」とは，どんな数 $\varepsilon > 0$ に対しても，ある数 $\delta > 0$ が存在して，
>
> AP $< \delta$ を満たす点 P に対して，　$|f(\mathrm{P}) - f(\mathrm{A})| < \varepsilon$ が成り立つ
>
> ことである．

 15.9

(1) 上記の意味で関数 $f(x,y)$ が連続なら，$f(x,y)$ は，x を固定すると y について連続になり，y を固定すると x について連続になる．

(2) 関数 $f(x,y)$ が有界閉集合 D で連続なら，$f(x,y)$ は D で一様連続である．すなわち連続性の定義において，δ は ε だけに依存し，A $(\in D)$ の位置によらないように選べる．この事実は，**定理 15.8** と同様の方法で示すことができる．

(3) 関数 $f(x,y)$ が領域 D で一様連続なら，x を固定して y を y_0 に近づけたときの収束

$$\lim_{y \to y_0} f(x,y) = f(x,y_0) \tag{15.64}$$

は一様収束である．

問 8 (15.64) の収束は一様収束であることを示せ．

次の定理は，**定理 15.2** を 2 変数関数化したものである．

定理 15.13

$f(x, y)$ が $[a, b] \times [c, d]$ で連続のとき

$$\lim_{y \to y_0} \int_a^b f(x, y)dx = \int_a^b f(x, y_0)dx, \quad y_0 \in [c, d] \qquad (15.65)$$

が成り立つ. すなわち, 積分 $\displaystyle\int_a^b f(x, y)dx$ は y について連続である.

　注意 15.9 (1) により, $f(x, y)$ は x について積分できる. そして, **注意 15.9** (3) に留意すれば, **定理 15.2** と同様の方法で, (15.65) を示すことができる. したがって, 関数 $F(y) = \displaystyle\int_a^b f(x, y)dx$ を y について積分することができる. このようにして, 累次積分の定義が厳密化される.

15.6.2 | 重積分の定義

　2 変数関数の重積分を定義するために, 1 変数関数の議論 (**15.5 節**) にならって, リーマン和を用いる.

　有界な閉領域 D で定義された連続な 2 変数関数 $f(x, y)$ についてリーマン和を定義する. D を小さい断片 $D_1, D_2, \cdots, D_n$ に分割し, 異なる断片は共有点をもたないとする. この分割を Δ と書く. 次に各断片 D_i の中の 1 点 (ξ_i, η_i) を任意に選び, 次のような和を考える.

$$S_\Delta = \sum_{i=1}^n f(\xi_i, \eta_i)|D_i| \qquad (15.66)$$

$|D_i|$ は D_i の面積である. S_Δ を **リーマン和** という. このリーマン和に対応する単関数近似

$$f_\Delta(x, y) = \sum_{i=1}^n f(\xi_i, \eta_i)\chi_i(x, y) \qquad (15.67)$$

を考える. ただし $\chi_i(x, y)$ は, 図形 D_i の定義関数である.

　また分割 Δ の細かさを表現するために, D_i に属する 2 点の距離の最大値 (または上限) を $\rho(D_i)$ とし, それらの中で最大のものを $|\Delta|$ と書く.

$$|\Delta| = \max_{i=1, 2, \cdots, n} \rho(D_i)$$

次の定理は，**定理 15.11** と同様の方法で証明できるが，連続関数 $f(x,y)$ の単関数近似 (15.67) が $f(x,y)$ に一様収束することが本質的である．

定理 15.14

$f(x,y)$ は，有界閉領域 D で連続であるとする．$|\Delta|$ を限りなく小さくするとき，S_Δ はある値 S に収束する．詳しくいえば，任意の $\varepsilon > 0$ に対して，ある $\delta > 0$ が存在して，D の分割 Δ が $|\Delta| < \delta$ を満たすならば，どのように代表点 $(\xi_i, \eta_i) \in D_i$ を選んでも，

$$|S_\Delta - S| < \varepsilon$$

が成り立つ．

定理 15.14 における値 S を，

$$S = \iint_D f(x,y)dxdy \tag{15.68}$$

と書き，$f(x,y)$ の D 上の **重積分** という．

15.6.3 | 累次積分と重積分

長方形領域 $D = [a,b] \times [c,d]$ で連続な関数 $f(x,y)$ について，**定理 10.2** を示す．

10.1.3 節 と同様に，x 軸上の区間 $[a,b]$ と y 軸上の区間 $[c,d]$ を分割して

$$a = x_0 < x_1 < x_2 < \cdots < x_M = b \tag{15.69}$$

$$c = y_0 < y_1 < y_2 < \cdots < y_N = d \tag{15.70}$$

とし，(15.69), (15.70) が定める D の分割を Δ とする．ただし (10.6) の小長方形 $\square_{jk} = [x_j, x_{j+1}] \times [y_k, y_{k+1}]$ の周上の点はどれか 1 個の小長方形に属するように分配した上で，小長方形に通し番号をつけて $D_1, D_2, \cdots, D_n$ $(n = NM)$ とする．

このとき，$f(x,y)$ の単関数近似 (15.67) を累次積分すると，

$$\int_c^d \int_a^b f_\Delta(x,y)dxdy = \sum_{i=1}^n f(\xi_i, \eta_i) \int_c^d \int_a^b \chi_i(x,y)dxdy$$

$$= \sum_{i=1}^n f(\xi_i, \eta_i)|D_i|$$

となる. すなわち, 単関数近似の累次積分はリーマン和 (15.66) に一致して次式が成り立つ.

$$\int_c^d \int_a^b f_\Delta(x,y)dxdy = S_\Delta$$

注意 15.10 上記の累次積分における 2 回の積分は, どちらも区分的に連続な (区間ごとに定数である) 関数についての積分になる.

そこで $|\Delta|$ を限りなく小さくする極限をとると, $f_\Delta(x,y)$ は $f(x,y)$ に一様収束するから, 左辺は $f(x,y)$ の累次積分に収束し, 右辺は重積分 (15.68) に収束する. したがって,

$$\int_c^d \int_a^b f(x,y)dxdy = \iint_D f(x,y)dxdy \tag{15.71}$$

が成り立つ. これで, **定理 10.2** が示された.

参考 15.11 上記とほぼ同様の方法で, 極座標による累次積分と重積分が一致すること (**定理 10.3**, 76 ページ) を示すこともできる. そのためには, 領域 $x^2 + y^2 \leqq a^2$ を **図 10.5** (76 ページ) のような小領域に分割すればよい. このように重積分を要にして, 累次積分の変数変換を正当化することができる.

15.6.4 | 積分と微分の順序交換

(15.71) を用いると, **定理 15.2** から **定理 15.3** を得た方法に従って, 積分と微分の順序交換についての次の定理を得ることができる.

定理 15.15

$f(x,y)$ と $\dfrac{\partial}{\partial y}f(x,y)$ が $[a,b] \times (c,d)$ で連続であるとすると,

$$\frac{d}{dy}\int_a^b f(x,y)dx = \int_a^b \frac{\partial}{\partial y}f(x,y)dx \,, \quad y \in (c,d)$$

が成り立つ.

問 9   定理 15.15 を示せ.

問題 15.1 $a_{mn} = \dfrac{m}{m+n}$ として，二重極限

$$\lim_{m\to\infty}\lim_{n\to\infty} a_{mn} \qquad \lim_{n\to\infty}\lim_{m\to\infty} a_{mn}$$

を比較せよ．

問題 15.2 区間 $[0,\infty)$ で定義される関数

$$f_n(x) = xe^{-nx^2}, \quad n \in \mathbb{N}$$

を考える．各点 $x \in [0,\infty)$ において，$f_n(x)$ は $f(x) = \boxed{}$ に収束する．

この収束は一様収束であることを確かめよう．$f_n(x) - f(x)$ は $x = \boxed{}$ で最小値 $a_n = \boxed{}$ をとり，$x = \boxed{}$ で最大値 $b_n = \boxed{}$ をとる．したがって，

$$a_n \leqq f_n(x) - f(x) \leqq b_n , \quad x \in [0,\infty)$$

が成り立つが，$\displaystyle\lim_{n\to\infty} a_n = \lim_{n\to\infty} b_n = 0$ であることから，$f_n(x)$ は $f(x)$ に $[0,\infty)$ で一様収束することが分かる．

問題 15.3 実数全体で定義される関数

$$g_n(x) = \frac{n^2 x}{n^2 x^2 + 1} , \quad n \in \mathbb{N}$$

を考える．$g(x) = \displaystyle\lim_{n\to\infty} g_n(x)$ とおくと，$g(0) = \boxed{}$ であり，$x \neq 0$ では $g(x) = \boxed{}$ である．各 $g_n(x)$ は連続であるが，$g(x)$ は連続ではない．この場合，$g_n(x)$ は $g(x)$ に実数全体で収束するが，一様収束しない．

問題 15.4 区間 $[1,2]$ を等比数列 $x_j = r^j$ $(j = 0,1,2,\cdots,n)$ を分点として

$$1 = x_0 < x_1 < x_2 < \cdots < x_{n-1} < x_n = 2$$

のように分割する．ただし $r^n = 2$ である．小区間 $[x_j, x_{j+1}]$ の代表点として $\xi_j = x_j$ をとり，関数 $f(x) = \dfrac{1}{x}$ のリーマン和 (15.38) とその極限を計算せよ．

関数 $f(x)$ が $\mathbb{R}$ で一様連続ならば,

$$f_n(x) = f\left(x - \frac{1}{n}\right) \quad (n = 1, 2, 3, \cdots)$$

で定義される関数列は $f(x)$ に一様収束することを示せ.

問題 15.6 $0 < p < 1$ として, $p + q = 1$ とおく. 無限級数

$$1 + q + q^2 + \cdots = \frac{1}{1-q}\left(= \frac{1}{p}\right)$$

を項別微分することにより, 幾何分布の期待値 E と分散 V

$$E = \sum_{k=1}^{\infty} kpq^{k-1}, \quad V = \sum_{k=1}^{\infty} k^2 pq^{k-1} - E^2$$

を求めよ.

問題 15.7 関数 $\varphi(x)$ は実数全体で連続であり, $|x| \geqq 1$ では 0 になるとする. このとき, 積分

$$u(x, t) = \int_{-\infty}^{\infty} \frac{1}{\sqrt{4\pi t}} \exp\left(-\frac{1}{4t}(x-y)^2\right) \varphi(y) dy \quad (t \in (0, \infty),\ x \in \mathbb{R})$$

で定まる関数は

$$\frac{\partial}{\partial t} u(t, x) = \frac{\partial^2}{\partial x^2} u(t, x)$$

を満たすことを示せ.

Advanced

問題 15.8 関数

$$f(x, a) = \frac{x^a - 1}{\log x}, \quad (x, a) \in (0, 1) \times (0, \infty)$$

に対し,

$$g(a) = \int_0^1 f(x, a) dx, \quad a \in (0, \infty) \tag{15.72}$$

とおく.

(1) 次の 2 つの等式が成立することを仮定して, $g(a)$ を求めよ.

$$\lim_{a \to +0} g(a) = \int_0^1 \lim_{a \to +0} f(x, a) dx \tag{15.73}$$

$$g'(a) = \int_0^1 \frac{\partial}{\partial a} f(x,a)dx , \quad a \in (0,\infty) \tag{15.74}$$

(2) 関数 $f(x,a)$ が $[0,1] \times [0,\infty)$ で連続になるように，領域 $(0,1) \times (0,\infty)$ の境界での $f(x,a)$ の値を定めよ．

(3) (15.73), (15.74) が成立することを確かめよ．

問題 15.9 （アーベルの連続性定理）

無限級数 $\displaystyle\sum_{k=0}^{\infty} a_k$ は収束するとする．

(1) 数列 $\{a_n\}$ に対し，n を固定して，

$$s_m = \sum_{k=n}^{m} a_k , \quad m \geqq n$$

とおく．このとき，次式を示せ．

$$\sum_{k=n}^{m} a_k x^k = \sum_{k=n}^{m-1} (x^k - x^{k+1})s_k + s_m x^m , \quad m > n$$

(2) べき級数 $\displaystyle\sum_{k=0}^{\infty} a_k x^k$ は $0 \leqq x \leqq 1$ の範囲で一様収束することを示せ．

(3) 次式が成り立つことを示せ．

$$\lim_{x \to 1-0} \sum_{k=0}^{\infty} a_k x^k = \sum_{k=0}^{\infty} a_k \tag{15.75}$$

問題 15.10 （ライプニッツの級数）

(1) $S = \displaystyle\sum_{n=0}^{\infty} \frac{(-1)^n}{2n+1}$ は収束することを示せ．

(2) $-1 < x < 1$ の範囲で

$$\arctan x = \sum_{n=0}^{\infty} \frac{(-1)^n x^{2n+1}}{2n+1}$$

が成り立つことを使って，S の値を求めよ．

問 1 $\varepsilon > 0$ を固定する. sin の連続性から, $\delta > 0$ が存在して, $|x| < \delta$ のとき $|\sin x| < \varepsilon$ となる. $N \in \mathbb{N}$ として, $\dfrac{1}{2N} < \delta$ となるようにとれば, すべての $x \in \mathbb{R}$ について, $n \geqq N$ ならば

$$\left| \cos\left(x + \frac{1}{n}\right) - \cos x \right|$$
$$= \left| -2\sin\left(x + \frac{1}{2n}\right)\sin\frac{1}{2n} \right|$$
$$\leqq 2\sin\frac{1}{2N} < 2\varepsilon$$

となる. □

問 2 $[0,1]$ で $f_n(x) = e^{-x/n}$ は, $n \to \infty$ のとき $f(x) = 1$ に一様収束することを示す. $\varepsilon > 0$ を固定する. e^x の $x = 0$ での連続性から, $\delta > 0$ が存在して, $|x| < \delta$ ならば $|e^x - 1| < \varepsilon$. $N \in \mathbb{N}$ として, $\dfrac{1}{N} < \delta$ となるようにとれば, すべての $x \in [0,1]$ について, $n \geqq N$ ならば, $\left| -\dfrac{x}{n} \right| \leqq \dfrac{1}{N} < \delta$ なので,

$$|f_n(x) - f(x)| = |e^{-x/n} - 1| < \varepsilon$$

となる. よって, $f_n(x) = e^{-x/n}$ は, $n \to \infty$ のとき, $[0,1]$ で $f(x) = 1$ に一様収束する.

(15.19) の左辺については,

$$\int_0^1 e^{-x/n}dx = [-ne^{-x/n}]_0^1 = n - ne^{-1/n}$$

であるから,

$$\lim_{n\to\infty}(n - ne^{-1/n}) = \lim_{n\to\infty}\frac{e^{-1/n} - 1}{-1/n} = 1$$

となる. ここで, 最後の等号は e^x の $x = 0$ での微分係数とみた. 右辺については,

$$\int_0^1 f(x)\,dx = 1$$

である. □

問 3 $f(x)$ が各点収束することを示そう.

$$\sum_{n=0}^{\infty}\left| \frac{1}{3^n}\sin(2^n x) \right| \leqq \sum_{n=0}^{\infty} 3^{-n} < \infty$$

より, 各点について絶対収束するので収束する.

$$\left(\frac{1}{3^n}\sin(2^n x) \right)' = \frac{2^n}{3^n}\sin(2^n x)$$

であることに注意して, 無限級数 $\displaystyle\sum_{n=0}^{\infty}\frac{2^n}{3^n}\sin(2^n x)$ が一様収束することを示そう. $\varepsilon > 0$ を固定する. ある $N \in \mathbb{N}$ が存在して $2\left(\dfrac{2}{3}\right)^N < \varepsilon$ となる. すべての $x \in \mathbb{R}$ について, $k \geqq N$ のとき,

$$\left| \sum_{n=k+1}^{\infty}\frac{2^n}{3^n}\sin(2^n x) \right| \leqq \sum_{n=k+1}^{\infty}\left(\frac{2}{3}\right)^n$$
$$= 2\left(\frac{2}{3}\right)^k < \varepsilon$$

よって, 一様収束する. したがって **定理 15.6** により, $f(x)$ の定義式は項別微分できて, $f(x)$ は微分可能である. □

問 4 $|a_k| < \dfrac{CM^k}{k!}$ を満たす定数 $C, M > 0$ が存在すれば, $f(x) = \displaystyle\sum_{k=0}^{\infty} a_k x^k$ は実数全体で項別微分可能で,

$$f'(x) = \sum_{k=1}^{\infty} ka_k x^{k-1} = \sum_{k=0}^{\infty}(k+1)a_{k+1}x^k$$

となる. ここで, $b_k = (k+1)a_{k+1}$ とおくと,

$$|b_k| < |k+1| \cdot \frac{CM^{k+1}}{(k+1)!} = \frac{CM \cdot M^k}{k!}$$

より，f' も微分可能．すなわち f は 2 回微分可能．

$|a_k| < CM^k$ を満たす定数 $C, M > 0$ が存在すれば，$f(x) = \displaystyle\sum_{k=0}^{\infty} a_k x^k$ は区間 $(-M^{-1}, M^{-1})$ で項別微分可能であり，

$$f'(x) = \sum_{k=1}^{\infty} k a_k x^{k-1} = \sum_{k=0}^{\infty} (k+1) a_{k+1} x^k$$

となる．ここで $b_k = (k+1) a_{k+1}$ とおくと，任意の $\varepsilon > 0$ に対し，定数 C' を十分大きくとれば，

$$|b_k| < |k+1| C M^{k+1} \leqq C'(M+\varepsilon)^k \ (k \in \mathbb{N})$$

が成立する．よって，f' は区間 $(-(M+\varepsilon)^{-1}, (M+\varepsilon)^{-1})$ で項別微分可能であり，f は区間 $(-(M+\varepsilon)^{-1}, (M+\varepsilon)^{-1})$ で 2 回微分可能である．ε は任意であったから，これは f が区間 $(-M^{-1}, M^{-1})$ で 2 回微分可能であることを意味する． □

問 5 $\xi_j = x_j$ の場合は，

$$S_\Delta = \sum_{k=0}^{N-1} f(\xi_k)(x_{k+1} - x_k)$$
$$= \sum_{k=0}^{N-1} f(x_k) \frac{1}{n}$$

$\xi_j = x_{j+1}$ の場合は，

$$S_\Delta = \sum_{k=0}^{N-1} f(x_{k+1}) \frac{1}{n} = \sum_{k=1}^{N} f(x_k) \frac{1}{n}$$
□

問 6 各 j に対し，$g(x) = \alpha_j$ となる x が存在するので，

$$|\alpha_j| = |g(x)| \leqq \max_{x \in [a,b]} |g(x)|$$

したがって (15.51) により，

$$\left| \int_a^b g(x) dx \right| = \left| \sum_{j=0}^{N-1} \alpha_j (x_{j+1} - x_j) \right|$$
$$\leqq \sum_{j=0}^{N-1} |\alpha_j|(x_{j+1} - x_j)$$
$$\leqq \max_{x \in [a,b]} |g(x)| \sum_{j=0}^{N-1} (x_{j+1} - x_j)$$
$$= \max_{x \in [a,b]} |g(x)|(b-a)$$
□

問 7 $\displaystyle\lim_{h \to +0} \frac{1}{h} \int_{x-h}^{x} f(t) dt = f(x)$ を示せばよい．$[x-h, x]$ における $f(t)$ の最大値を $\overline{f}$，最小値を $\underline{f}$ とすると，$t \in [x-h, x]$ において $\underline{f} \leqq f(t) \leqq \overline{f}$ であり，$\displaystyle\lim_{h \to +0} \overline{f} = \lim_{h \to +0} \underline{f} = f(x)$ となる．区間 $[x-h, x]$ のどんな分割 Δ に対しても，

$$\underline{f}h \leqq S_\Delta \leqq \overline{f}h$$

したがって

$$\underline{f}h \leqq \int_{x-h}^{x} f(t) dt \leqq \overline{f}h$$

が成り立つ．これより，当初の式が成り立つ． □

問 8 示すべきことは，任意の $\varepsilon > 0$ に対して，ある $\delta > 0$ が存在して，すべての $(x, y), (x, y_0) \in D$ について，(x, y) と (x, y_0) の距離が δ 未満のとき，$|f(x, y) - f(x, y_0)| < \varepsilon$ となることである．

$\varepsilon > 0$ を固定する．$f(x, y)$ は D で一様連続なので，ある $\delta > 0$ が存在して，すべての $(x, y), (x_0, y_0) \in D$ について，(x, y) と (x_0, y_0) の距離が δ 未満のとき，$|f(x, y) - f(x_0, y_0)| < \varepsilon$ となる．よって，同じ δ について，$x_0 = x$ とすることで，示すべき主張が成立する． □

問 9 $F(y) = \int_a^b f(x,y)dx$, $G(y) = \int_a^b \dfrac{\partial}{\partial y}f(x,y)dx$ とおく．すると，$y_1, y_2 \in (c,d)$ に対して，

$$\int_{y_1}^{y_2} G(y)dy = \int_{y_1}^{y_2} \int_a^b \frac{\partial}{\partial y}f(x,y)dxdy$$

$$= \int_a^b \int_{y_1}^{y_2} \frac{\partial}{\partial y}f(x,y)dydx$$

$$= \int_a^b (f(x,y_2) - f(x,y_1))dx$$

$$= F(y_2) - F(y_1)$$

これより，

$$G(y) = \frac{d}{dy}F(y)$$

□

問題 15.1 $\displaystyle\lim_{n\to\infty}\frac{m}{m+n}=0$ より

$\displaystyle\lim_{m\to\infty}\lim_{n\to\infty}a_{mn}=0.$

$\displaystyle\lim_{m\to\infty}\frac{m}{m+n}=1$ より

$\displaystyle\lim_{n\to\infty}\lim_{m\to\infty}a_{mn}=1.$ □

問題 15.2 $0,\ 0,\ 0,\ \dfrac{1}{\sqrt{2n}},\ \dfrac{1}{\sqrt{2en}}$ □

問題 15.3 $0,\ \dfrac{1}{x}$ □

問題 15.4

$$S_\Delta=\sum_{j=0}^{n-1}f(\xi_j)(x_{j+1}-x_j)$$
$$=\sum_{j=0}^{n-1}r^{-j}(r^{j+1}-r^j)$$
$$=\sum_{j=0}^{n-1}(r-1)$$
$$=n(r-1)=n(2^{1/n}-1)$$

よって,

$$\lim_{n\to\infty}S_\Delta=\lim_{n\to\infty}\frac{2^{1/n}-1}{1/n}=\log 2$$

最後の等号では,$f(x)=2^x$ の $x=0$ での微分係数とみた.

ところで,この値は次の積分値に等しい.

$$\int_1^2 f(x)dx=[\log x]_1^2=\log 2$$

□

問題 15.5 $\varepsilon>0$ を固定する.$f(x)$ が $\mathbb{R}$ で一様連続であることから,$\delta>0$ が存在して,$|x-y|<\delta$ ならば $|f(x)-f(y)|<\varepsilon$. $N\in\mathbb{N}$ を $\dfrac{1}{N}<\delta$ となるようにとれば,$n\geqq N$ のとき,$\dfrac{1}{n}\leqq\dfrac{1}{N}<\delta$ なので,

$$|f_n(x)-f(x)|=\left|f\left(x-\frac{1}{n}\right)-f(x)\right|<\varepsilon$$

ε は任意であったから,$f_n(x)$ は $f(x)$ に一様収束する. □

問題 15.6 左辺は右辺の q に関するべき級数展開であるとみると,q に関して項別微分できて,

$$1+2q+3q^2+\cdots=\frac{1}{(1-q)^2}=\frac{1}{p^2}$$

両辺に p を掛けて右辺を整理すると,$E=\dfrac{1}{p}$ となる.

上記の式の両辺に q を掛けて項別微分すると,

$$\sum_{k=1}^{\infty}k^2q^{k-1}=\frac{1+q}{(1-q)^3}=\frac{1+q}{p^3}$$

これに p を掛けて,E^2 を引くと,$V=\dfrac{q}{p^2}$ となる. □

問題 15.7

$$f(x,y,t)=\frac{1}{\sqrt{4\pi t}}\exp\left(-\frac{1}{4t}(x-y)^2\right)$$

とおくと,

$$\frac{\partial f}{\partial t}(x,y,t)=f(x,y,t)\cdot\left(-\frac{1}{2t}+\frac{(x-y)^2}{4t^2}\right),$$
$$\frac{\partial f}{\partial x}(x,y,t)=f(x,y,t)\cdot\left(-\frac{x-y}{2t}\right),$$
$$\frac{\partial^2 f}{\partial x^2}(x,y,t)=f(x,y,t)\cdot\left(-\frac{1}{2t}+\frac{(x-y)^2}{4t^2}\right).$$

$\dfrac{\partial f}{\partial t}(x,y,t)\varphi(y)$ は連続であるから,

$$\frac{\partial u}{\partial t}(x,t)=\int_{-1}^{1}\frac{\partial f}{\partial t}(x,y,t)\varphi(y)dy.$$

また,$\dfrac{\partial f}{\partial x}(x,y,t)\varphi(y)$ は連続であるから,

$$\frac{\partial u}{\partial x}(x,t)=\int_{-1}^{1}\frac{\partial f}{\partial x}(x,y,t)\varphi(y)dy.$$

さらに, $\dfrac{\partial^2 f}{\partial x^2}(x,y,t)\varphi(y)$ も連続なので,

$$\dfrac{\partial^2 u}{\partial x^2}(x,t) = \int_{-1}^{1} \dfrac{\partial^2 f}{\partial x^2}(x,y,t)\varphi(y)dy.$$

最後に, $\dfrac{\partial f}{\partial t}$ と $\dfrac{\partial^2 f}{\partial x^2}$ を見比べればよい.

問題 15.8 (1)

$$\dfrac{\partial}{\partial a}f(x,a) = x^a$$

$$\lim_{a\to+0} f(x,a) = 0$$

であるから,

$$g'(a) = \int_0^1 x^a dx = \dfrac{1}{a+1}, \quad a\in(0,\infty)$$

$$\lim_{a\to+0} g(a) = 0$$

よって,

$$g(a) = \int_0^a g'(t)dt = \log(a+1),$$

$$a\in(0,\infty)$$

(2) $a\in(0,\infty)$ に対し,

$$\lim_{x\to+0} f(x,a) = 0$$

$$\lim_{x\to1-0} f(x,a) = \lim_{x\to1} \dfrac{ax^{a-1}}{1/x} = a$$

(最初の等号は**定理 2.1** (上巻 62 ページ) による)

$x\in(0,1)$ に対し,

$$\lim_{a\to+0} f(x,a) = 0$$

であるから,

$$f(0,a) = 0 \quad f(1,a) = a \quad a\in(0,\infty)$$
$$f(x,0) = 0 \quad x\in[0,1]$$

と定義すると, $f(x,a)$ は $[0,1]\times[0,\infty)$ で連続となる.

(3) 上記のように $f(x,a)$ を $[0,1]\times$

$[0,\infty)$ で連続な関数とみると, (15.72),(15.73) の右辺の積分が定義される. また a の範囲を (たとえば $[0,1]$ に) 限定すると, $f(x,a)$ は $[0,1]\times[0,1]$ で一様連続であるから (**注意 15.9**(2)), 収束

$$\lim_{a\to+0} f(x,a) = f(x,0)$$ は一様収束である

(**注意 15.9**(3)). したがって**定理 15.13** により, (15.73) が成り立つ.

また, $f(x,a)$, $\dfrac{\partial}{\partial a}f(x,a) = x^a$ は $[0,1]\times(0,\infty)$ で連続であるから, **定理 15.15** により, (15.74) が成り立つ. ($a=0$ のとき x^a は $x=0$ で (右) 連続ではないが, それは構わない.) □

問題 15.9 (1)

$$\sum_{k=n}^{m} a_k x^k = s_n x^n + \sum_{k=n+1}^{m}(s_k - s_{k-1})x^k$$

$$= \sum_{k=n}^{m} s_k x^k - \sum_{k=n+1}^{m} s_{k-1}x^k$$

$$= \sum_{k=n}^{m-1}(x^k - x^{k+1})s_k + s_m x^m$$

(2) 無限級数 $\displaystyle\sum_{k=0}^{\infty} a_k$ は収束するので, 部分和 $S_N = \displaystyle\sum_{k=0}^{N} a_k$ は コーシー列をなす. そこで, 任意の正の数 $\varepsilon > 0$ を固定して, 「$N < n < k$ ならば $|s_k| < \varepsilon$ が成り立つ」ように自然数 N をとる. (1) により,

$$\left|\sum_{k=n}^{m} a_k x^k\right| \leqq \sum_{k=n}^{m-1}(x^k - x^{k+1})|s_k| + |s_m|x^m$$

$$\leqq \sum_{k=n}^{m-1}(x^k - x^{k+1})\varepsilon + \varepsilon x^m$$

$$= \varepsilon x^n \leqq \varepsilon$$

これは，関数列 $\displaystyle\sum_{k=0}^{n} a_k x^k$ がコーシー列をなし，$n \to \infty$ のとき，$x \in [0,1]$ で一様収束することを意味する (**注意 15.1**(3)).

(3) べき級数 $\displaystyle f(x) = \sum_{k=0}^{\infty} a_k x^k$ は $0 \leqq x \leqq 1$ の範囲で一様収束するので，$x = 1$ で (左) 連続である (**定理 15.1**). よって

$$\lim_{x \to 1-0} f(x) = f(1)$$

すなわち，(15.75) が成り立つ. □

問題 15.10 (1) **問題 13.12** により収束する.

(2) アーベルの連続性定理より，

$$S = \lim_{x \to 1-0} \sum_{n=0}^{\infty} \frac{(-1)^n x^{2n+1}}{2n+1}$$

$$= \lim_{x \to 1-0} \arctan x = \frac{\pi}{4}$$

□

〈あとがき〉

　ニュートンらによって 17 世紀に発見された微積分法は，続く 18 世紀にかけて，偉大ではあるが個別的な問題解決のための壮大な技法の集積と化していた．これを学問的に体系化したのはオイラーである．その後微積分についての規範的な教科書となる彼の『無限解析序説』(1748) は，「解析」という用語を，この新しい学問の名称として普及させ，この新数学を小さい数学専門家集団を超えて共有される《社会知》へと転換する契機となった．とはいえ，オイラーの解析学は，彼の《関数概念》を基礎とするものであり，連続性の概念についても，素朴な理解に留まっていた．いわば「無限大」「無限小」という古典的な用語と，「代数学の普遍性」という当時の哲学に依拠する微積分であった．

　19 世紀に入り，コーシーがパリの高等教育機関での自分の講義のための新しい教科書を何冊か書いた．その中で最も有名なのは，『解析教程』(1821) である．ここでコーシーは，今日流の《極限概念》を基礎にして，連続，収束，微分，積分をはじめとする微積分の諸概念の厳密な構築に成功した．しかし，実数についての理論を欠いているなど致命的な欠点もあった．

　コーシーよりほんの少し前に，フーリエによって熱伝導現象の数学的解明のために発見された《フーリエ級数》(当時は三角級数と呼ばれていた) は，その後解析学の中心的な話題の 1 つとなり，その研究を通じて積分や関数列の収束を巡って多くの繊細な数学的概念の定式化が進行していく．この歴史は，ディリクレ，リーマンという数学界の巨星が演じた役割を通じて華やかに彩られている．そして 19 世紀第 3 四半紀末，ほぼ同時に，カントル，デデキント，メレらによる，表現は異なるものの数学的にはほぼ同値な《有理数を通じた実数の定義》が提案され，やがて解析学全体を自然数論に還元するワイエルシュトラスの《解析学の数論化》という哲学が生まれる．現代の解析学はほぼこれを基盤としたものであるといってよい．なお今日，世界的な標準となっている《$\varepsilon\delta$ 論法》を確立したのもワイエルシュトラスである．

　このような歴史を背景に，世界では多くの解析学の教科書が書かれてきた．わが国では高木貞治先生による『解析概論』(岩波書店) がいまも世界に誇る

ことのできる名著であり，長きにわたって広く読まれてきている．その後に
続く解析学の教科書や講義に，『解析概論』の強い影響があるのはこれが真
の名著であったことの必然的な結果である．確かに，『解析概論』は，単に，
解析学の基本的な知識の効率よい理解のための洗練された体系的叙述，とい
うだけではまったくない．漢学や数学史についての幅広い学識に基づく高木
先生の，高尚にして魅惑的，簡潔にして流麗な文章で，解析学の広大な世界
が深い数学的な叡智の調べに乗った《物語り》として展開されているからで
ある．

　しかし，残念なことに，現代の大学生には，『解析概論』が「合わない」
という．確かに，情報の氾濫する社会に育った若者には，『解析概論』は文
体からして反りが合わないのかも知れない．彼らの育った環境，特に学問に
目覚めるべき青年期の環境を考えれば無理もない．

　まえがきでは書くことを躊躇した我々の不遜な野心をあとがきの気楽さで
ここに吐露させていただこう．それは，そのような若者の実情を座視してき
た大人世代の責任として，『現代の若者のための新しい解析概論』を目指し
て，微積分学を語ろうとしたということである．まえがきに述べたことをさ
らに明確に述べれば，次のようになる．

- 厳密な論理の上に構築される解析学の理想を遠くに見据え，しかし，論
  理的厳密性を金科玉条のごとく振りかざすのではなく，まずは，細かい
  論理的な証明は後回しにして，その必要性がやがて自然に納得できるよ
  うに，現代微積分の必須技法の基礎知識を，かつてニュートンやオイラー
  が発見してきたような素朴な発想で叙述し，
- 一方で，最近の数学教育では等閑視されがちな自然科学，特に物理学と
  微積分との密接な関係をオイラーやフーリエのように強調し，
- 最後に，コーシーやワイエルシュトラスのように，それまでの歴史で積
  み残されてきた概念と定理に対し論理的基礎付けを与える

このようなスタイルで，微積分学を1つの《物語り》として，個々の概念や
定理の《意味》を理解してもらえるように語ろうと努めたのは，著者たちが
『解析概論』を通じて学んだ高木先生の教えを現代風に実践しようとしたか
らである．本書が，若い人々の間に『解析概論』の愛読者が増えるきっかけ
となればこの上なく光栄である．

解析学は，日々発展している数学の中でも，特に広範囲に問題が広がる複雑な世界である．本書では，上下 2 巻をもってしても，その限られた紙数の中で，読者に伝えたい解析学の基本的話題を限定せざるを得なかったことを釈明しておきたい．意図的に詳しい説明を省いたものや，そもそも触れることさえ断念した話題も数多い．釈明ついでにいえば，そもそも，高木先生の『解析概論』にしてもすべての話題を包括しているわけではない．たとえば，実数の定義が理論的な厳密性にそって詳しく叙述されているものの，中学生でも知っている実数の算法の定義やその規則について詳しい議論を展開しているわけではない．実は，自然数から出発して実数を綿密に構成していくのは，それを経験したことがない人には想像もできないほどタフな作業なのである．

　本書を通じて，微積分学との出会いが読者にとって生涯にわたって思い出深いものとなることを心より祈る．

2016 年 10 月

著者を代表して 長 岡 亮 介

【欧字】

C^1 級 16, 34

C^2 級 31

divergence 123

gradient 99

rotation 126

εN 論法 169

$\varepsilon \delta$ 論法 212

【あ】

アーベルの連続性定理 266

アルキメデスの原理 132

アルキメデスの公理 194, 199

鞍点 24

【い】

一様収束 236, 250

一様連続 250

陰関数 44

陰関数定理 46

【う】

上に有界 184

【か】

回転 126

ガウスの発散定理 123

拡散方程式 140, 150

各点収束 236

下限 184

重ね合わせの原理 144

カージオイド 91

関数の極限 211

関数の連続性 215

関数列 233, 240

ガンマ関数 92

【き】

基本解 147

逆関数の定理 41

逆写像 36

逆写像の微分 39

極限値 172

極座標 20

極小 23

局所的 35

極大 23

極値 24

極値の判定 31, 55

曲面 7

【く】

区間縮小法の原理 179

区分求積法 248

区分求積法の原理 253

グリーンの公式 128

【け】

計算的側面 166

下界 184

原始関数 253

原始関数の存在 256

【こ】

広義積分の収束 84

合成関数の微分 18

勾配 99

項別微分 243

コーシー列 189

コーシー列の収束 190

コール–ホップ変換 158

【さ】

最小二乗法 57

最大値の定理 221
座標変換 20
3 変数関数の積分 87

【し】

辞書式順序 196
下に有界 184
実数 195
実数の差 198
実数の積 197
実数の和 197
斜交座標 20
写像 33
写像の微分 35
重積分 73, 261
収束する 169, 212
順序交換 262
上界 184
上下限の存在 185
条件つき極値問題 115
上限 184
小数 195
初期条件 140, 141

【せ】

整数 199
積分の整合性 107
積分路 106
接する 13
絶対収束 86, 191
接平面 9
線積分 105, 106
全単射 36
全微分 15
全微分可能 14
全微分可能性 16, 50

線密度 138

【そ】

像 33
存在定理 220

【た】

大局的 35
大小関係 196
ダランベールの公式 160
単関数 250
単関数近似 249, 250

【ち】

置換積分 74
中間値の定理 218

【て】

定義関数 249
ディラックのデルタ関数 148
テイラー展開 30, 52
ディリクレ境界条件 141

【と】

峠点 24
等高線 7

【な】

流れ 115

【に】

2 階偏導関数 3
二重極限 233
二重数列 233
2 分法 220

【ね】

熱核 143
熱方程式 140

【の】

ノイマン境界条件 141

【は】

バーガーズ方程式 159

発散 123

【ひ】

左極限 213

微分形式 113

微分積分学の基本定理 257

微分の整合性 111

非有界関数の微分 82

【ふ】

フィックの法則 139, 149

部分列 186

フーリエ展開 143

【へ】

平均値の定理 224

閉集合 72

平面 5

ベクトル場 98, 100

ベータ関数 92

変数変換 74

偏導関数 1

偏微分 1

偏微分可能 2

偏微分係数 2

偏微分の順序交換 5, 49

【ほ】

ポアソンの方程式 151

方向微分 16

方向微分可能 17

法線ベクトル 5

ポテンシャル 107

ボルツァーノ・ワイエルシュトラスの定
理 186

【み】

右極限 213

【む】

無限級数 166, 243

無限小 201

【め】

面密度 148

【や】

ヤコビアン 35, 88

【ゆ】

有界単調列の収束 176, 199

有理数 199

【ら】

ライプニッツの級数 266

ラグランジュの乗数法 114

ラプラシアン 4, 151

ラプラス方程式 159

【り】

リーマン和 248, 255, 260

リーマン和の収束 255

理論的側面 166

【る】

累次積分 67, 259

【れ】

連続関数列 233

連続の方程式 139, 149

【ろ】

ロルの定理 224

論理記号 171

著者紹介

長岡亮介（ながおかりょうすけ）
1977 年　東京大学大学院理学系研究科博士課程単位取得退学
現　在　NPO 法人 TECUM 理事長
著　書　『長岡亮介 線型代数入門講義』東京図書 (2010) など

渡辺　浩（わたなべ ひろし）　理学博士
1986 年　東京都立大学大学院理学研究科博士課程修了
現　在　明治大学理工学部数学科　教授
著　書　『確率統計入門』森北出版 (2020)

矢崎成俊（やざきしげとし）　博士 (数理科学)
2000 年　東京大学大学院数理科学研究科博士課程修了
現　在　明治大学理工学部数学科　教授
著　書　『実験数学読本 3』日本評論社 (2020) など

宮部賢志（みやべけんし）　博士 (理学)
2010 年　京都大学大学院理学研究科博士後期課程修了
現　在　明治大学理工学部数学科　准教授
著　書　『確率統計入門』森北出版 (2020)

NDC413　　286p　　21cm

新しい微積分〈下〉改訂第2版（あたらしいびせきぶんげ かいていだいはん）

2021 年 12 月 21 日　　第 1 刷発行

著　者　長岡亮介・渡辺　浩・矢崎成俊・宮部賢志
　　　　（ながおかりょうすけ・わたなべ ひろし・やざきしげとし・みやべけんし）
発行者　髙橋明男
発行所　株式会社　講談社
　　　　〒 112-8001　東京都文京区音羽 2-12-21
　　　　　　販売　(03)5395-4415
　　　　　　業務　(03)5395-3615

KODANSHA

編　集　株式会社　講談社サイエンティフィク
　　　　代表　堀越俊一
　　　　〒 162-0825　東京都新宿区神楽坂 2-14　ノービィビル
　　　　　　編集　(03)3235-3701

本文データ制作　藤原印刷株式会社
カバー・表紙印刷　豊国印刷株式会社
本文印刷・製本　株式会社　講談社

Printed in Japan　ISBN 978-4-06-526440-9

講談社の自然科学書

新しい微積分〈上〉 改訂第2版	長岡亮介・渡辺　浩・矢崎成俊・宮部賢志／著	定価	2,420 円
新しい微積分〈下〉 改訂第2版	長岡亮介・渡辺　浩・矢崎成俊・宮部賢志／著	定価	2,640 円
ライブ講義　大学1年生のための数学入門	奈佐原顕郎／著	定価	3,190 円
ライブ講義　大学生のための応用数学入門	奈佐原顕郎／著	定価	3,190 円
単位が取れる　微積ノート	馬場敬之／著	定価	2,640 円
単位が取れる　統計ノート	西岡康夫／著	定価	2,640 円
単位が取れる　微分方程式ノート	齋藤寛靖／著	定価	2,640 円
単位が取れる　フーリエ解析ノート	高谷唯人／著	定価	2,640 円
単位が取れる　線形代数ノート　改訂第2版	齋藤寛靖／著	定価	2,640 円
なっとくするフーリエ変換	小暮陽三／著	定価	2,970 円
なっとくする複素関数	小野寺嘉孝／著	定価	2,530 円
なっとくする微分方程式	小寺平治／著	定価	2,970 円
なっとくする行列・ベクトル	川久保勝夫／著	定価	2,970 円
なっとくするオイラーとフェルマー	小林昭七／著	定価	2,970 円
なっとくする群・環・体	野﨑昭弘／著	定価	2,970 円
ゼロから学ぶ微分積分	小島寛之／著	定価	2,750 円
ゼロから学ぶ線形代数	小島寛之／著	定価	2,750 円
ゼロから学ぶ統計解析	小寺平治／著	定価	2,750 円
ゼロから学ぶベクトル解析	西野友年／著	定価	2,750 円
今日から使えるフーリエ変換	三谷政昭／著	定価	2,750 円
今日から使えるラプラス変換・z変換	三谷政昭／著	定価	2,530 円
だれでもわかる数理統計	石村貞夫／著	定価	2,090 円
だれでもわかる微分方程式	石村園子／著	定価	2,090 円
測度・確率・ルベーグ積分　応用への最短コース	原　啓介／著	定価	3,080 円
線形性・固有値・テンソル　〈線形代数〉応用への最短コース	原　啓介／著	定価	3,080 円
集合・位相・圏　数学の言葉への最短コース	原　啓介／著	定価	2,860 円
新版 集合と位相 そのまま使える答えの書き方	一樂重雄／監修	定価	2,420 円
微積分と集合　そのまま使える答えの書き方	飯高　茂／編・監修	定価	2,200 円
はじめての微分積分15講	小寺平治／著	定価	2,420 円
はじめての線形代数15講	小寺平治／著	定価	2,420 円

※表示価格には消費税（10%）が加算されています。　　　　「2021年11月現在」

講談社サイエンティフィク　https://www.kspub.co.jp/